曲线分析与非线性函数的建立及应用

布青雄 著

化学工业出版社

·北京·

内容简介

本书主要介绍利用三个函数（完整二次函数、负高次幂函数、时间累计函数）求解现实曲线（数据）相应函数的方法，即解决现实函数的建立问题。前三章分别讨论三个函数的基本性质，为函数求解及函数使用提供基础性依据。后三章分别介绍现实中可能的三类函数，即理论函数、近似函数、经验函数的求解方法。每章均分别以充实的例子演示各类函数的具体求解过程，一方面以验证方法的可行、可靠和实用，另一方面，为读者提供掌握各类求解方法的实际操作案例［只要读者针对书中给出的案例，能够逐一解出与本书一致的结果（或优于本书结果），本书所述现实函数的建立方法就基本掌握了］。

本书适合希望通过建立函数解决现实问题的各行各业从事科研、研发、统计、管理、技术工作的专业人士参考使用。

图书在版编目（CIP）数据

曲线分析与非线性函数的建立及应用/布青雄著. —北京：化学工业出版社，2022.11 （2023.8重印）
ISBN 978-7-122-42152-4

Ⅰ.①曲… Ⅱ.①布… Ⅲ.①曲线-分析②非线性-函数-研究 Ⅳ.①O123.3②O174

中国版本图书馆 CIP 数据核字（2022）第 166074 号

责任编辑：彭明兰 　　　　　　　　　　　文字编辑：王　硕
责任校对：刘曦阳 　　　　　　　　　　　装帧设计：韩　飞

出版发行：化学工业出版社（北京市东城区青年湖南街 13 号　邮政编码 100011）
印　　装：北京科印技术咨询服务有限公司数码印刷分部
787mm×1092mm　1/16　印张 12　字数 287 千字　2023 年 8 月北京第 1 版第 3 次印刷

购书咨询：010-64518888　　　　　　　售后服务：010-64518899
网　　址：http://www.cip.com.cn
凡购买本书，如有缺损质量问题，本社销售中心负责调换。

定　　价：98.00 元
版权所有　违者必究

前 言

　　在当今数据时代和数字经济背景下，各行各业的发展和运营都离不开数据的指导和帮助。由数据指导至可视化 [曲（直）线、曲（平）面、立体] 指导再到变化规律（函数）的掌握是一种必然的发展方向。这是因为，掌握函数相当于掌握了某种变化规律，掌握了变化规律就掌握了事物（过程）更为本质的内容，这对于问题的解决，无疑有更为深远的意义。掌握函数必将能够为现实工作提供更准确、更可靠、更多的帮助。数据→可视化→函数的转变，不仅是现实工作的需要，也是技术进步发展历程的一种体现。进一步讲，函数建立不仅具有广泛的现实需求，也是科技发展的需要。

　　目前，国内外普遍采用数据关联来解决现实问题，这类应用软件及相关书籍不胜枚举。在某些领域，在一定范围内，采用数据-可视化来解决现实问题。比如，被国内外广泛采用的数学软件 MATLAB、Mathematica、Maple 等，以及在国外已经采用多年、国内近年来迅速发展、被广泛应用于工程领域的 BIM。在数据-可视化-函数等系列解决方案中以数据为基础、以可视化为重点是这些应用（及其相关书籍）的基本特点，而在函数建立方面，功能比较单一，主要采用线性回归拟合方法。本书提供了除线性回归拟合（经验函数求解方法之一）之外的非线性回归拟合方法、近似函数求解方法、理论函数求解方法。因此，本书内容是数据-可视化-函数系列解决方案中函数解决方案的一种尝试，是现有数据-可视化-函数系列解决方案的拓展和补充。

　　科研人员根据实验数据，建立近似函数或理论函数，从而掌握研究对象的变化规律；一般工程（工业、农业、商业、服务业）研发或技术（管理）人员根据实践统计数据，建立经验函数或近似函数，从而更深程度地了解或掌握过程的变化情况，进而为过程控制、预测与决策、优化、经济分析等工作提供依据和服务；统计人员根据统计数据，建立经验函数或近似函数，为行业或部门（地区）的发展规划、行政管理和日常管控等工作提供更有力的、更可靠的依据和帮助。

　　本书系统介绍理论函数、近似函数、经验函数的求解方法，针对多种应用场景，用数十个案例进行实际演示。不仅如此，本书提供的每一个案例的求解结果均采用 MATLAB 应用软件或 AUTOCAD 应用软件进行检验或验证比较，偏差大小用 Excel 计算并明示。换言之，每个案例的求解结果及偏差情况，读者均可进行实际验证。

任何方法的可行性、可靠性、有效性、实用性不能仅仅采用书面形式反映，更重要的是需要实践的检验。唯有通过实践检验的方法才是真正意义上的有效方法。因此，希望更多读者能在阅读此书的同时结合实际工作进行实际应用，以考察本方法的效果、识别方法的缺陷和不足，从而为改进和完善方法提供依据、积累经验。

任何方法都不是完美的，每种方法都会存在利弊。通过函数途径解决问题的基本思路是把问题当成确定性问题去解决，这与现实中很多问题具有不确定性是不相符的，这一点是在建函数解决现实问题时容易存在的一个盲区，从某种意义上说，是方法固有的一种缺陷。

本书所述的各类求解方法是基于一个假定——所有拟求数据是真实、可靠、准确、完整的。全套方法只承诺保证对给定数据（曲线）的求解结果的真实客观性和确定性数据演绎（比如给定曲线内的插值推测）的准确可靠性，不承诺对由数据失真、错误、缺失以及求解之外的其他工作（比如不确定性数据推测）导致的其他问题负有任何责任，原始（给定）数据错误导致的后果和不确定性数据演绎的风险由使用者自行承担。

由于作者水平有限，书中难免存在不足之处，希望读者批评指正。

著者
2022 年 8 月

目 录

第 1 章　完整二次函数　　　　　　　　　　　　　　　　　　　1

第4章　理论函数求解

第 1 章

完整二次函数

本章介绍一个能够普遍表示一般简单曲线的函数——完整二次函数。讨论完整二次函数的形式、定义域与值域、图像、单调性、奇偶性、周期性、极限与连续、导数和微分、不定积分与定积分等问题。

1.1 完整二次函数的基本介绍

1.1.1 完整二次函数的一般表达式

完整二次函数具有以下表达式：
$$Ax^2 + By^2 + Cxy + Dx + Ey + F = 0$$
式中，x、y 为变量；A、B、C、D、E、F 为常数。

1.1.2 重要应用结论及推论

（1）重要应用结论

函数 $y = f(x)$ 在$[a,b]$上连续，设 $u = g(x)$，$v = h(y)$，则在一个更小的 x 区间$[k,l] \subset [a,b]$内，存在一组常数 A、B、C、D、E、F，使得函数 $Ax^2 + By^2 + Cxy + Dx + Ey + F = 0$ 与 $y = f(x)$ 近似（甚至等价）。以此类推，存在有限几个区间$[k_i,l_i] \subset [a,b]$，有限几个函数 $A_i x^2 + B_i y^2 + C_i xy + D_i x + E_i y + F_i = 0$，使得 $A_i x^2 + B_i y^2 + C_i xy + D_i x + E_i y + F_i = 0$ 与 $y = f(x)$ 在整个$[a,b]$上近似（甚至等价）。

（2）推论一

L 为定义在$[a,b]$上的一条光滑曲线，设 L 用 $y = f(x)$（未知函数）表示，再设 $u = g(x)$，$v = h(y)$，则在一个更小的 x 区间$[k,l] \subset [a,b]$上，存在一组常数 A、B、C、D、E、F，使得函数 $Ax^2 + By^2 + Cxy + Dx + Ey + F = 0$ 的图像与曲线 L（或部分曲线）近似重合（甚至重合）。以此类推，存在有限几个区间$[k_i,l_i] \subset [a,b]$，有限几个函数 $A_i x^2 + B_i y^2 + C_i xy + D_i x + E_i y + F_i = 0$，使得 $A_i x^2 + B_i y^2 + C_i xy + D_i x + E_i y + F_i =$

0 的图像集合与整条 L 曲线近似重合（甚至重合）。

（3）推论二

表 1-1 为变量 x、y 的实测值。若在坐标系中画出并连接表中 n 个点能得到一条光滑曲线 L［该曲线暂用 $y=f(x)$ 表示］，设 $u=g(x)$，$v=h(y)$，则在一个更小的 x 区间 $[k,l]\subset[a_1,a_n]$（$a_1<a_2<\cdots<a_n$）内，存在一组常数 A、B、C、D、E、F，使得 $Ax^2+By^2+Cxy+Dx+Ey+F=0$ 的图像与曲线 L（或部分曲线）近似重合（甚至重合）。以此类推，存在有限几个区间 $[k_i,l_i]\subset[a_1,a_n]$，有限几个函数 $A_ix^2+B_iy^2+C_ixy+D_ix+E_iy+F_i=0$，使得 $A_ix^2+B_iy^2+C_ixy+D_ix+E_iy+F_i=0$ 的图像集合与整条 L 曲线近似重合（甚至重合）。

表 1-1　变量 x、y 实测值

x	a_1	a_2	$\cdots$	a_n
y	b_1	b_2	$\cdots$	b_n

1.2　完整二次函数的形式

1.2.1　完整二次函数的形式分类

完整二次函数可以有多种形式分类，比如按坐标形式分类、按函数图像的差异分类、按函数隐显情况分类等。

（1）按坐标形式分类

按坐标形式，完整二次函数分为直角坐标完整二次函数和极坐标完整二次函数。

① 直角坐标完整二次函数：

$$Ax^2+By^2+Cxy+Dx+Ey+F=0$$

式中，x、y 为变量；A、B、C、D、E、F 为常数。

② 极坐标完整二次函数：

$$(A\cos^2\theta+B\sin^2\theta+C\sin2\theta)\rho^2+(D\cos\theta+E\sin\theta)\rho+F=0$$

式中，ρ、θ 为变量；A、B、C、D、E、F 为常数。

（2）按常数情况分类

按常数情况，完整二次函数分为：六常数函数；五常数函数；四常数函数；三常数函数；二常数函数。

（3）按函数图像的差异分类

按函数图像的差异，完整二次函数共分为：直线；两条直线；圆；椭圆；抛物线；双曲线；单曲线。

（4）按隐显情况分类

按隐显情况，完整二次函数分为隐函数和显函数。显函数分为三类四种。

① 一般形式显函数（$B\neq0$）：

$$y = ax + b \pm \sqrt{cx^2 + gx + h}$$

式中，x、y 为变量；a、b、c、g、h 为常数。

② 反函数形式显函数（$A \neq 0$）：

$$x = \alpha y + \beta \pm \sqrt{\gamma y^2 + \varepsilon y + \eta}$$

式中，x、y 为变量；α、β、γ、ε、η 为常数。

③ 其它显函数：

a. 其它显函数 1（$B = 0$）：

$$y = -\frac{Ax^2 + Dx + F}{Cx + E}$$

式中，x、y 为变量，$x \neq -E/C$；A、C、D、E、F 为常数。

b. 其它显函数 2（$A = 0$）：

$$x = -\frac{By^2 + Ey + F}{Cy + D}$$

式中，x、y 为变量，$y \neq -D/C$；B、C、D、E、F 为常数。

1.2.2　完整二次函数的基本应用形式

完整二次函数的基本应用形式主要包括以下三种。

① 隐函数：

$$Ax^2 + By^2 + Cxy + Dx + Ey + F = 0$$

式中，x、y 为变量；A、B、C、D、E、F 为常数。

② 一般显函数［见 1.2.1 节（4）①］。下文中"显函数"如不特别说明，都是指"一般显函数"。

③ 反（函数）显函数［见 1.2.1 节（4）②］。

当实际遇到其它显函数时，另做个别处理。

1.2.3　完整二次函数的形式转化

在实际应用中，三种形式需要相互转化。转化主要包括以下六种。

（1）隐函数转化为显函数（$B \neq 0$）

隐函数转化为显函数，系数关系如下：

$$a = -\frac{C}{2B}, \quad h = -\frac{E}{2B}, \quad c = \frac{C^2 - 4AB}{4B^2}, \quad g = \frac{CE - 2BD}{2B^2}, \quad h = \frac{E^2 - 4BF}{4B^2}$$

（2）隐函数转化为反显函数（$A \neq 0$）

隐函数转化为反显函数，系数关系如下：

$$\alpha = -\frac{C}{2A}, \quad \beta = -\frac{D}{2A}, \quad \gamma = \frac{C^2 - 4AB}{4A^2}, \quad \varepsilon = \frac{CD - 2AE}{2A^2}, \quad \eta = \frac{D^2 - 4AF}{4A^2}$$

（3）显函数转化为隐函数

显函数转化为隐函数，系数关系如下：

$$A = a^2 - c, \quad B = 1, \quad C = -2a, \quad D = 2ab - g, \quad E = -2b, \quad F = b^2 - h$$

（4）显函数转化为反显函数

显函数转化为反显函数，系数关系如下：

$$\alpha=\frac{a}{a^2-c}, \quad \beta=\frac{\frac{1}{2}g-ab}{a^2-c}, \quad \gamma=\frac{c}{(a^2-c)^2}, \quad \varepsilon=\frac{ag-2bc}{(a^2-c)^2}$$

$$\eta=\frac{(2ab-g)^2-4(a^2-c)(b^2-h)}{4(a^2-c)^2}$$

（5）反显函数转化为隐函数

反显函数转化为隐函数，系数关系如下：

$$A=1, \quad B=\alpha^2-\gamma, \quad C=-2\alpha, \quad D=-2\beta, \quad E=2\alpha\beta-\varepsilon, \quad F=\beta^2-\eta$$

（6）反显函数转化为显函数

反显函数转化为显函数，系数关系如下：

$$a=\frac{\alpha}{\alpha^2-\gamma}, \quad b=\frac{\frac{1}{2}\varepsilon-\alpha\beta}{\alpha^2-\gamma}, \quad c=\frac{\gamma}{(\alpha^2-\gamma)^2}, \quad g=\frac{\alpha\varepsilon-2\beta\gamma}{(\alpha^2-\gamma)^2}$$

$$h=\frac{(2\alpha\beta-\varepsilon)^2-4(\alpha^2-\gamma)(\beta^2-\eta)}{4(\alpha^2-\gamma)^2}$$

1.2.4　两个重要关系

（1）c 与 γ 的递推关系

$c>0$ 则 $\gamma>0$；$c=0$ 则 $\gamma=0$；$c<0$ 则 $\gamma<0$。

（2）g^2-4ch 与 $\varepsilon^2-4\gamma\eta$ 的关系

对于 $B=1$ 的完整二次函数 $Ax^2+y^2+Cxy+Dx+Ey+F=0$，有：

$$\varepsilon^2-4\gamma\eta=\frac{g^2-4ch}{A^3}$$

1.3　完整二次函数的定义域、值域及相关问题

完整二次函数的定义域与值域不是简单直观问题，需要具体函数具体分析，下面对一般情况展开讨论。

1.3.1　定义域

从隐函数看，似乎完整二次函数的定义域可以是 $x\in\mathbf{R}$，事实上，情况并非都如此。根据显函数可知，欲使函数有意义，自变量必须满足：

$$cx^2+gx+h\geqslant0$$

从这个不等式可知，并非对于任何 A、B、C、D、E、F，函数都有意义。当面临的函数是隐函数时，需要做具体分析判断。完整二次函数的定义域是：

① 当 $c>0$（$C^2>4AB$）且 $h\geqslant\dfrac{g^2}{4c}$ 时，$x\in\mathbf{R}$；

② 当 $c>0$（$C^2>4AB$）且 $h<\dfrac{g^2}{4c}$ 时，

$$x\in\left(-\infty,\dfrac{-g-\sqrt{g^2-4ch}}{2c}\right]\cup\left[\dfrac{-g+\sqrt{g^2-4ch}}{2c},+\infty\right);$$

③ 当 $c<0$（$C^2<4AB$）且 $h>\dfrac{g^2}{4c}$ 时，

$$x\in\left[\dfrac{-g+\sqrt{g^2-4ch}}{2c},\dfrac{-g-\sqrt{g^2-4ch}}{2c}\right];$$

④ 当 $c=0$（$C^2=4AB$）时，$x\in\left[-\dfrac{h}{g},+\infty\right)$。

1.3.2　值域

完整二次函数因变量应满足：

$$\gamma y^2+\varepsilon y+\eta\geqslant0$$

完整二次函数的值域：

① 当 $\gamma>0$（$C^2>4AB$）且 $\eta\geqslant\dfrac{\varepsilon^2}{4\gamma}$ 时，$y\in\mathbf{R}$；

② 当 $\gamma>0$（$C^2>4AB$）且 $\eta<\dfrac{\varepsilon^2}{4\gamma}$ 时，

$$y\in\left(-\infty,\dfrac{-\varepsilon-\sqrt{\varepsilon^2-4\gamma\eta}}{2\gamma}\right]\cup\left[\dfrac{-\varepsilon+\sqrt{\varepsilon^2-4\gamma\eta}}{2\gamma},+\infty\right);$$

③ 当 $\gamma<0$（$C^2<4AB$）且 $\eta>\dfrac{\varepsilon^2}{4\gamma}$ 时，$y\in\left[\dfrac{-\varepsilon+\sqrt{\varepsilon^2-4\gamma\eta}}{2\gamma},\dfrac{-\varepsilon-\sqrt{\varepsilon^2-4\gamma\eta}}{2\gamma}\right];$

④ 当 $\gamma=0$（$C^2=4AB$）时，$y\in\left[-\dfrac{\eta}{\varepsilon},+\infty\right)$。

1.3.3　其它显函数定义域与值域

（1）其它显函数 1 定义域
对于其它显函数 1

$$y=-\dfrac{Ax^2+Dx+F}{Cx+E},$$

函数定义域是：$x\neq-\dfrac{E}{C}$。

（2）其它显函数 2 值域
对于其它显函数 2

$$x=-\dfrac{By^2+Ey+F}{Cy+D},$$

函数值域是：$y\neq-\dfrac{D}{C}$。

1.3.4 定义域与值域分析举例

【例 1-1】 分析函数 $-4x^2+y^2+12xy-8x+24y-240=0$ 的定义域与值域。

【解】 （1）定义域

利用系数关系得到显函数：

$$y=-6x-12\pm\sqrt{40x^2+152x+384}$$

从而 $\dfrac{g^2}{4c}=\dfrac{152^2}{4\times40}=\dfrac{23104}{160}\approx144$，$h>\dfrac{g^2}{4c}$。

定义域为：$x\in\mathbf{R}$。

（2）值域

利用系数关系得到：

$$x=\frac{3}{2}y-1\pm\sqrt{\frac{5}{2}y^2+3y-59}$$

$$\frac{\varepsilon^2}{4\gamma}>0,\quad \eta=-59<0,\quad \eta<\frac{\varepsilon^2}{4\gamma}$$

$$y\in\left(-\infty,\frac{-\varepsilon-\sqrt{\varepsilon^2-4\gamma\eta}}{2\gamma}\right]\cup\left[\frac{-\varepsilon+\sqrt{\varepsilon^2-4\gamma\eta}}{2\gamma},+\infty\right)$$

值域为：$\left(-\infty,\dfrac{-3-\sqrt{599}}{5}\right]\cup\left[\dfrac{\sqrt{599}-3}{5},+\infty\right)$。

1.3.5 定义域与值域的组合及组合特点

根据前文定义域与值域分析，完整二次函数的定义域与值域均分别有四种可能的类型：$(-\infty,+\infty)$ 型；$(-\infty,a_1]\cup[a_2,+\infty)$ 型；$[b_1,b_2]$ 型；$[-c_1,+\infty)$ 型。

定义域与值域共有 16 种组合，每种组合有相应的系数条件，具体见表 1-2。

表 1-2 定义域与值域组合类型

类型编号	组合类型		系数条件	
	定义域	值域	$a\sim h$	$\alpha\sim\eta$
1	$(-\infty,+\infty)$型	$(-\infty,+\infty)$型	$c>0$ 且 $h\geqslant\dfrac{g^2}{4c}$	$\gamma>0$ 且 $\eta\geqslant\dfrac{\varepsilon^2}{4\gamma}$
2	$(-\infty,+\infty)$型	$(-\infty,a_1]\cup[a_2,+\infty)$型	$c>0$ 且 $h\geqslant\dfrac{g^2}{4c}$	$\gamma>0$ 且 $\eta<\dfrac{\varepsilon^2}{4\gamma}$
3	$(-\infty,+\infty)$型	$[b_1,b_2]$型	$c>0$ 且 $h\geqslant\dfrac{g^2}{4c}$	$\gamma<0$ 且 $\eta>\dfrac{\varepsilon^2}{4\gamma}$
4	$(-\infty,+\infty)$型	$[-c_1,+\infty)$型	$c>0$ 且 $h\geqslant\dfrac{g^2}{4c}$	$\gamma=0$

类型编号	组合类型		系数条件	
	定义域	值域	$a \sim h$	$\alpha \sim \eta$
5	$(-\infty, a_1] \cup [a_2, +\infty)$型	$(-\infty, +\infty)$型	$c>0$ 且 $h<\dfrac{g^2}{4c}$	$\gamma>0$ 且 $\eta \geqslant \dfrac{\varepsilon^2}{4\gamma}$
6	$(-\infty, a_1] \cup [a_2, +\infty)$型	$(-\infty, a_1] \cup [a_2, +\infty)$型	$c>0$ 且 $h<\dfrac{g^2}{4c}$	$\gamma>0$ 且 $\eta<\dfrac{\varepsilon^2}{4\gamma}$
7	$(-\infty, a_1] \cup [a_2, +\infty)$型	$[b_1, b_2]$型	$c>0$ 且 $h<\dfrac{g^2}{4c}$	$\gamma<0$ 且 $\eta>\dfrac{\varepsilon^2}{4\gamma}$
8	$(-\infty, a_1] \cup [a_2, +\infty)$型	$[-c_1, +\infty)$型	$c>0$ 且 $h<\dfrac{g^2}{4c}$	$\gamma=0$
9	$[b_1, b_2]$型	$(-\infty, +\infty)$型	$c<0$ 且 $h>\dfrac{g^2}{4c}$	$\gamma>0$ 且 $\eta \geqslant \dfrac{\varepsilon^2}{4\gamma}$
10	$[b_1, b_2]$型	$(-\infty, a_1] \cup [a_2, +\infty)$型	$c<0$ 且 $h>\dfrac{g^2}{4c}$	$\gamma>0$ 且 $\eta<\dfrac{\varepsilon^2}{4\gamma}$
11	$[b_1, b_2]$型	$[b_1, b_2]$型	$c<0$ 且 $h>\dfrac{g^2}{4c}$	$\gamma<0$ 且 $\eta>\dfrac{\varepsilon^2}{4\gamma}$
12	$[b_1, b_2]$型	$[-c_1, +\infty)$型	$c<0$ 且 $h>\dfrac{g^2}{4c}$	$\gamma=0$
13	$[-c_1, +\infty)$型	$(-\infty, +\infty)$型	$c=0$	$\gamma>0$ 且 $\eta \geqslant \dfrac{\varepsilon^2}{4\gamma}$
14	$[-c_1, +\infty)$型	$(-\infty, a_1] \cup [a_2, +\infty)$型	$c=0$	$\gamma>0$ 且 $\eta<\dfrac{\varepsilon^2}{4\gamma}$
15	$[-c_1, +\infty)$型	$[b_1, b_2]$型	$c=0$	$\gamma<0$ 且 $\eta>\dfrac{\varepsilon^2}{4\gamma}$
16	$[-c_1, +\infty)$型	$[-c_1, +\infty)$型	$c=0$	$\gamma=0$

根据系数关系（$c>0$ 则 $\gamma>0$，$c=0$ 则 $\gamma=0$，$c<0$ 则 $\gamma<0$），以上 16 种组合实际只有 6 种是可能的组合，见表 1-3。

表 1-3　实际可能的定义域与值域组合类型

类型编号	组合类型		系数充分必要条件
	定义域	值域	
1	$(-\infty, +\infty)$型	$(-\infty, +\infty)$型	$C^2>4AB$ $4AF+\dfrac{CDE}{B}-\dfrac{AE^2}{B}-\dfrac{FC^2}{B}-D^2 \geqslant 0$ $4BF+\dfrac{CDE}{A}-\dfrac{BD^2}{A}-\dfrac{FC^2}{A}-E^2 \geqslant 0$

类型编号	组合类型		系数充分必要条件
	定义域	值域	
2	$(-\infty,+\infty)$型	$(-\infty,a_1]\cup[a_2,+\infty)$型	$C^2>4AB$ $4AF+\dfrac{CDE}{B}-\dfrac{AE^2}{B}-\dfrac{FC^2}{B}-D^2\geqslant0$ $4BF+\dfrac{CDE}{A}-\dfrac{BD^2}{A}-\dfrac{FC^2}{A}-E^2<0$
3	$(-\infty,a_1]\cup[a_2,+\infty)$型	$(-\infty,+\infty)$型	$C^2>4AB$ $4AF+\dfrac{CDE}{B}-\dfrac{AE^2}{B}-\dfrac{FC^2}{B}-D^2<0$ $4BF+\dfrac{CDE}{A}-\dfrac{BD^2}{A}-\dfrac{FC^2}{A}-E^2\geqslant0$
4	$(-\infty,a_1]\cup[a_2,+\infty)$型	$(-\infty,a_1]\cup[a_2,+\infty)$型	$C^2>4AB$ $4AF+\dfrac{CDE}{B}-\dfrac{AE^2}{B}-\dfrac{FC^2}{B}-D^2<0$ $4BF+\dfrac{CDE}{A}-\dfrac{BD^2}{A}-\dfrac{FC^2}{A}-E^2<0$
5	$[b_1,b_2]$型	$[b_1,b_2]$型	$C^2<4AB$ $4AF+\dfrac{CDE}{B}-\dfrac{AE^2}{B}-\dfrac{FC^2}{B}-D^2<0$ $4BF+\dfrac{CDE}{A}-\dfrac{BD^2}{A}-\dfrac{FC^2}{A}-E^2<0$
6	$[-c_1,+\infty)$型	$[-c_1,+\infty)$型	$C^2=4AB$

根据表 1-3，不难看出，完整二次函数具有定义域与值域相似性特点：

① 若定义域为$[b_1,b_2]$型，则值域也为$[b_1,b_2]$型，反之亦然；

② 若定义域为$[-c_1,+\infty)$型，则值域也为$[-c_1,+\infty)$型，反之亦然；

③若定义域为$(-\infty,+\infty)$型，则值域要么为$(-\infty,+\infty)$型，要么为$(-\infty,a_1]\cup[a_2,+\infty)$型，反之亦然；

④ 若定义域为$(-\infty,a_1]\cup[a_2,+\infty)$型，则值域要么为$(-\infty,a_1]\cup[a_2,+\infty)$型，要么为$(-\infty,+\infty)$型，反之亦然。

1.3.6　无效完整二次函数的系数情况

出现以下两种情况任意之一，函数均是无效的（无意义的或不存在的）。

① 对于任意x，总有$cx^2+gx+h<0$；

② 对于任意y，总有$\gamma y^2+\varepsilon y+\eta<0$。

(1) 情况①

当$c<0$且$g^2-4ch<0$时，函数无效。

例如，$2x^2+y^2-2xy+x-2y+2=0$（$y=x+1\pm\sqrt{-x^2+x-1}$）是无效的。

（2）情况②

当 $\gamma<0$ 且 $\varepsilon^2-4\gamma\eta<0$ 时，函数无效。

例如，$x^2+2y^2-2xy-2x+y+2=0$（$x=y+1\pm\sqrt{-y^2+y-1}$）是无效的。

1.4　完整二次函数的图像

$Ax^2+By^2+Cxy+Dx+Ey+F=0$ 函数没有统一固定形状的图像。完整二次函数的图像形状会因系数为零情况的不同而产生很大差异；在系数为零的情况相同时，形状也会因系数正负取值情况的不同而产生较大差异；为零情况、正负取值均相同，图像还会因系数大小的不同而产生差异。总之，图像基本形状由系数为零情况、系数正负取值情况及系数数值大小等多方面因素所决定。

对于过去人们熟知的局部二次函数（多个系数为零，比如，$y=ax^2+bx+c$，$\dfrac{x^2}{a^2}+\dfrac{y^2}{b^2}=1$，$\dfrac{x^2}{a^2}-\dfrac{y^2}{b^2}=1$）的图像，本书无须再作讨论，下面主要针对系数都不为零的完整二次函数和 $B=0$（或 $A=0$）（其它系数均不为 0）二次函数两种情况展开讨论。

1.4.1　系数都不为零的完整二次函数图像

系数全不为 0 的完整二次函数是最常见的形式，这种形式的客观存在概率远远大于其它形式。图像分析以五种定义域、值域组合来展开。

（1）定义域、值域均为 $(-\infty,+\infty)$ 型

根据系数关系 $\varepsilon^2-4\gamma\eta=\dfrac{g^2-4ch}{A^3}$，定义域、值域均为 $(-\infty,+\infty)$ 型的完整二次函数的图像有两种基本类型：两条直线，两条折线（实质为近似两条直线）。

① 两条直线。当多项式 $Ax^2+By^2+Cxy+Dx+Ey+F$ 可以分解为两个因式 $(A_1x+B_1y+C_1)(A_2x+B_2y+C_2)$ 时，完整二次函数图像为两条直线。直接对多项式进行因式分解并不容易，因为很多时候是不能分解的，即使能够分解也难以找出因式系数。

根据显函数

$$y-ax+b\pm\sqrt{cx^2+gx+h}，x=\alpha y+\beta\pm\sqrt{\gamma y^2+\varepsilon y+\eta}，$$

当方程 $cx^2+gx+h=0$ 有两个相等的实数根，方程 $\gamma y^2+\varepsilon y+\eta=0$ 也有两个相等的实数根时，多项式 $Ax^2+By^2+Cxy+Dx+Ey+F$ 可以分解为两个因式。因此，$Ax^2+By^2+Cxy+Dx+Ey+F=0$ 图像为两条直线的充分必要条件是：

$$g^2-4ch=\varepsilon^2-4\gamma\eta=0$$

此时，两个因式为：

$$\left[(a+\sqrt{c})x-y+b+\frac{g}{2\sqrt{c}}\right]\left[(a-\sqrt{c})x-y+b-\frac{g}{2\sqrt{c}}\right]$$

或
$$\left[(\alpha+\sqrt{\gamma})y-x+\beta+\frac{\varepsilon}{2\sqrt{\gamma}}\right]\left[(\alpha-\sqrt{\gamma})y-x+\beta-\frac{\varepsilon}{2\sqrt{\gamma}}\right]$$

下面举例验证。

【例 1-2】 不通过作图，判断以下完整二次函数是否表示两条直线。如果是，写出这两条直线的表达式。

$$-6x^2+y^2+xy+10x+5y+4=0$$

【解】 转化为显函数：

$$y=-\frac{x}{2}-\frac{5}{2}\pm\sqrt{\frac{25}{4}x^2-\frac{15}{2}x+\frac{9}{4}}$$

$$x=\frac{y}{12}+\frac{5}{6}\pm\sqrt{\frac{25}{144}y^2+\frac{35}{36}y+\frac{49}{36}}$$

由此可得：
$$g^2-4ch=\left(-\frac{15}{2}\right)^2-4\times\frac{25}{4}\times\frac{9}{4}=\frac{225}{4}-\frac{225}{4}=0$$

$$\varepsilon^2-4\gamma\eta=\left(\frac{35}{36}\right)^2-4\times\frac{25}{144}\times\frac{49}{36}=\frac{1225}{1296}-\frac{1225}{1296}=0$$

该完整二次函数表示两条直线，两条直线是（该步骤也可以为直接观看显函数并配方得到）：

$$\left[\left(-\frac{1}{2}+\sqrt{\frac{25}{4}}\right)x-y-\frac{5}{2}+\frac{-\frac{15}{2}}{2\sqrt{\frac{25}{4}}}\right]=2x-y-4=0$$

$$\left[\left(-\frac{1}{2}-\sqrt{\frac{25}{4}}\right)x-y-\frac{5}{2}-\frac{-\frac{15}{2}}{2\sqrt{\frac{25}{4}}}\right]=-3x-y-1=0$$

即两条直线为：$y-2x+4=0$ 和 $y+3x+1=0$。

$$(y-2x+4)(y+3x+1)=-6x^2+y^2+xy+10x+5y+4$$

以上判定条件及两条直线方程求解方法得以验证。

② 两条折线。当 $A>0$，$h>\frac{g^2}{4c}$，$\eta>\frac{\varepsilon^2}{4\gamma}$ 时，图像为两条折线。下面举例说明两条折线情况。

【例 1-3】 绘制函数 $1450x^2+y^2-80xy+2330x-60y+700=0$ 图像。

【解】 显函数为 $y=40x+30\pm\sqrt{150x^2+70x+200}$；

反显函数为 $x=\alpha x+\beta\pm\sqrt{\gamma x^2+\varepsilon x+\eta}$，系数如表 1-4 所示。

表 1-4 反显函数系数

α	β	γ	ε	η
0.02758621	-0.80344828	0.00007134	-0.00294887	0.16277051

该函数中，$h>\frac{g^2}{4c}$，$\eta>\frac{\varepsilon^2}{4\gamma}$，$A>0$，符合定义域、值域都为 $(-\infty,+\infty)$ 情况。

绘图范围 $x \in [-10,10]$ 的函数图像见图 1-1，绘图范围 $x \in [-1000,1000]$ 的函数图像见图 1-2，绘图范围 $x \in [-0.1,0.1]$ 的函数图像见图 1-3。绘图范围 $x \in [-0.3,-0.1]$ 的函数图像见图 1-4。

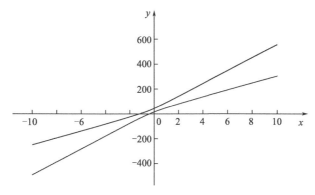

图 1-1　$x \in [-10,10]$ 函数图像

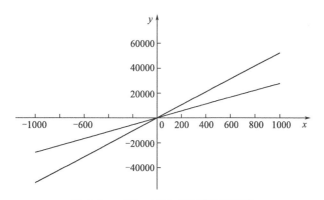

图 1-2　$x \in [-1000,1000]$ 函数图像

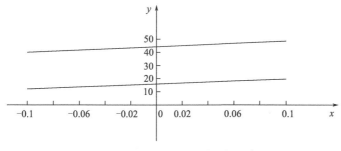

图 1-3　$x \in [-0.1,0.1]$ 函数图像

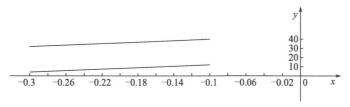

图 1-4　$x \in [-0.3,-0.1]$ 函数图像

(2) $(-\infty,+\infty)$型与$(-\infty,a_1]\cup[a_2,+\infty)$型组合

$(-\infty,+\infty)$型与$(-\infty,a_1]\cup[a_2,+\infty)$型组合的完整二次函数的图像为双曲线。

定义域为$(-\infty,+\infty)$型，说明$c>0$且$h\geqslant\dfrac{g^2}{4c}$；值域为$(-\infty,a_1]\cup[a_2,+\infty)$型，说明$\gamma>0$且$\eta<\dfrac{\varepsilon^2}{4\gamma}$。反之，定义域为$(-\infty,a_1]\cup[a_2,+\infty)$型说明$c>0$且$h<\dfrac{g^2}{4c}$，值域为$(-\infty,+\infty)$型说明$\gamma>0$且$\eta\geqslant\dfrac{\varepsilon^2}{4\gamma}$。下面举例说明具体图像。

【例 1-4】 绘制函数$-15x^2+y^2-10xy+850x-200y+9980=0$图像。

【解】 显函数为$y=5x+100\pm\sqrt{40x^2+150x+20}$；

反显函数为$x=-\dfrac{1}{3}y+28\dfrac{1}{3}\pm\sqrt{\dfrac{8}{45}y^2-32\dfrac{2}{9}y+1468\dfrac{1}{9}}$。

由此可得：

$$h=20<\frac{g^2}{4c}=\frac{150^2}{160}=140\frac{5}{8}$$

$$\eta=1468\frac{1}{9}>\frac{\varepsilon^2}{4\gamma}=\frac{\left(-32\dfrac{2}{9}\right)^2}{4\times\dfrac{8}{45}}=1460\frac{5}{72}$$

符合$c>0$且$h<\dfrac{g^2}{4c}$，$\gamma>0$且$\eta\geqslant\dfrac{\varepsilon^2}{4\gamma}$情况。

定义域为$\left(-\infty,-\dfrac{15+\sqrt{193}}{8}\right]\cup\left[\dfrac{\sqrt{193}-15}{8},+\infty\right)$，值域为$(-\infty,+\infty)$。

函数图像见图 1-5。

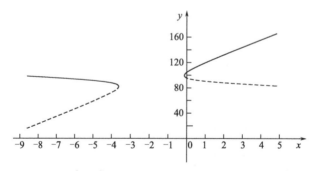

图 1-5　$-15x^2+y^2-10xy+850x-200y+9980=0$ 函数图像

【例 1-5】 绘制函数$-15x^2+y^2-10xy+180x-40y+300=0$图像。

【解】 显函数为$y=5x+20\pm\sqrt{40x^2+20x+100}$；

反显函数为$x=-\dfrac{1}{3}y+6\pm\sqrt{\dfrac{8}{45}y^2-6\dfrac{2}{3}y+56}$。

由此可得：

$$h = 100 > \frac{g^2}{4c} = \frac{400}{160} = 2.5 \; , \quad \eta = 56 < \frac{\varepsilon^2}{4\gamma} = \frac{\left(-6\frac{2}{3}\right)^2}{4 \times \frac{8}{45}} = 62.5$$

符合 $c > 0$ 且 $h \geqslant \frac{g^2}{4c}$，$\gamma > 0$ 且 $\eta < \frac{\varepsilon^2}{4\gamma}$ 情况。

定义域为 $(-\infty, +\infty)$，值域为 $\left(-\infty, \frac{75}{4} - \frac{15}{16}\sqrt{41}\right] \cup \left[\frac{75}{4} + \frac{15}{16}\sqrt{41}, +\infty\right)$。

该函数图像见图 1-6。

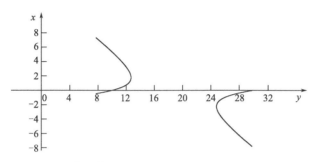

图 1-6　$-15x^2 + y^2 - 10xy + 180x - 40y + 300 = 0$ 的函数图像

（3）定义域、值域均为 $(-\infty, a_1] \cup [a_2, +\infty)$ 型

定义域、值域均为 $(-\infty, a_1] \cup [a_2, +\infty)$ 型的完整二次函数的图像为双曲线。

定义域为 $(-\infty, a_1] \cup [a_2, +\infty)$ 型，说明 $c > 0$ 且 $h < \frac{g^2}{4c}$；值域为 $(-\infty, a_1] \cup$

$[a_2, +\infty)$ 型，说明 $\gamma > 0$ 且 $\eta < \frac{\varepsilon^2}{4\gamma}$。下面举例说明。

【例 1-6】　绘制 $2x^2 + y^2 + 4xy + 40x + 24y + 160 = 0$ 图像。

【解】　显函数为 $y = -2x - 12 \pm \sqrt{2x^2 + 8x - 16}$；

反显函数 $x = -y - 10 \pm \sqrt{\frac{1}{2}y^2 + 8y + 20}$。

由此可得：

$$h = -16 < \frac{g^2}{4c} = \frac{64}{8} = 8 \; , \quad \eta = 20 < \frac{\varepsilon^2}{4\gamma} = \frac{64}{2} = 32$$

符合 $c > 0$ 且 $h < \frac{g^2}{4c}$，$\gamma > 0$ 且 $\eta < \frac{\varepsilon^2}{4\gamma}$ 情况。

定义域为 $(-\infty, -2-2\sqrt{3}] \cup [-2+2\sqrt{3}, +\infty)$，值域为 $(-\infty, -8-2\sqrt{6}] \cup [-8+2$

$\sqrt{6}, +\infty)$。

函数图像见图 1-7。

（4）定义域、值域均为 $[b_1, b_2]$ 型

定义域、值域均为 $[b_1, b_2]$ 型的完整二次函数的图像为椭圆。其系数情况是：$c < 0$ 且 $g^2 - 4ch > 0$，$\gamma < 0$ 且 $\varepsilon^2 - 4\gamma\eta > 0$（当且仅当 $C = 0$ 且 $A = B$ 时，函数图像为圆）。下面举例说明。

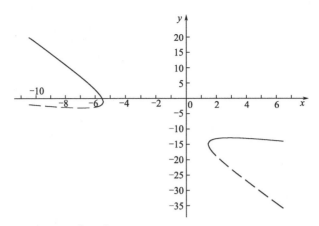

图 1-7 $2x^2+y^2+4xy+40x+24y+160=0$ 函数图像

【例 1-7】   绘制函数 $6x^2+y^2-2xy+30x-40y+360=0$ 图像。

【解】   显函数为 $y=x+20\pm\sqrt{-5x^2+10x+40}$ ；

反显函数为 $x=\dfrac{1}{6}y-\dfrac{5}{2}\pm\sqrt{-\dfrac{5}{36}y^2+5\dfrac{5}{6}y-53\dfrac{3}{4}}$ 。

由此可得：

$$g^2-4ch=900>0，\ \varepsilon^2-4\gamma\eta=\dfrac{25}{6}>0$$

符合定义域、值域均为 $[b_1,b_2]$ 型的系数情况。

定义域为 $x\in[-2,4]$ ，值域为 $y\in\left[21-18\sqrt{\dfrac{1}{6}}，21+18\sqrt{\dfrac{1}{6}}\right]$ 。

图像见图 1-8。

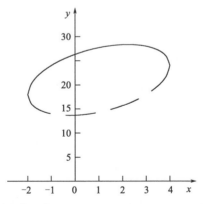

图 1-8 $6x^2+y^2-2xy+30x-40y+360=0$ 函数图像

（5）定义域、值域均为 $[-c_1,+\infty)$ 型

定义域、值域均为 $[-c_1,+\infty)$ 型的图像是单曲线（马鞍形、抛物线形等），系数条件是 $c=0$ ，下面举例说明。

【例 1-8】   绘制 $x^2+y^2-2xy+30x-40y+360=0$ 图像。

【解】   显函数为 $y=x+20\pm\sqrt{10x+40}$ ；

反显函数为 $x = y - 15 \pm \sqrt{10y - 135}$。

定义域为 $x \in [-4, +\infty)$，值域为 $y \in [13.5, +\infty)$。

图像见图 1-9。

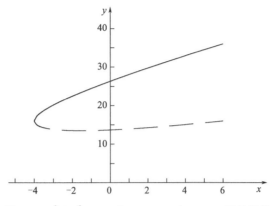

图 1-9　$x^2 + y^2 - 2xy + 30x - 40y + 360 = 0$ 函数图像

1.4.2　$B = 0$（或 $A = 0$）（其它系数均不为 0）函数图像

$y = -\dfrac{Ax^2 + Dx + F}{Cx + E}$（除 $B = 0$ 外，其它系数均不为 0）的基本图像是以 $x = -\dfrac{E}{C}$ 为渐近线的双曲线。在 $x = -\dfrac{E}{C}$ 的邻域 $\left[-\dfrac{E}{C} - \delta, -\dfrac{E}{C} + \delta \right]$ 内的典型函数图像见图 1-10。双曲线有两种基本情况，一种是图像左低右高 [图 1-10（a）]，另一种是图像左高右低 [图 1-10（b）]。δ 的大小（邻域大小）由函数的具体系数决定，有的 $\delta = 1$，有的 $\delta = 10$，有的 $\delta = 0.1$。

当绘图范围 $x \in [-m, M]$（比如 $x \in [-1000, 1000]$）较大（很大）时，$y = -\dfrac{Ax^2 + Dx + F}{Cx + E}$ 图像几乎是一条直线，见图 1-11。直线也有两种情况，一种是直线随 x 增大而单调递增 [图 1-11（a）]，另一种是直线随 x 增大而单调递减 [图 1-11（b）]。当绘图范围不够大时，会在 $x = -\dfrac{E}{C}$ 处出现小小的非直线痕迹。

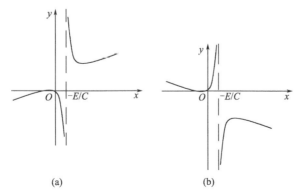

图 1-10　$Ax^2 + Cxy + Dx + Ey + F = 0$ 小区间典型图像

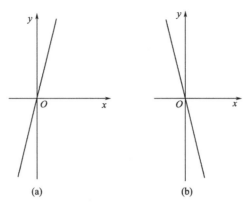

图 1-11 $Ax^2+Cxy+Dx+Ey+F=0$ 大区间典型图像

$x=-\dfrac{By^2+Ey+F}{Cy+D}$ 的图像情况与 $y=-\dfrac{Ax^2+Dx+F}{Cx+E}$ 的情况类似，只是坐标对调而已。

1.4.3　与图像有关的主要结论

根据上述图像分析可以得出如下几个结论。

(1) 完整二次函数的基本图像

完整二次函数的基本图像（含所有特殊系数情况）包括：椭圆；双曲线；圆；单曲线；抛物线；两条直线；一条直线。

(2) 完整二次函数表示（或分段表示）其它函数

仅凭不换元的完整二次函数即想表示任意函数是不够的。很多时候，利用完整二次函数去表达曲线、数值关系（其它函数）需要通过换元处理（复合完整二次函数）才能实现。

(3) 线性关系

变量间存在严格线性关系的必要条件是这两个变量的变化范围均为$(-\infty,+\infty)$，如果两个变量的数值变化范围不是$(-\infty,+\infty)$，则这两个变量不是严格（真正）意义上的线性关系（至少在某个区间不是线性关系）。

1.5　完整二次函数的单调性、周期性和奇偶性

函数单调性、周期性、奇偶性等是一个函数表现出的特有性质，通过对函数的单调性、周期性、奇偶性分析可以更加深入地认识和掌握一个函数，从而便于函数的有效应用。

1.5.1　单调性

函数单调性分析有明确的现实意义，比如，判断变量在某个区间变量值的变化方向和

趋势、确定变量在某个区间的极值等，进而为变量值规划、方案优化、过程控制、过程改进等环节中的问题解决提供依据。函数单调性分析除了可以结合函数图像分析外，一般根据导数（导函数）进行分析，有两种具体应用情况：整个函数定义域内的单调性分析，给定区间的单调性分析。

（1）整个函数定义域内的单调性分析

分析函数 $y = ax + b \pm \sqrt{cx^2 + gx + h}$ 在整个定义域内的单调性。具体步骤如下：

1）求函数定义域　满足不等式 $cx^2 + gx + h \geqslant 0$ 的 x 的取值范围为函数定义域。有四种定义域类型（无效函数不计）：$x \in (-\infty, +\infty)$；$x \in (-\infty, a_1] \bigcup [a_2, +\infty)$；$x \in [b_1, b_2]$；$x \in [c_1, +\infty)$。

2）求导数

$$y' = a \pm \frac{cx + \dfrac{g}{2}}{\sqrt{cx^2 + gx + h}}$$

3）求驻点

$$y' = a \pm \frac{cx + \dfrac{g}{2}}{\sqrt{cx^2 + gx + h}} = 0$$

解方程 $(a^2c - c^2)x^2 + (a^2g - cg)x + a^2h - \dfrac{g^2}{4} = 0$，得：

$$x = \frac{cg - a^2g \pm \sqrt{(a^2g - cg)^2 - (a^2c - c^2)(4a^2h - g^2)}}{2(a^2c - c^2)}$$

若方程有实数解，则存在驻点；若方程无实数解，则没有驻点。实数解可能的个数是 0、1、2，有几个解就有几个驻点。通常，驻点情况有以下两种。

① 两个驻点：$x_1 \neq x_2$，设定 $x_1 < x_2$。

② 一个驻点：$x_1 = x_2$。

4）确定单调区间　单调区间是驻点与定义域的结合，下面以两个驻点来讨论，一个驻点的情况与之类似，不再讨论。

① $x \in (-\infty, +\infty)$ 型定义域。$x \in [-\infty, +\infty]$ 型定义域的单调区间是：$(-\infty, x_1]$，$(x_1, x_2]$，$(x_2, +\infty)$。

② $x \in (-\infty, a_1] \bigcup [a_2, +\infty)$ 型定义域。比较 x_1、x_2、a_1、a_2 四个数的大小，有以下几种主要可能：

Ⅰ. $x_1 < x_2 \leqslant a_1$；

Ⅱ. $x_1 < a_1 < x_2 < a_2$；

Ⅲ. $a_1 < x_1 < x_2 < a_2$；

Ⅳ. $a_1 < x_1 < a_2 < x_2$；

Ⅴ. $a_2 \leqslant x_1 < x_2$。

Ⅱ、Ⅲ、Ⅳ 情况是否客观存在尚不能肯定，先假定存在，方能确保单调区间确定结果的完整性。

对于 Ⅰ，单调区间是 $(-\infty, x_1]$、$(x_1, x_2]$、$(x_2, a_1]$、$[a_2, +\infty)$；

对于Ⅱ，单调区间是$(-\infty, x_1]$、$(x_1, a_1]$、$[a_2, +\infty)$；

对于Ⅲ，单调区间是$(-\infty, a_1]$、$[a_2, +\infty)$；

对于Ⅳ，单调区间是$(-\infty, a_1]$、$[a_2, x_2)$、$[x_2, +\infty)$；

对于Ⅴ，单调区间是$(-\infty, a_1]$、$[a_2, x_1]$、$(x_1, x_2]$、$(x_2, +\infty)$。

③ $x \in [b_1, b_2]$型定义域。比较x_1、x_2、a_1、a_2四个数的大小，有以下几种主要可能：

Ⅰ. $b_1 < x_1 < x_2 < b_2$；

Ⅱ. $x_1 < x_2 < b_1$；

Ⅲ. $b_2 < x_1 < x_2$；

Ⅳ. $x_1 < b_1 < x_2 < b_2$；

Ⅴ. $x_1 < b_1 < b_2 < x_2$；

Ⅵ. $b_1 < x_1 < b_2 < x_2$。

Ⅱ～Ⅵ情况是否客观存在尚不能肯定，先假定存在，方能确保单调区间确定结果的完整性。

对于Ⅰ，单调区间是$[b_1, x_1]$、(x_1, x_2)、$(x_2, b_2]$；

对于Ⅱ、Ⅲ、Ⅴ，单调区间是$[b_1, b_2]$；

对于Ⅳ，单调区间是$[b_1, x_2]$、$(x_2, b_2]$；

对于Ⅵ，单调区间是$[b_1, x_1]$、$(x_1, b_2]$。

④ $x \in [c_1, +\infty)$型定义域。比较x_1、x_2、c_1三个数的大小，有以下几种主要可能：

Ⅰ. $c_1 \leqslant x_1 < x_2$；

Ⅱ. $x_1 < c_1 < x_2$；

Ⅲ. $x_1 < x_2 \leqslant c_1$。

对于Ⅰ，单调区间是$[c_1, x_1]$、(x_1, x_2)、$(x_2, +\infty)$；

对于Ⅱ，单调区间是$[c_1, x_2]$、$(x_2, +\infty)$；

对于Ⅲ，单调区间是$[c_1, +\infty)$。

5）确定函数单调性　考察函数在每个单调区间的导数值情况：若函数在某个单调区间上总有导数值非负，则函数在该区间上单调递增（以下简称单增）；若函数在某个单调区间上总有导数值为负，则函数在该区间上单调递减（以下简称单减）。

（2）给定区间的单调性分析

分析函数$y = ax + b \pm \sqrt{cx^2 + gx + h}$在自变量$x$的给定区间$[\lambda, \mu]$内的单调性。首先，$[\lambda, \mu]$应包含于定义域内。其次，当$x \in [\lambda, \mu]$时$y_1 = ax + b + \sqrt{cx^2 + gx + h}$和$y_2 = ax + b - \sqrt{cx^2 + gx + h}$的单调性分别只有三种可能：在$[\lambda, \mu]$上单增；在$[\lambda, \mu]$上单减；在$[\lambda, x_1]$（$[\lambda, x_2]$）上单增（单减），在$[x_1, \mu]$（$[x_2, \mu]$）上单减（单增）。

具体分析步骤如下。

1）求导数

$$y' = a \pm \frac{cx + \dfrac{g}{2}}{\sqrt{cx^2 + gx + h}}$$

2）求驻点

$$y' = a \pm \frac{cx + \frac{g}{2}}{\sqrt{cx^2 + gx + h}} = 0$$

解方程 $(a^2c - c^2)x^2 + (a^2g - cg)x + a^2h - \frac{g^2}{4} = 0$，得：

$$x = \frac{cg - a^2g \pm \sqrt{(a^2g - cg)^2 - (a^2c - c^2)(4a^2h - g^2)}}{2(a^2c - c^2)}$$

3）确定单调性

① 若方程无解则说明函数在定义域内没有驻点，函数在 $[\lambda, \mu]$ 内要么单增，要么单减。此时，比较函数值 $y(\lambda)$、$y(\mu)$ 可得到函数单调性：$y(\lambda) < y(\mu)$ 则函数单增，$y(\lambda) > y(\mu)$ 则函数单减。

② 若方程有解，但两个解都不在 $[\lambda, \mu]$ 范围内，则函数在 $[\lambda, \mu]$ 内要么单增，要么单减。此时，比较函数值 $y(\lambda)$、$y(\mu)$ 可得到函数单调性。

③ 若方程有两个相同解 x_1、x_2，且 $x_1 = x_2 \in [\lambda, \mu]$，则比较函数值 $y_1(\lambda)$、$y_1(x_1)$、$y_1(\mu)$、$y_2(\lambda)$、$y_2(x_1)$、$y_2(\mu)$ 可得到函数单调性。

④ 若方程有两个不同解，$x_1 < x_2$ 且 $x_1 \in [\lambda, \mu]$、$x_2 \notin [\lambda, \mu]$（反之亦然），则比较函数值 $y_1(\lambda)$、$y_1(x_1)$、$y_1(\mu)$、$y_2(\lambda)$、$y_2(x_1)$、$y_2(\mu)$ 可得到函数单调性。

⑤ 若方程有两个不同解，$x_1 < x_2$ 且 x_1、$x_2 \in [\lambda, \mu]$，则比较函数值 $y_1(\lambda)$、$y_1(x_1$ 或 $x_2)$、$y_1(\mu)$、$y_2(\lambda)$、$y_2(x_1$ 或 $x_2)$、$y_2(\mu)$ 可得到函数单调性。

1.5.2　周期性

函数是否具有周期性是了解函数变化规律的重要方面。周期性是函数变化规律的重要特性。如果函数呈现周期性变化且能掌握函数周期，将会使诸多现实问题的解决变得主动而有利。从函数图像看，完整二次函数没有周期性，但从函数周期定义来说，情况似乎并非如此。

$$ax + b \pm \sqrt{cx^2 + gx + h} = a(x + T) + b \pm \sqrt{c(x + T)^2 + g(x + T) + h} \qquad (1\text{-}1)$$

使得式（1-1）成立的 $T(T \neq 0)$ 可称为函数的周期。

式（1-1）变形得到 $T = f(x)$ 或

$$F(x, T) = \pm \sqrt{c(x + T)^2 + g(x + T) + h} \mp \sqrt{cx^2 + gx + h} + aT = 0 \qquad (1\text{-}2)$$

式（1-2）表明，$T = 0$ 并非式（1-1）成立的唯一条件。根据式（1-1），不能完全肯定或否定函数的周期性，只能得到以下结论：

① 若当且仅当 $T = 0$ 时，式（1-1）成立，则函数没有周期性。

② 对于定义域内的一切 x，若存在非零实数 T，使得式（1-1）恒成立，则函数具有周期性，T 即为函数的一个周期。

1.5.3 奇偶性

(1) 偶函数的条件

当 $Ax^2+By^2+Cxy+Dx+Ey+F=Ax^2+By^2-Cxy-Dx+Ey+F$ 时，完整二次函数为偶函数。因此，完整二次函数为偶函数的充分条件是：

$$C=0,\ D=0$$

相应地，$a=0$，$g=0$，此时显函数为 $y=b\pm\sqrt{cx^2+h}$。

$\alpha=0$，$\beta=0$，此时反显函数为 $x=\pm\sqrt{\gamma y^2+\varepsilon y+\eta}$。

(2) 奇函数的条件

当 $-ax+b\pm\sqrt{cx^2-gx+h}=-ax-b\mp\sqrt{cx^2+gx+h}$ 时，完整二次函数为奇函数。因此，完整二次函数为奇函数的充分条件是：

$$h=b^2\ 且\ g^2=4b^2c$$

相应地，对于 $B=1$ 的完整二次函数，充分条件是：

$$\begin{cases} E^2-E-4F=0 \\ E^4-8E^2F-4E^2C^2+16AE^2+16F^2=0 \end{cases}$$

1.6 完整二次函数的极限与连续

1.6.1 完整二次函数的极限

(1) $\lim\limits_{x\to x_0}y$

对于函数定义域内任意一点 (x_0,y_0)，总有

$$\lim_{x\to x_0}y=\lim_{x\to x_0^-}y=\lim_{x\to x_0^+}y=ax_0+b\pm\sqrt{cx_0^2+gx_0+h}=y_0$$

特别地，若函数在 $x=0$ 处有意义，则

$$\lim_{x\to 0}y=\lim_{x\to 0^-}y=\lim_{x\to 0^+}y=b\pm\sqrt{h}\qquad(h\geqslant 0)$$

(2) $\lim\limits_{x\to\infty}y$

根据前述定义域讨论，只有 $c\geqslant 0$，才有 $x\to\infty$ 的情况。考察以下极限：

$$\lim_{x\to\infty}\frac{y}{x}=\lim_{x\to\infty}\left(a+\frac{b}{x}\pm\sqrt{c+\frac{g}{x}+\frac{h}{x^2}}\right)=a\pm\sqrt{c}\qquad(c\geqslant 0)$$

这个极限说明，当 $x\to\infty$ 时，$\dfrac{1}{x}$ 与 $\dfrac{1}{y}$ 为同阶无穷小，所以

$$\lim_{x\to\infty}y=\infty$$

(3) 双曲线的渐近线

设双曲线的渐进线为 $y=kx+j$，利用以下极限可确定斜率 k。

$$\lim_{x\to\infty}\frac{ax+b\pm\sqrt{cx^2+gx+h}}{kx+j}=1$$

$$\lim_{x\to\infty}\frac{ax+b\pm\sqrt{cx^2+gx+h}}{kx+j}=\lim_{x\to\infty}\frac{a+\dfrac{b}{x}\pm\sqrt{c+\dfrac{g}{x}+\dfrac{h}{x^2}}}{k+\dfrac{j}{x}}=\frac{a\pm\sqrt{c}}{k}=1$$

$$k=a\pm\sqrt{c}$$

利用双曲线顶点坐标可求解两条渐近线交点坐标。

设两条渐近线交点坐标为 (x_0,y_0)，以下分两种情况求解。

1）定义域为 $(-\infty,a_1]\cup[a_2,+\infty)$　顶点坐标为 $(a_1,y(a_1))$、$(a_2,y(a_2))$，则

$$y(a_1)=aa_1+b+\sqrt{ca_1^2+ga_1+h}\ ,\ y(a_2)=aa_2+b+\sqrt{ca_2^2+ga_2+h}$$

$$x_0=\frac{a_2-a_1}{2}\ ,\ y_0=\frac{y(a_2)-y(a_1)}{2}$$

$$j=y_0-kx_0$$

一条渐近线是 $y=(a+\sqrt{c})x+y_0-(a+\sqrt{c})x_0$；

另一条渐近线是 $y=(a-\sqrt{c})x+y_0-(a-\sqrt{c})x_0$。

2）值域为 $(-\infty,a_1]\cup[a_2,+\infty)$　顶点坐标为 $(x(a_1),a_1)$、$(x(a_2),a_2)$，则

$$x(a_1)=\alpha a_1+\beta+\sqrt{\gamma a_1^2+\varepsilon a_1+\eta}\ ,\ x(a_2)=\alpha a_2+\beta+\sqrt{\gamma a_2^2+\varepsilon a_2+\eta}$$

$$x_0=\frac{x(a_2)-x(a_1)}{2}\ ,\ y_0=\frac{a_2-a_1}{2}$$

$$j=y_0-kx_0$$

于是得到两条渐近线方程：$y=kx+j$。

1.6.2　完整二次函数的连续

由于在函数定义域内，总有

$$\lim_{x\to x_0}y=\lim_{x\to x_0^-}y=\lim_{x\to x_0^+}y=y_0,$$

因此，在函数定义域内，完整二次函数是连续的。这里需要注意双曲线的连续问题：双曲线在其定义域内是连续的，但在整个实数集上是间断的，有无穷多个间断点。

1.7　完整二次函数的导数、微分及相关问题

1.7.1　导数

（1）一阶导数

完整二次函数的一阶导数：

$$y'=\frac{\mathrm{d}y}{\mathrm{d}x}=a\pm\frac{cx+\dfrac{g}{2}}{\sqrt{cx^2+gx+h}}\qquad (x\neq\frac{-g\pm\sqrt{g^2-4ch}}{2c})$$

$$y'=\frac{\mathrm{d}y}{\mathrm{d}x}=\frac{2Ax+Cy+D}{2By+Cx+E}\qquad (y\neq-\frac{Cx+E}{2B})$$

$x = \dfrac{-g \pm \sqrt{g^2 - 4ch}}{2c}$，$y = ax + b$，$y' = a$，因此完整二次函数在其定义域内是可导的。

为进一步了解完整二次函数的导数，下面举例观察导函数情况。

【例 1-9】 圆的导函数及其图像举例。

圆 $y = 2 \pm \sqrt{-x^2 + 2x + 24}$ 的导函数是：

$$y' = \begin{cases} 0 & (-x^2 + 2x + 24 = 0) \\ \pm \dfrac{-x + 1}{\sqrt{-x^2 + 2x + 24}} & (-x^2 + 2x + 24 \neq 0) \end{cases}$$

圆及其导函数图像见图 1-12。

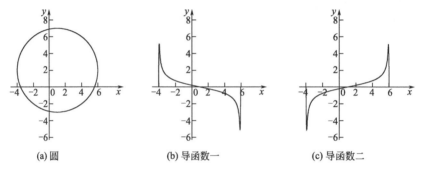

(a) 圆   (b) 导函数一   (c) 导函数二

图 1-12 圆及其导函数图像

【例 1-10】 椭圆的导函数及其图像举例。

椭圆 $y = x + 20 \pm \sqrt{-5x^2 + 10x + 40}$ 的导函数是：

$$y' = \begin{cases} 1 & (-5x^2 + 10x + 40 = 0) \\ 1 \pm \dfrac{-5x + 5}{\sqrt{-5x^2 + 10x + 40}} & (-5x^2 + 10x + 40 \neq 0) \end{cases}$$

椭圆及其导函数图像见图 1-13。

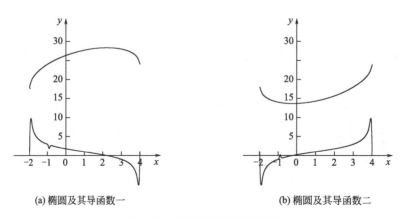

(a) 椭圆及其导函数一   (b) 椭圆及其导函数二

图 1-13 椭圆及其导函数图像

【例 1-11】 双曲线的导函数及其图像举例。

双曲线 $y=-2x-12\pm\sqrt{2x^2+8x-16}$ 的导函数是：

$$y'=-2\pm\frac{2x+4}{\sqrt{2x^2+8x-16}}\ ,\ x\in(-\infty,-2-2\sqrt{3}\,]\cup[-2+2\sqrt{3}\,,+\infty)$$

双曲线及其导函数图像见图 1-14。

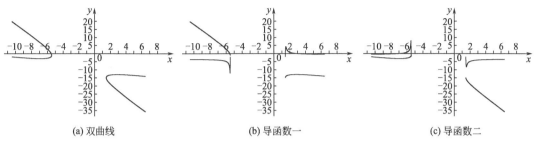

(a) 双曲线　　　　　　　　(b) 导函数一　　　　　　　　(c) 导函数二

图 1-14　双曲线及其导函数图像

（2）二阶及高阶导数

1）二阶导数

$$y''=\frac{\mathrm{d}^2y}{\mathrm{d}x^2}=\pm\frac{c}{\sqrt{cx^2+gx+h}}\mp\frac{(cx+\frac{g}{2})^2}{\sqrt{(cx^2+gx+h)^3}},$$

$$(x\neq\frac{-g\pm\sqrt{g^2-4ch}}{2c})$$

$$y''=\frac{\mathrm{d}^2y}{\mathrm{d}x^2}=\frac{(2A+Cy')(2By+Cx+E)-(2By'+C)(2Ax+Cy+D)}{(2By+Cx+E)^2},$$

$$(y\neq-\frac{Cx+E}{2B})$$

2）高阶导数　令 $\sqrt{cx^2+gx+h}=u$，$cx+\frac{g}{2}=v$，则

$$y'=a\pm\frac{v}{u}\,,\ y''=\pm\left(\frac{c}{u}-\frac{v^2}{u^3}\right),\ y'''=\pm\left(-\frac{c+2cv}{u^2}+\frac{3v^3}{u^5}\right)$$

$$y^{(4)}=\pm\left(-\frac{2c^2u^3-cv+2cv^2}{u^5}+\frac{9cuv^2-15v^4}{u^6}\right)$$

用复合函数求导方法，可以一直求导下去，得到完整二次函数的高阶导数。

1.7.2　微分

因为完整二次函数在其定义域的开区间内是可导的，因此，完整二次函数在定义域开区间内是可微的。其微分是：

$$\mathrm{d}y=\left(a\pm\frac{cx+\frac{g}{2}}{\sqrt{cx^2+gx+h}}\right)\mathrm{d}x$$

1.7.3 完整二次函数的极值问题

(1) 函数极值求解的一般步骤

函数极值求解的一般步骤是：找出驻点；明确所有可能的单调区间；判断驻点是否为极值点；极值计算。

(2) 驻点

两条直线和一条直线的函数没有驻点，完整二次函数若存在驻点，则驻点 $M(x_0, y_0)$ 为：

$$x_0 = \frac{cg - a^2 g \pm \sqrt{(a^2 g - cg)^2 - (a^2 c - c^2)(4a^2 h - g^2)}}{2(a^2 c - c^2)}$$

$$y_0 = ax_0 \pm \sqrt{cx_0^2 + gx_0 + h}$$

(3) 极值点

极值点一定是驻点，但驻点未必是极值点。极值点判定有两类方法：

1) 驻点为极值点的充分条件一　在驻点左右两侧的导数值异号。

① 当 $x < x_0$ 时 $y'(x) < 0$，当 $x > x_0$ 时 $y'(x) > 0$，函数在 $M(x_0, y_0)$ 处取得极小值。

② 当 $x < x_0$ 时 $y'(x) > 0$，当 $x > x_0$ 时 $y'(x) < 0$，函数在 $M(x_0, y_0)$ 处取得极大值。

2) 驻点为极值点的充分条件二　在驻点的二阶导数值不为 0。

① 当 $y''(x_0) < 0$ 时，函数在 $M(x_0, y_0)$ 处取得极大值。

② 当 $y''(x_0) > 0$ 时，函数在 $M(x_0, y_0)$ 处取得极小值。

1.7.4 完整二次函数的凹凸与拐点问题

(1) 凹凸问题

完整二次函数在 $[\lambda, \mu]$ 上连续，在 (λ, μ) 内具有一阶、二阶导数，若在 (λ, μ) 内 $y'' > 0$，则在 $[\lambda, \mu]$ 上图形是凹的；若在 (λ, μ) 内 $y'' < 0$，则在 $[\lambda, \mu]$ 上图形是凸的。

(2) 拐点问题

点 $P(x_0, y_0)$ 为完整二次函数曲线上拐点的充分必要条件（两个条件同时满足）是：

① $y''(x_0) = 0$；

② 点 $P(x_0, y_0)$ 左右两侧的二阶导数值异号。

1.8 完整二次函数的积分

1.8.1 不定积分

完整二次函数的不定积分如下。

① $c > 0$ 时，有：

$$\int y \, dx = \frac{1}{2} ax^2 + bx \pm \frac{2cx + g}{4c} \sqrt{cx^2 + gx + h}$$
$$\pm \frac{4ch - g^2}{8\sqrt{c^3}} \ln \left| 2cx + g + 2\sqrt{c}\sqrt{cx^2 + gx + h} \right| + C_1$$

② $c<0$ 时，有：

$$\int y\mathrm{d}x = \frac{1}{2}\,ax^2 + bx \pm \frac{2\,|\,c\,|\,x - g}{4\,|\,c\,|}\sqrt{cx^2 + gx + h}$$

$$\pm \frac{g^2 + 4\,|\,c\,|\,h}{8\sqrt{|\,c\,|^3}}\arcsin\frac{2\,|\,c\,|\,x - g}{\sqrt{g^2 + 4\,|\,c\,|\,h}} + C_2$$

为进一步了解完整二次函数的积分函数，下面举例观察积分函数图像。

【例 1-12】 圆的积分函数及图像举例。

圆 $y = 2 \pm \sqrt{-x^2 + 2x + 24}$ 的原函数是：

$$\int y\mathrm{d}x = 2x \pm \frac{x-1}{2}\sqrt{-x^2 + 2x + 24} \pm \frac{25}{2}\arcsin\frac{x-1}{5} \qquad (C_2 = 0)$$

圆及积分函数图像见图 1-15。

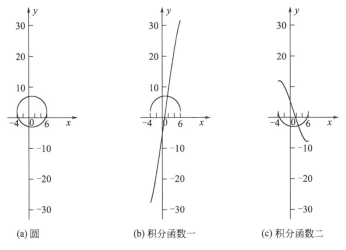

(a) 圆　　　　　　　(b) 积分函数一　　　　　　　(c) 积分函数二

图 1-15　圆及积分函数图像

【例 1-13】 椭圆的积分函数图像举例。

椭圆 $y = x + 20 \pm \sqrt{-5x^2 + 10x + 40}$ 的原函数是：

$$\int y\mathrm{d}x = \frac{1}{2}\,x^2 + 20x \pm \frac{x-1}{2}\sqrt{-5x^2 + 10x + 40} \pm \frac{9\sqrt{5}}{2}\arcsin\frac{x-1}{3} \qquad (C_2 = 0)$$

椭圆及积分函数图像见图 1-16。

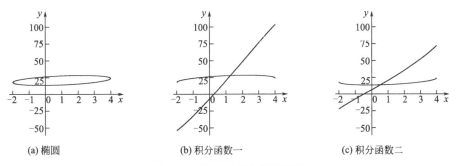

(a) 椭圆　　　　　　　(b) 积分函数一　　　　　　　(c) 积分函数二

图 1-16　椭圆及积分函数图像

【例 1-14】 双曲线的积分函数图像举例。

双曲线 $y = -2x - 12 \pm \sqrt{2x^2 + 8x - 16}$ 的原函数是：

$$\int y\,\mathrm{d}x = -x^2 - 12x \pm (\frac{x}{2} + 1)\sqrt{2x^2 + 8x - 16}$$

$$\mp 6\sqrt{2}\ln\left|4x + 8 + 2\sqrt{2}\sqrt{2x^2 + 8x - 16}\right| \qquad (C_1 = 0)$$

双曲线及积分函数图像见图 1-17。

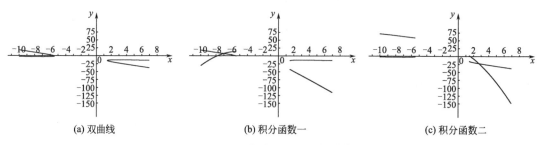

(a) 双曲线   (b) 积分函数一   (c) 积分函数二

图 1-17 双曲线及积分函数图像

1.8.2 定积分

完整二次函数的定积分如下。

① $c > 0$ 时，有：

$$\int_\lambda^\mu y\,\mathrm{d}x =$$

$$\left(\frac{1}{2}ax^2 + bx \pm \frac{2cx + g}{4c}\sqrt{cx^2 + gx + h} \pm \frac{4ch - g^2}{8\sqrt{c^3}}\ln\left|2cx + g + 2\sqrt{c}\sqrt{cx^2 + gx + h}\right|\right)\Bigg|_\lambda^\mu$$

② $c < 0$ 时，有：

$$\int_\lambda^\mu y\,\mathrm{d}x =$$

$$\left(\frac{1}{2}ax^2 + bx \pm \frac{2|c|x - g}{4|c|}\sqrt{cx^2 + gx + h} \pm \frac{g^2 + 4|c|h}{8\sqrt{|c|^3}}\arcsin\frac{2|c|x - g}{\sqrt{g^2 + 4|c|h}}\right)\Bigg|_\lambda^\mu$$

根据定积分几何意义，定积分 $\int_\lambda^\mu y\,\mathrm{d}x$ 为 $y = ax + b + \sqrt{cx^2 + gx + h}$（$y = ax + b - \sqrt{cx^2 + gx + h}$）曲（直）线与 $x = \lambda$、$x = \mu$ 及 x 轴所围图形的面积。据此，定积分可以应用于现实各种图形的面积计算；不仅如此，定积分还可应用于现实函数求解（方程的形成依据）。下面举例讨论图形面积计算。

(1) 圆的定积分计算

【例 1-15】 利用定积分计算圆 $y = 2 \pm \sqrt{-x^2 + 2x + 24}$ 面积并对比圆面积计算公式的计算结果。

【解】 1）定积分计算

$y_1 = 2 + \sqrt{-x^2 + 2x + 24}$，$y_2 = 2 - \sqrt{-x^2 + 2x + 24}$，圆面积为：

$$S = \int_{-4}^{6} (y_1 - y_2)\mathrm{d}x = \left[(x-1)\sqrt{-x^2+2x+24} + 25\arcsin\frac{x-1}{5}\right]\Bigg|_{-4}^{6} = 78.539816$$

2）公式计算

圆直径为 10，面积 $S = \pi \times 5^2 = 78.539816$。

两种计算结果完全一致。

（2）椭圆的定积分计算

【**例 1-16**】　利用定积分计算椭圆 $y = x + 20 \pm \sqrt{-5x^2 + 10x + 40}$ 面积并对比椭圆面积计算公式的计算结果。

【**解**】　1）定积分计算

$$y_1 = x + 20 + \sqrt{-5x^2 + 10x + 40}，\quad y_2 = x + 20 - \sqrt{-5x^2 + 10x + 40}$$

椭圆面积为：

$$S = \int_{-2}^{4} (y_1 - y_2)\mathrm{d}x = \left[(x-1)\sqrt{-5x^2+10x+40} + 9\sqrt{5}\arcsin\frac{x-1}{3}\right]\Bigg|_{-2}^{4}$$

$$= 63.223333$$

2）公式计算

如图 1-18 所示，设椭圆的四个顶点为 A、B、C、D，A 为 $y_1 = x + 20 + \sqrt{-5x^2+10x+40}$ 极大值点，B 为 $y_2 = x + 20 - \sqrt{-5x^2+10x+40}$ 极小值点，O 为椭圆中心。

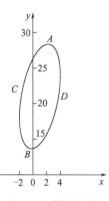

图 1-18　椭圆面积
计算辅助图

① A 点坐标 (x_A, y_A)：

$$y' = 1 \pm \frac{-5x+5}{\sqrt{-5x^2+10x+40}}$$

$$1 + \frac{-5x_A+5}{\sqrt{-5x_A^2+10x_A+40}} = 0，\quad x_A = 1 + \frac{\sqrt{6}}{2} \text{ 或 } x_A = 1 - \frac{\sqrt{6}}{2}（舍去）$$

$$y_A = 21 + \frac{\sqrt{6}}{2} + 5\sqrt{\frac{3}{2}}$$

② B 点坐标 (x_B, y_B)：

$$1 - \frac{-5x_B+5}{\sqrt{-5x_B^2+10x_B+40}} = 0，\quad x_B = 1 - \frac{\sqrt{6}}{2} \text{ 或 } x_B = 1 + \frac{\sqrt{6}}{2}（舍去）$$

$$y_B = 21 - \frac{\sqrt{6}}{2} - 5\sqrt{\frac{3}{2}}$$

③ O 点坐标 (x_O, y_O)：

$$x_O = \frac{x_A + x_B}{2} = 1；\quad y_O = \frac{y_A + y_B}{2} = 21$$

④ 直线 CD 方程：

$$直线 AB 的斜率 k_{AB} = \frac{-\sqrt{6} - 10\sqrt{\frac{3}{2}}}{-\sqrt{6}} = 6，\quad 直线 CD 的斜率 k_{CD} = -\frac{1}{6}$$

$$直线 CD 方程 y = -\frac{x}{6} + 21\frac{1}{6}$$

⑤ C 点坐标 (x_C, y_C)：

$$x_C + 20 + \sqrt{-5x_C{}^2 + 10x_C + 40} = -\frac{x_C}{6} + 21\frac{1}{6}$$

$$x_C = 1 - \sqrt{\frac{1620}{229}}$$

$$y_C = 21 + \sqrt{\frac{2205}{229}} - \sqrt{\frac{1620}{229}}$$

⑥ D 点坐标 (x_D, y_D)：

$$x_D + 20 - \sqrt{-5x_D{}^2 + 10x_D + 40} = -\frac{x_D}{6} + 21\frac{1}{6}$$

$$x_D = 1 + \sqrt{\frac{1620}{229}}$$

$$y_D = 21 + \sqrt{\frac{1620}{229}} - \sqrt{\frac{2205}{229}}$$

⑦ 椭圆面积 S：

$$a = \frac{1}{2}|AB| = \frac{1}{2}\sqrt{(x_B - x_A)^2 + (y_B - y_A)^2} = 7.4498322128756700$$

$$b = \frac{1}{2}|CD| = \frac{1}{2}\sqrt{(x_D - x_C)^2 + (y_D - y_C)^2} = 2.6964314117141200$$

$$S = \pi ab = 63.108193$$

两种方法的计算结果有一定偏差，可以肯定：定积分的计算结果更为客观准确。解析几何方法之所以出现偏差，是因为该方法有太多计算步骤且涉及无理数和分数计算。

（3）双曲线的定积分计算

【例 1-17】 利用定积分分别计算双曲线 $y = -2x - 12 \pm \sqrt{2x^2 + 8x - 16}$ 与 $x = -10$ 和 $x = 10$ 所围图形的面积并与图测值比较。

【解】
$$y_1 = -2x - 12 + \sqrt{2x^2 + 8x - 16}$$
$$y_2 = -2x - 12 - \sqrt{2x^2 + 8x - 16}$$

如图 1-19 所示，双曲线两个顶点的横坐标分别为：

$$x_1 = -2 - 2\sqrt{3}, \quad x_2 = -2 + 2\sqrt{3}$$

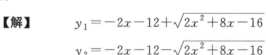

图 1-19 双曲线定积分
计算辅助图

1）双曲线与 $x = -10$ 所围图形面积

$$s_1 = \int_{-10}^{-2-2\sqrt{3}}(y_1 - y_2)\,\mathrm{d}x$$

$$= \left[(x+2)\sqrt{2x^2 + 8x - 16} - 12\sqrt{2}\ln\left|4x + 8 + 2\sqrt{2}\sqrt{2x^2 + 8x - 16}\right|\right]\Bigg|_{-10}^{-2-2\sqrt{3}}$$

$$= 56.4751$$

图测 $s_1 = 56.4730$，二者基本一致。

2）双曲线与 $x=10$ 所围图形面积

$$s_2 = \int_{-2+2\sqrt{3}}^{10} (y_1 - y_2)\mathrm{d}x$$

$$= \left[(x+2)\sqrt{2x^2+8x-16} - 12\sqrt{2}\ln\left|4x+8+2\sqrt{2}\sqrt{2x^2+8x-16}\right| \right]\Bigg|_{-2+2\sqrt{3}}^{10}$$

$$= 162.4938$$

图测 $s_2 = 162.4844$，二者基本一致。

第 2 章

负高次幂函数及通用函数

本章介绍一个能够更为广泛地表示一般曲线的函数——负高次幂函数（包括通用函数）。探讨利用负高次幂函数及通用函数表示现实变量对应关系、现实曲线的有关命题、证明及举例验证；讨论负高次幂函数及通用函数的定义域、值域、图像、单调性、奇偶性、周期性、极限与连续、导数与微分、不定积分与定积分等问题。

2.1 负高次幂函数及通用函数的基本介绍

2.1.1 负高次幂函数表达式

负高次幂多项式指以下表达式：

$$\alpha_0 + \frac{\alpha_1}{x} + \frac{\alpha_2}{x^2} + \cdots + \frac{\alpha_n}{x^n} \qquad (n \in \mathbf{N})^{❶}$$

式中，α_0、α_1、α_2、$\cdots$、α_n 为常数。

负高次幂多项式函数简称负高次幂函数，指以下表达式：

$$y = \alpha_0 + \frac{\alpha_1}{x} + \frac{\alpha_2}{x^2} + \cdots + \frac{\alpha_n}{x^n} \qquad (n \in \mathbf{N})$$

式中，α_0、α_1、α_2、$\cdots$、α_n 为常数。

有时也采用简洁表达：

$$y = \sum_{i=0}^{n} \frac{\alpha_i}{x^i} \qquad (n \in \mathbf{N}, \ \alpha_i \text{ 为常数})$$

2.1.2 通用函数表达式

采用复合负高次幂函数（或直接采用负高次幂函数）可以普遍表示其它函数，其中有一个复合负高次幂函数具有普遍适用、统一、定型等特点，这个复合负高次幂函数是：

---

❶ 本书中，n、m、i、j、r 等量（多出现于上下角位置、连加号上下）若无特别说明，一般属于自然数集 $\mathbf{N}$（0，1，2，$\cdots$），根据具体情境可分别从 0、1、2$\cdots$开始取值。

30

$$y = x\tan\left(\cfrac{1}{\alpha_0 + \cfrac{\alpha_1}{x} + \cfrac{\alpha_2}{x^2} + \cdots + \cfrac{\alpha_n}{x^n}}\right) \tag{2-1}$$

或

$$y = x\tan\left(\alpha_0 + \frac{\alpha_1}{x} + \frac{\alpha_2}{x^2} + \cdots + \frac{\alpha_n}{x^n}\right) \tag{2-2}$$

式中，$n \in \mathbf{N}$；α_0、α_1、α_2、$\cdots$、α_n 为常数。

本书将这个复合负高次幂函数称为通用函数。式（2-1）称为 A 型通用函数，式（2-2）称为 B 型通用函数。有时也采用简洁表达：

$$y = x\tan\left(\cfrac{1}{\displaystyle\sum_{i=0}^{n}\frac{\alpha_i}{x^i}}\right)$$

或

$$y = x\tan\left(\sum_{i=0}^{n}\frac{\alpha_i}{x^i}\right)$$

式中，$n \in \mathbf{N}$；α_i 为常数。

2.1.3　负高次幂函数可以准确表示数值对应关系的命题及证明

（1）命题

两个拟考察变量 x、y 的 n 个数值对应关系如表 2-1 所示。

表 2-1　x、y 对应值

x	a_1	a_2	$\cdots$	a_n
y	b_1	b_2	$\cdots$	b_n

$a_i \neq a_j$（$i,j = 1,2,\cdots,n$），即 x 值没有重复，b_i 不全为 0。则采用一个负高次幂函数可以准确表示这 n 个对应关系：

$$y = \alpha_0 + \frac{\alpha_1}{x} + \frac{\alpha_2}{x^2} + \cdots + \frac{\alpha_{n-1}}{x^{n-1}} \qquad (n \in \mathbf{N})$$

式中，α_0、α_1、α_2、$\cdots$、α_{n-1} 为常数。

（2）证明

把 n 个对应关系数值代入函数得到以 α_0、α_1、α_2、$\cdots$、α_{n-1} 为未知数的 n 元线性方程组：

$$\boldsymbol{A}\boldsymbol{\alpha} = \boldsymbol{b}$$

$$\boldsymbol{A} = \begin{bmatrix} 1 & \dfrac{1}{a_1} & \dfrac{1}{a_1^2} & \cdots & \dfrac{1}{a_1^{n-1}} \\ 1 & \dfrac{1}{a_2} & \dfrac{1}{a_2^2} & \cdots & \dfrac{1}{a_2^{n-1}} \\ \vdots & \vdots & \vdots & & \vdots \\ 1 & \dfrac{1}{a_n} & \dfrac{1}{a_n^2} & \cdots & \dfrac{1}{a_n^{n-1}} \end{bmatrix}, \quad \boldsymbol{\alpha} = \begin{bmatrix} \alpha_0 \\ \alpha_1 \\ \vdots \\ \alpha_{n-1} \end{bmatrix}, \quad \boldsymbol{b} = \begin{bmatrix} b_1 \\ b_2 \\ \vdots \\ b_n \end{bmatrix}$$

$\det \boldsymbol{A}^{\mathrm{T}}$ 为范德蒙德行列式，$\det \boldsymbol{A}^{\mathrm{T}} = \displaystyle\prod_{2 \geqslant i > j \geqslant 1}\left(\frac{1}{a_i} - \frac{1}{a_j}\right)$。当 $a_i \neq a_j$ 时，总有

$\det \boldsymbol{A} = \det \boldsymbol{A}^{\mathrm{T}} \neq 0$。对于 n 元非奇次（b_i 不全为 0）线性方程组 $\boldsymbol{A\alpha} = \boldsymbol{b}$，当 n 阶方阵 $\boldsymbol{A}$ 的行列式 $\det \boldsymbol{A} \neq 0$，线性方程组总是有解，而且其解唯一。这就说明，对于 $a_i \neq a_j$ 的 n 个对应关系，总存在唯一一组常数 α_0、α_1、α_2、$\cdots$、α_{n-1} 使得

$$b_i = \alpha_0 + \frac{\alpha_1}{a_i} + \frac{\alpha_2}{a_i^2} + \cdots + \frac{\alpha_{n-1}}{a_i^{n-1}} \qquad (i = 1, 2, \cdots, n)$$

恒成立。

以上要求 $a_i \neq 0$，当 x 数值中存在 0 时，可以采用坐标平移方式（$u = x + c$）解决。此时，负高次幂函数为：

$$v = \alpha_0 + \frac{\alpha_1}{u} + \frac{\alpha_2}{u^2} + \cdots + \frac{\alpha_{n-1}}{u^{n-1}} \qquad (n \in \mathbf{N})$$

式中，$u = x + c$；$v = y$；α_0、α_1、α_2、$\cdots$、α_{n-1} 为常数。

2.1.4 通用函数可以表示任意非负函数的命题、推论及证明

(1) 命题及推论

1）命题 若正实数变量 x 与实数变量 y 相互关联、存在函数关系，则一般可用以下复合负高次幂函数（通用函数）表示 x、y 之间的关系：

$$y = x \tan \left(\cfrac{1}{\alpha_0 + \sum\limits_{i=1}^{n} \cfrac{\alpha_i}{x^i}} \right) \qquad (n \in \mathbf{N}, \ \alpha_i \text{ 为常数})$$

在实际应用中，很多时候需要采用复合意义的函数形式：

$$v = u \tan \left(\cfrac{1}{\alpha_0 + \sum\limits_{i=1}^{n} \cfrac{\alpha_i}{u^i}} \right), \ u = g(x), \ v = h(y)$$

2）推论 1 对于定义域为 $x > 0$ 的任意函数 $y = f(x)$，通常可以用一个（或有限几个）通用函数准确表示：

$$y = f(x) \cong^{❶} x \tan \left(\cfrac{1}{\alpha_0 + \sum\limits_{i=1}^{n} \cfrac{\alpha_i}{x^i}} \right)$$

或

$$y = f(x) \cong \begin{cases} x \tan \left(\cfrac{1}{\alpha_0 + \sum\limits_{i_1=1}^{n} \cfrac{\alpha_{i_1}}{x^{i_1}}} \right), & 0 < x \leqslant a \\[2em] x \tan \left(\cfrac{1}{\alpha_0 + \sum\limits_{i_2=1}^{n} \cfrac{\alpha_{i_2}}{x^{i_2}}} \right), & a < x \leqslant b \\[1em] \cdots\cdots \\[1em] x \tan \left(\cfrac{1}{\alpha_0 + \sum\limits_{i_m=1}^{n} \cfrac{\alpha_{i_m}}{x^{i_m}}} \right), & c < x \leqslant d \end{cases}$$

---

❶ 本书中 $\cong$ 表示高度近似相等，$\approx$ 表示近似相等，$=$ 表示严格相等。

在实际应用中，很多时候需要采用复合意义的函数形式（省略表述）。

3）推论 2 对于现实某特定曲线，通过建立适当坐标系，通常可以用一个（或有限几个）通用函数表示曲线的变化规律。

4）推论 3 对于现实已知数值对应关系 $[(x_i,y_i)=(a_i,b_i),i=1,2,\cdots,n]$ 的两个变量 x、y，若数据完全能够客观反映 x、y 之间的相互变化关系（连接所有点能形成一条光滑曲线），则通常可以用一个（或有限几个）通用函数表示 x、y 之间的变化规律。

若现实变量值 $x\leqslant 0$，$y<0$，则通过坐标平移 $(u=x+a;v=y+b)$ 来满足变量取值条件。

(2) 证明

若两个变量 x、y 相互关联、存在函数关系，则通过引入变量 θ，可以建立二元函数：

$$y=x\tan\theta \tag{2-3}$$

$$\theta=\arctan\frac{y}{x} \tag{2-4}$$

$$\frac{y}{x}=\tan\theta \tag{2-5}$$

在式（2-4）、式（2-5）中，令 $\dfrac{y}{x}=u$，$v=\theta$，可得到一元函数：

$$v=\arctan u \tag{2-6}$$
$$u=\tan v \tag{2-7}$$

式（2-6）、式（2-7）表明：两个相关变量（经过变量换元）总可以用一个反正切（或正切）函数间接表示它们之间的关系。称式（2-1）和式（2-2）为通用函数，便是源于式（2-3）～式（2-7）的变换结果。

经过大量计算（负高次幂函数表示各类基本初等函数），可知负高次幂函数与反正切函数有着最为密切的关系（用负高次幂函数表示反正切函数最为容易、近似程度最高）。

对于 $v=\arctan u$，$\lim\limits_{u\to+\infty}\arctan u=\dfrac{\pi}{2}$，$\lim\limits_{u\to 0}\arctan u=0$，这与负高次幂函数的极限情况并不相同；而 $\lim\limits_{u\to+\infty}\dfrac{1}{\arctan u}=\dfrac{2}{\pi}$，$\lim\limits_{u\to 0}\dfrac{1}{\arctan u}=\infty$，与负高次幂函数的极限情况相同。故设定（该设定的另一依据是 2.1.3 中的证明）：

$$\frac{1}{\theta}=\frac{1}{g(x)}=f(x)=\alpha_0+\frac{\alpha_1}{x}+\frac{\alpha_2}{x^2}+\cdots+\frac{\alpha_n}{x^n}$$

于是得到：

$$\theta=\cfrac{1}{\alpha_0+\cfrac{\alpha_1}{x}+\cfrac{\alpha_2}{x^2}+\cdots+\cfrac{\alpha_n}{x^n}}$$

进而得到：

$$y=x\tan\left(\cfrac{1}{\displaystyle\sum_{i=0}^{n}\frac{\alpha_i}{x^i}}\right)\qquad (n\in\mathbf{N}，\alpha_i\text{ 为常数})$$

显然，以上证明并不充分（主要是 $\dfrac{1}{\theta} = \alpha_0 + \dfrac{\alpha_1}{x} + \dfrac{\alpha_2}{x^2} + \cdots + \dfrac{\alpha_n}{x^n}$ 设定不充分），命题真伪有赖实例验证。若命题成立，则推论 1～3 均是顺理成章的结论。

（3）举例验证

1）幂函数验证

【例 2-1】 用通用函数表示幂函数 $y = x^5 + x^4 + x^3 + x^2 + x + 1$，$x \in [0,100]$。

【解】 求解结果如表 2-2 所示，公式如下。

$$y \approx u \tan\left(\cfrac{1}{\alpha_0 + \cfrac{\alpha_1}{u} + \cfrac{\alpha_2}{u^2} + \cdots + \cfrac{\alpha_{10}}{u^{10}}} \right), \quad u = x + 1, \quad x \in (0,1]$$

$$y \approx x \tan\left(\cfrac{1}{\cfrac{2}{\pi} + \cfrac{\alpha_1}{x} + \cfrac{\alpha_2}{x^2} + \cdots + \cfrac{\alpha_{10}}{x^{10}}} \right), \quad x \in [1,100]$$

表 2-2　求解结果（例 2-1）

		$x \in (0,1]$	$x \in (1,100]$
	α_0	239.36756906570	$\dfrac{2}{\pi}$
	α_1	−3754.08085466350	0.0000000000161960
	α_2	26127.29353811510	−0.0000000040365250
	α_3	−105971.02671217500	0.0000003761132330
	α_4	277458.63659342500	0.4052676394404860
	α_5	−490347.24075728300	−0.4048674191477060
	α_6	593094.6049716240	−0.0057110202203460
	α_7	−485484.3441775230	0.0446080539815060
	α_8	257739.5255728840	0.0588550303875120
	α_9	−80235.49755380310	−0.0160567878680550
	α_{10}	11134.03504987950	−0.0072998033302550
偏差	平均	0.0037%	0.0008%
	最大	0.0697%	0.2487%

偏差的一般计算方法详见第 5 章中的近似程度评价。

2）指数函数验证

【例 2-2】 用通用函数表示指数函数 $y = e^x$，$x \in (0,10]$。

【解】 求解结果如表 2-3 所示，公式如下。

$$y \cong u \tan\left(\cfrac{1}{\alpha_0 + \cfrac{\alpha_1}{u} + \cfrac{\alpha_2}{u^2} + \cdots + \cfrac{\alpha_{10}}{u^{10}}} \right), \quad u = x + 1, \quad x \in (0,1]$$

$$y \approx u \tan\left(\cfrac{1}{\cfrac{2}{\pi} + \cfrac{\alpha_1}{u} + \cfrac{\alpha_2}{u^2} + \cdots + \cfrac{\alpha_{10}}{u^{10}}} \right), \quad u = \dfrac{x+10}{10}, \quad x \in (1,100]$$

表 2-3　求解结果（例 2-2）

		$x \in (0,1]$	$x \in (1,100]$
	α_0	1.77408910603530	$\dfrac{2}{\pi}$
	α_1	-15.44311127126140	-2981.53897690
	α_2	82.94446493220240	160018.66294320
	α_3	-220.9737445322520	-2493734.16105160
	α_4	359.5676093618940	19612388.45125730
	α_5	-379.1451561413990	-90628565.00556150
	α_6	255.1497842490120	259940157.3350360
	α_7	-97.96115085440150	-466526030.5059930
	α_8	11.93341877264420	507424208.3418660
	α_9	4.97762839956090	-304367092.1398220
	α_{10}	-1.55059247730010	76881639.9566560
偏差	平均	0.0000016%	0.0535%
	最大	0.000029%	0.6404%

3）对数函数验证

【例 2-3】　用通用函数表示对数函数 $y = \ln x$，$x \in [1,1000]$。

【解】　求解结果如表 2-4 所示。

表 2-4　求解结果（例 2-3）

表达式	$v \approx u\tan\left(\dfrac{\pi}{2} - \dfrac{1}{\dfrac{2}{\pi} + \dfrac{\beta_1}{u} + \cdots + \dfrac{\beta_{10}}{u^{10}}} \right)$		
换元	$u = \dfrac{x+10}{10}$ $v = y+1$	$u = \dfrac{x+100}{100}$ $v = y+1$	$u = \dfrac{x+1000}{1000}$ $v = y+1$
区间	$x \in [1,10]$	$x \in [10,100]$	$x \in [100,1000]$
α_0	$\dfrac{2}{\pi}$	$\dfrac{2}{\pi}$	$\dfrac{2}{\pi}$
α_1	31.731356827030	3406.3087173120	12153.387296860
α_2	-411.587593811430	-46163.2628966430	-164053.368660820
α_3	2618.447445955470	277186.8199420590	980044.902270290
α_4	-9724.741616838680	-966458.1946201150	-3398788.849879670
α_5	23164.42312215520	2156401.286245540	7540829.063745490
α_6	-36743.25277382780	-3193198.295949730	-11100211.51239080
α_7	38833.2933269890	3138278.47248280	10840960.75916130
α_8	-26389.09198106490	-1974042.616080430	-6773981.214242310
α_9	10471.25314799550	721197.3607678750	2457394.372991720
α_{10}	-1851.153350541350	-116607.8596126590	-394347.04540780
偏差　平均	0.0010%	0.0118%	0.0243%
最大	0.0505%	0.1766%	0.4279%

注：由于 $x \in (0,1)$ 时，$y < 0$，超出本书约定的通用函数的一般适用范围（$y \geqslant 0$），此处未做求解。

4）三角函数验证

【例 2-4】 用通用函数表示正弦函数 $y = \sin x$，$x \in [0, 2\pi]$。

【解】 求解结果如表 2-5 所示。

表 2-5 求解结果（例 2-4）

表达式	$v \approx u \tan\left(\dfrac{1}{\alpha_0 + \dfrac{\alpha_1}{u} + \dfrac{\alpha_2}{u^2} + \cdots + \dfrac{\alpha_{12}}{u^{12}}}\right)$			
换元	$u = x + 1$ $v = y + 2$	$u = x + 1$ $v = y + 2$	$u = \dfrac{x}{\pi}$ $v = y + 2$	$u = \dfrac{x}{\pi}$ $v = y + 2$
区间	$x \in \left[0, \dfrac{\pi}{2}\right]$	$x \in \left[\dfrac{\pi}{2}, \pi\right]$	$x \in \left[\pi, \dfrac{3\pi}{2}\right]$	$x \in \left[\dfrac{3\pi}{2}, 2\pi\right]$
α_0	112.6601402310	−20721.66980	−449303.8307790	80302.59339080
α_1	−2012.8076595610	819259.40620	6994305.5165410	−1409193.75108510
α_2	16994.2187492320	−14739799.83660	−49557383.0859910	10948640.76529980
α_3	−88025.4473366950	159968952.83490	211510070.0479530	−49065035.25784080
α_4	309919.4095851250	−1167965500.96560	−606062442.7300560	137295426.6009060
α_5	−778844.4509907150	6048693535.09510	1229066133.940590	−236369483.9107190
α_6	1429346.2366568700	−22795023764.57790	−1809793938.882290	201276697.4888340
α_7	−1927007.6973795200	63006479184.70050	1950556573.306270	83068578.87183990
α_8	1891779.3338141600	−126796470337.1280	−1527751818.651730	−465673101.9095050
α_9	−1317596.8302323900	181206338694.6630	848329306.3683780000	613563776.7426390
α_{10}	617501.5263900960	−174576186119.3030	−317087038.6155990	−431095965.8246880
α_{11}	−174726.4449040370	101806166643.4090	71648301.1924290	164027657.3541250
α_{12}	22561.1963882160	−27177868304.24470	−7402763.6724920	−26645964.01270340
偏差 平均	0.0352%	0.0012%	0.0031%	0.000014%
偏差 最大	0.8968%	0.0020%	0.0609%	0.00017%

5）反三角函数验证

【例 2-5】 用通用函数表示反正弦函数 $y = \arcsin x$，$x \in [0, 1]$。

【解】 求解结果如表 2-6 所示。

表 2-6 求解结果（例 2-5）

表达式	$y \cong u \tan\left(\dfrac{1}{\alpha_0 + \dfrac{\alpha_1}{u} + \dfrac{\alpha_2}{u^2} + \cdots + \dfrac{\alpha_{10}}{u^{10}}}\right)$	
换元	$u = x + 1$	
区间	$x \in [0, 0.5]$	$x \in [0.5, 1]$
α_0	−120.23874611020	−41678599.54020
α_1	1367.49139374690	712748127.32730
α_2	−6990.69923788980	−5480916935.63260

表达式	$y \cong u \tan\left(\dfrac{1}{\alpha_0 + \dfrac{\alpha_1}{u} + \dfrac{\alpha_2}{u^2} + \cdots + \dfrac{\alpha_{10}}{u^{10}}} \right)$	
换元	$u = x + 1$	
区间	$x \in [0, 0.5]$	$x \in [0.5, 1]$
α_3	21315.96186380690	24957855799.78200
α_4	-42851.97208520390	-74526462997.42440
α_5	59270.89816985180	152488158244.12600
α_6	-57072.57891139540	-216509930338.07900
α_7	37753.31719579830	210639985891.97900
α_8	-16411.15071290940	-134385012182.74400
α_9	4231.56532840120	50768516091.85530
α_{10}	-491.32101855160	-8624378142.97700
偏差　平均	0.000037%	0.1852%
偏差　最大	0.001672%	3.1313%

6）验证结论　通用函数可以近似表示幂、指数、对数、三角、反三角函数。由于目前所采用的求解方法（小规模方程组）非常有限，求解结果绝大多数是分段近似解。关于负高次幂函数及通用函数对其它函数表示的求解和验证在第 5 章将做进一步介绍。

2.1.5　负高次幂函数与泰勒函数的本质差别

在函数求解中，负高次幂函数与高次幂函数（泰勒展开式或泰勒函数）非常相似，但这两个函数有很大的不同，最本质的差别表现在：导数和收敛性（极限）。

（1）导数情况不同

泰勒函数 $y = a_0 + a_1 x + a_2 x^2 + \cdots + a_n x^n$ 只有 n 阶导数（$n+1$ 阶之后均等于 0），$y^{(n)} = n!\, a_n$，$y^{(n+1)} = 0$，$y^{(n+2)} = 0 \cdots$

负高次幂函数的高阶导数可以一直求导下去，$y^{(n+1)}$、$y^{(n+2)} \cdots$ 都存在，且不一定等于 0。从基本初等函数和复合函数的导数情况来看，负高次幂函数的高阶导数情况更符合一般函数的导数特点。不过在解决函数求解问题中，二者可以相互补充，选择使用，一般情况选择负高次幂函数，极少情况选择泰勒函数。

（2）极限情况不同

在确定函数时，变量之间的极限状况是需要关注的问题。对于泰勒函数，有：

$$\lim_{x \to \infty} y = \infty, \quad \lim_{x \to 0} y = a_0$$

对于负高次幂函数，有：

$$\lim_{x \to \infty} y = \alpha_0, \quad \lim_{x \to 0} y = \infty$$

在极限状况下，负高次幂函数是收敛的，而泰勒函数是发散的。

此外，负高次幂函数实质是两个高次幂多项式（函数）之比（如下式所示），类似于分数的存在——分数比整数（相当于这里的高次幂函数）广泛、普遍得多。因此，负高次幂函数更具普遍性。

$$y = \alpha_0 + \frac{\alpha_1}{x} + \frac{\alpha_2}{x^2} + \cdots + \frac{\alpha_n}{x^n} = \frac{\alpha_0 x^n + \alpha_1 x^{n-1} + \alpha_2 x^{n-2} + \cdots + \alpha_n}{x^n}$$

2.2 负高次幂函数及通用函数的定义域与值域

2.2.1 负高次幂函数的定义域与值域

（1）定义域

负高次幂函数的定义域为：$D_x = \{x \mid x \in \mathbf{R}, x \neq 0\}$。

在实际应用中，约定负高次幂函数的定义域为：$D_x = \{x \mid x \in \mathbf{R}, x > 0\}$。

（2）值域

负高次幂函数的值域为：$D_y = \{y \mid y \in \mathbf{R}\}$。

2.2.2 通用函数的定义域与值域

（1）定义域

通用函数的定义域为：

$$D_x = \left\{ x \mid x \in \mathbf{R}, x \neq 0, \alpha_0 + \frac{\alpha_1}{x} + \cdots + \frac{\alpha_n}{x^n} \neq \frac{2}{k\pi} \right\}$$

在实际应用中，一般约定通用函数的定义域为：

$$D_x = \left\{ x \mid x \in \mathbf{R}, x > 0, 0 < \alpha_0 + \frac{\alpha_1}{x} + \cdots + \frac{\alpha_n}{x^n} < \frac{2}{\pi} \right\}$$

若遇 $\alpha_0 + \frac{\alpha_1}{x} + \frac{\alpha_2}{x^2} + \cdots + \frac{\alpha_n}{x^n} = 0$，则采用 $\theta = \alpha_0 + \frac{\alpha_1}{x} + \frac{\alpha_2}{x^2} + \cdots + \frac{\alpha_n}{x^n}$ 替换或对 x 进行换元处理。

特殊情况，不作约定，取自然定义域。

（2）值域

通用函数的值域为：$D_y = \{y \mid y \in \mathbf{R}\}$。

2.3 负高次幂函数及通用函数的图像

负高次幂函数及通用函数没有固定图像，可以为任意形状的曲线。

2.3.1 图像的形成

图像是通过连接由函数决定的众多点而得。图像的形成与绘图点数及点的连接方式有关，点数越多，图像越真实，当点数达到或超过一定数目时，点数对图像的影响可以忽略。若点数过少,图像可能会脱离实际。通常,函数图像绘制点数不应少于 100 个点(当然,绘图点数还需结合绘图区间的大小来考虑)。绘图软件有默认的点的连接方式,当点数达到或超过一定数目时,连接方式对图像的影响可以忽略(输入函数绘图与输入点的数值绘图没有差异,不同软件绘图结果相同)。因此,图像准确性关键取决于绘图点数。

2.3.2　变量对应值、函数、图像的关系

变量对应值是变量关系具体的局部反映,函数是变量关系抽象的、概括的完整反映,图像是变量关系直观的整体反映。若函数已知(确定),则图像确定,对应值确定。当函数未知(不明确)时,三者不一定统一、一致。曲线与函数有互推关系,"曲线⇔函数"属于"整体⇔整体",是可行可靠的。但变量对应值与曲线、变量对应值与函数的互推关系需要具体考察,"变量对应值⇒曲线""变量对应值⇒函数"均属于"局部⇒整体",只有当绘制曲线的点数(变量对应值)数目足够大时,"变量对应值⇒曲线""变量对应值⇒函数"的结果才可行可靠。"曲线⇒变量对应值"属于"整体⇒局部",是可行可靠的。在求解现实函数时,需要高度重视三者的逻辑关系。

2.4　负高次幂函数及通用函数的单调性、周期性、奇偶性

2.4.1　单调性

(1) 负高次幂函数的单调性

曲线(函数)的单调性变化情况是评判一个函数复杂程度的主要方面。曲线(函数)的单调性变化越多,曲线(函数)越复杂。在整个函数定义域内,一个负高次幂函数可能有很多个单调区间,发生若干次单调性变化,这是负高次幂函数的一个重要特点:单调性变化多样。有的负高次幂函数单调性无变化,自始至终保持单增(单减);有的负高次幂函数单调性变化多端,存在很多单调区间;有的负高次幂函数单调性变化不多,仅发生少量几次变化。这个特点使得负高次幂函数可以表示一般函数,更重要的是,使得用一个负高次幂函数(无须分段)表示复杂曲线成为可能。在利用负高次幂函数求解现实函数时,需要特别注意函数单调性变化情况。负高次幂函数单调区间求解及单调性分析判定方法与第 1 章中介绍的方法相同,这里不再重复讨论。

(2) 通用函数的单调性

由于通用函数是采用负高次幂函数复合而得,负高次幂函数具有的单调性会影响通用函数的单调性。但是,这种影响不完全是简单的传递性影响,通常,不可根据负高次幂函数的单调性对通用函数的单调性做出简单直接的推定,通用函数的单调性需具体函数具体分析。通用函数的单调性也是多种多样的,包括简单、一般、复杂多种情形。

(3) 负高次幂函数及其通用函数单调性变化举例

1) 单调性简单的负高次幂函数及其通用函数

【例 2-6】　考察负高次幂函数 $y_1=6-\dfrac{1}{x}+\dfrac{25}{x^2}+\dfrac{150}{x^3}-\dfrac{50}{x^4}$ ($x>0$) 及其通用函数的单调性。

【解】 通用函数为

$$y_2 = x\tan\left(\cfrac{1}{6 - \cfrac{1}{x} + \cfrac{25}{x^2} + \cfrac{150}{x^3} - \cfrac{50}{x^4}}\right)$$

负高次幂函数及其通用函数的图像见图 2-1。

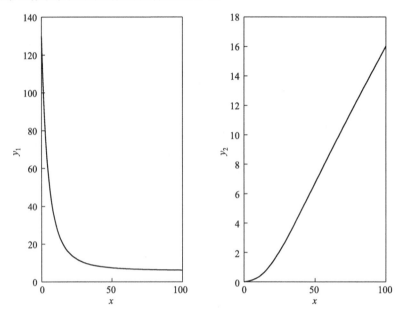

图 2-1 单调性无变化的负高次幂函数及其通用函数图像

函数图像表明，负高次幂函数的单调性会影响并（反向）传递给通用函数，该负高次幂函数及其通用函数均无单调性变化，属于简单曲线。

2）单调性一般的负高次幂函数及其通用函数

【例 2-7】 考察以下负高次幂函数及其通用函数的单调性。函数中的常数见表 2-7。

$$y_1 = \alpha_0 + \frac{\alpha_1}{u} + \frac{\alpha_2}{u^2} + \cdots + \frac{\alpha_{12}}{u^{12}} \qquad \left(u = \frac{x}{4\pi}, x \in [2\pi, 4\pi]\right)$$

表 2-7 函数中的常（系）数值

α_0	α_1	α_2	α_3
-1.1590149305766100	4.4082709773255900	-10.0630939026005000	15.3776709121769000
α_4	α_5	α_6	α_7
-16.5937871145514000	12.9798165729291000	-7.4221778219308100	3.0814938525765300
α_8	α_9	α_{10}	α_{11}
-0.9063646704299100	0.1793481614553860	-0.0214428583667420	0.0011717000162260
α_{12}			
0.1381091219761750			

【解】 通用函数为

$$y_2 = 10^6 u\tan\left(\alpha_0 + \frac{\alpha_1}{u} + \frac{\alpha_2}{u^2} + \cdots + \frac{\alpha_{12}}{u^{12}}\right)$$

负高次幂函数及其通用函数的图像见图 2-2。

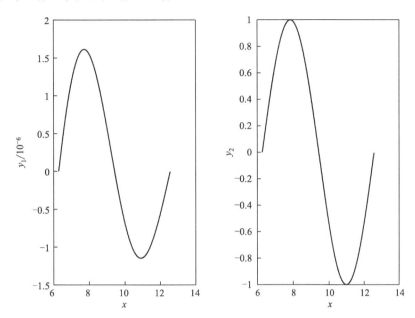

图 2-2　单调性变化一般的负高次幂函数及其通用函数图像

函数图像表明，负高次幂函数的单调性会影响并传递给通用函数。该函数与正弦函数基本相同，单调性有变化，属于复杂程度一般的曲线。

3）单调性复杂的负高次幂函数及其通用函数

【例 2-8】　考察以下负高次幂函数及其通用函数的单调性。函数中的常数见表 2-8。

$$y_1 = \alpha_0 + \frac{\alpha_1}{x} + \frac{\alpha_2}{x^2} + \cdots + \frac{\alpha_6}{x^6} \qquad (x \in [10, 100])$$

表 2-8　函数中的常（系）数值

α_0	α_1	α_2	α_3	α_4	α_5	α_6
1171	−243603	19735220	−794840298	16708102020	−172293386315	672800397587

【解】　通用函数为

$$y_2 = 10^{-5} x \tan\left(\alpha_0 + \frac{\alpha_1}{x} + \frac{\alpha_2}{x^2} + \cdots + \frac{\alpha_6}{x^6}\right)$$

负高次幂函数及其通用函数的图像见图 2-3。

函数图像表明，通用函数有很多次（甚至无数次）单调性变化，负高次幂函数与其通用函数之间没有单调性传递关系，该函数属于非常复杂的曲线。

2.4.2　周期性

（1）负高次幂函数周期性

一般的负高次幂函数没有周期性。但并非所有负高次幂函数都不具周期性，对于某个特定自变量范围 $x \in D_x$ 的负高次幂函数

$$y = \alpha_0 + \frac{\alpha_1}{x} + \frac{\alpha_2}{x^2} + \cdots + \frac{\alpha_n}{x^n},$$

当满足

$$\frac{\alpha_1}{x} + \frac{\alpha_2}{x^2} + \cdots + \frac{\alpha_n}{x^n} = \frac{\alpha_1}{x+T} + \frac{\alpha_2}{(x+T)^2} + \cdots + \frac{\alpha_n}{(x+T)^n}$$

时，T 为该负高次幂函数的周期。

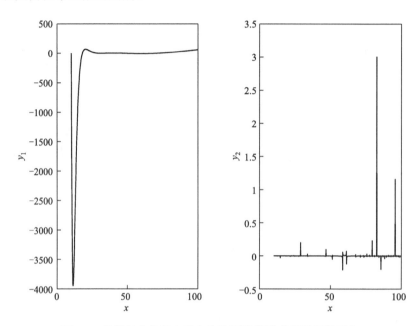

图 2-3　单调性变化复杂的负高次幂函数及其通用函数图像

(2) 通用函数周期性

通用函数可能是周期函数，也可能不是。对于某个特定自变量范围 $x \in D_x$ 的通用函数

$$y = x \tan\left(\alpha_0 + \frac{\alpha_1}{x} + \frac{\alpha_2}{x^2} + \cdots + \frac{\alpha_n}{x^n}\right),$$

当满足条件

$$(x+T) \tan\left[\alpha_0 + \frac{\alpha_1}{x+T} + \frac{\alpha_2}{(x+T)^2} + \cdots + \frac{\alpha_n}{(x+T)^n}\right] = x \tan\left(\alpha_0 + \frac{\alpha_1}{x} + \frac{\alpha_2}{x^2} + \cdots + \frac{\alpha_n}{x^n}\right)$$

时，T 为通用函数的周期。

2.4.3　奇偶性

(1) 负高次幂函数奇偶性

一般的负高次幂函数为非奇非偶函数。有的负高次幂函数为奇函数，比如以下函数：

$$y = \frac{\alpha_1}{x} + \frac{\alpha_2}{x^3} + \frac{\alpha_3}{x^5}$$

有的负高次幂函数为偶函数，比如以下函数：

$$y = \alpha_0 + \frac{\alpha_1}{x^2} + \frac{\alpha_2}{x^4} + \frac{\alpha_3}{x^6}$$

（2）通用函数奇偶性

通用函数大多为非奇非偶函数。有的通用函数为奇函数，比如以下函数：

$$y = x \tan\left(\alpha_0 + \frac{\alpha_1}{x^2} + \frac{\alpha_2}{x^4} + \frac{\alpha_3}{x^6}\right)$$

有的通用函数为偶函数，比如以下函数：

$$y = x \tan\left(\frac{\alpha_1}{x} + \frac{\alpha_2}{x^3} + \frac{\alpha_3}{x^5}\right)$$

2.5 负高次幂函数及通用函数的极限与连续

2.5.1 负高次幂函数及通用函数的极限

（1）负高次幂函数

1）$\lim\limits_{x \to x_0} y$

对于负高次幂函数 $y = \alpha_0 + \frac{\alpha_1}{x} + \frac{\alpha_2}{x^2} + \cdots + \frac{\alpha_n}{x^n}$，有：

$$\lim_{x \to x_0} y = \lim_{x \to x_0^-} y = \lim_{x \to x_0^+} y = \alpha_0 + \frac{\alpha_1}{x_0} + \frac{\alpha_2}{x_0^2} + \cdots + \frac{\alpha_n}{x_0^n}$$

特别地，当 $x_0 = 0$ 时，$\lim\limits_{x \to 0} y = \infty$。

2）$\lim\limits_{x \to \infty} y$

对于负高次幂函数 $y = \alpha_0 + \frac{\alpha_1}{x} + \frac{\alpha_2}{x^2} + \cdots + \frac{\alpha_n}{x^n}$，有：

$$\lim_{x \to \infty} y = \alpha_0$$

（2）通用函数

1）$\lim\limits_{x \to x_0} y$ 对于 A 型通用函数，有：

① $\lim\limits_{x \to x_0} y = \lim\limits_{x \to x_0^-} y = \lim\limits_{x \to x_0^+} y = x_0 \tan\left(\dfrac{1}{\alpha_0 + \frac{\alpha_1}{x_0} + \frac{\alpha_2}{x_0^2} + \cdots + \frac{\alpha_n}{x_0^n}}\right)$。

② 特别地，当 $x_0 = 0$ 时，$\lim\limits_{x \to 0} y = 0$。

③ 特别地，当 $\alpha_0 + \frac{\alpha_1}{x} + \frac{\alpha_2}{x^2} + \cdots + \frac{\alpha_n}{x^n} \to \frac{2}{k\pi}$ 时，$\lim y = \lambda_k$，$k = 1, 2, \cdots, m$。

对于 B 型通用函数，有：

① $\lim\limits_{x \to x_0} y = \lim\limits_{x \to x_0^-} y = \lim\limits_{x \to x_0^+} y = x_0 \tan\left(\alpha_0 + \frac{\alpha_1}{x_0} + \frac{\alpha_2}{x_0^2} + \cdots + \frac{\alpha_n}{x_0^n}\right)$。

② 特别地，当 $x_0=0$ 时，$\lim\limits_{x\to 0}y=0$。

③ 特别地，当 $\alpha_0+\dfrac{\alpha_1}{x}+\dfrac{\alpha_2}{x^2}+\cdots+\dfrac{\alpha_n}{x^n}\to\dfrac{k\pi}{2}$ 时，$\lim y=\mu_k$，$k=1,2,\cdots,m$。

2）$\lim\limits_{x\to\infty}y$　对于 A 型通用函数，有：

$$\lim_{x\to\infty}y=\infty$$

对于 B 型通用函数，通常 $\left(\alpha_0+\dfrac{\alpha_1}{x}+\dfrac{\alpha_2}{x^2}+\cdots+\dfrac{\alpha_n}{x^n}\neq 0\right)$，$\lim\limits_{x\to\infty}y=\infty$；当 $\alpha_0+\dfrac{\alpha_1}{x}+\dfrac{\alpha_2}{x^2}+\cdots+\dfrac{\alpha_n}{x^n}=0$ 时，分两种情况：

① 若 $\alpha_0\neq 0$，$\lim\limits_{x\to\infty}y=\infty$。

② 若 $\alpha_0=0$，$\lim\limits_{x\to\infty}y=\lim\limits_{x\to\infty}\dfrac{\tan\left(\dfrac{\alpha_1}{x}+\dfrac{\alpha_2}{x^2}+\cdots+\dfrac{\alpha_n}{x^n}\right)}{\dfrac{1}{x}}$

这是一个 $\dfrac{0}{0}$ 型极限，使用洛必达法则，有：

$$\lim_{x\to\infty}\dfrac{\tan\left(\dfrac{\alpha_1}{x}+\dfrac{\alpha_2}{x^2}+\cdots+\dfrac{\alpha_n}{x^n}\right)}{\dfrac{1}{x}}$$

$$=\lim_{x\to\infty}\dfrac{\sec^2\left(\dfrac{\alpha_1}{x}+\dfrac{\alpha_2}{x^2}+\cdots+\dfrac{\alpha_n}{x^n}\right)}{-\dfrac{1}{x^2}}\left(-\dfrac{\alpha_1}{x^2}-\dfrac{2\alpha_2}{x^3}-\cdots-\dfrac{n\alpha_n}{x^{n+1}}\right)=\alpha_1$$

2.5.2　负高次幂函数及通用函数的连续

（1）负高次幂函数的连续

负高次幂函数在其定义域 $x>0$ 内是连续的。

（2）通用函数的连续

通用函数的连续与否取决于负高次幂函数的值域。对于 A 型通用函数，若负高次幂函数的值域满足

$$-\dfrac{2}{\pi}<\alpha_0+\dfrac{\alpha_1}{x}+\dfrac{\alpha_2}{x^2}+\cdots+\dfrac{\alpha_n}{x^n}<\dfrac{2}{\pi}$$

且

$$\alpha_0+\dfrac{\alpha_1}{x}+\dfrac{\alpha_2}{x^2}+\cdots+\dfrac{\alpha_n}{x^n}\neq 0,$$

则函数是连续的，否则函数是间断的。对于 B 型通用函数，若负高次幂函数的值域满足

$$-\dfrac{\pi}{2}<\alpha_0+\dfrac{\alpha_1}{x}+\dfrac{\alpha_2}{x^2}+\cdots+\dfrac{\alpha_n}{x^n}<\dfrac{\pi}{2},$$

则函数是连续的，否则函数是间断的。

一般可通过观察 α_0 做出初步判断，$\alpha_0 \in \left(-\dfrac{2}{\pi}, \dfrac{2}{\pi}\right)$ 是 A 型通用函数在 $x>0$ 内连续的必要条件，$\alpha_0 \in \left(-\dfrac{\pi}{2}, \dfrac{\pi}{2}\right)$ 是 B 型通用函数在 $x>0$ 内连续的必要条件。若 α_0 不在上述两个范围内，则通用函数一定是间断的。若 α_0 在上述两个范围内，需进一步分析负高次幂函数值域，再做判断。

2.6　负高次幂函数及通用函数的导数、微分及相关问题

2.6.1　导数

（1）负高次幂函数

1）一阶导数　负高次幂函数的一阶导数：

$$y' = -\left(\frac{\alpha_1}{x^2} + \frac{2\alpha_2}{x^3} + \cdots + \frac{n\alpha_n}{x^{n+1}}\right)$$

负高次幂函数的一阶导函数仍为负高次幂函数。

2）二阶导数　负高次幂函数的二阶导数：

$$y'' = \frac{2\alpha_1}{x^3} + \frac{6\alpha_2}{x^4} + \cdots + \frac{(n+1)n\alpha_n}{x^{n+2}}$$

负高次幂函数的二阶导函数仍为负高次幂函数。

3）高阶导数　负高次幂函数的 m 阶导数：

$$y^{(m)} = (-1)^m \left[\frac{m!\,\alpha_1}{x^{m+1}} + \frac{(m+1)!\,\alpha_2}{x^{m+2}} + \cdots + \frac{\dfrac{(m+n-1)!}{(n-1)!}\alpha_n}{x^{m+n}}\right]$$

负高次幂函数的 m 阶导函数仍为负高次幂函数。

（2）通用函数

1）A 型通用函数的一阶导数

$$y' = \tan\left(\frac{1}{\alpha_0 + \dfrac{\alpha_1}{x} + \dfrac{\alpha_2}{x^2} + \cdots + \dfrac{\alpha_n}{x^n}}\right) + \frac{\alpha_1 x^{2n-1} + 2\alpha_2 x^{2n-2} + \cdots + n\alpha_n x^n}{(\alpha_0 x^n + \alpha_1 x^{n-1} + \alpha_2 x^{n-2} + \cdots + \alpha_n)^2}$$

$$\times \sec^2\left(\frac{1}{\alpha_0 + \dfrac{\alpha_1}{x} + \dfrac{\alpha_2}{x^2} + \cdots + \dfrac{\alpha_n}{x^n}}\right)$$

2）B 型通用函数的一阶导数

$$y' = \tan\left(\alpha_0 + \frac{\alpha_1}{x} + \frac{\alpha_2}{x^2} + \cdots + \frac{\alpha_n}{x^n}\right) - \left(\frac{\alpha_1}{x} + \frac{2\alpha_2}{x^2} + \cdots + \frac{n\alpha_n}{x^n}\right)\sec^2\left(\alpha_0 + \frac{\alpha_1}{x} + \frac{\alpha_2}{x^2} + \cdots + \frac{\alpha_n}{x^n}\right)$$

利用复合函数求导法则，对通用函数依然可以求解多阶导数，这里不再展开讨论。

2.6.2 微分

(1) 负高次幂函数微分

$$\mathrm{d}y = -\left(\frac{\alpha_1}{x^2} + \frac{2\alpha_2}{x^3} + \cdots + \frac{n\alpha_n}{x^{n+1}}\right)\mathrm{d}x$$

(2) 通用函数微分

A 型通用函数微分：

$$\mathrm{d}y = \left[\tan\left(\frac{1}{\alpha_0 + \dfrac{\alpha_1}{x} + \dfrac{\alpha_2}{x^2} + \cdots + \dfrac{\alpha_n}{x^n}}\right)\right.$$

$$\left. + \frac{\alpha_1 x^{2n-1} + 2\alpha_2 x^{2n-2} + \cdots + n\alpha_n x^n}{(\alpha_0 x^n + \alpha_1 x^{n-1} + \alpha_2 x^{n-2} + \cdots + \alpha_n)^2}\sec^2\left(\frac{1}{\alpha_0 + \dfrac{\alpha_1}{x} + \dfrac{\alpha_2}{x^2} + \cdots + \dfrac{\alpha_n}{x^n}}\right)\right]\mathrm{d}x$$

B 型通用函数微分：

$$\mathrm{d}y = \left[\tan\left(\alpha_0 + \frac{\alpha_1}{x} + \frac{\alpha_2}{x^2} + \cdots + \frac{\alpha_n}{x^n}\right) - \left(\frac{\alpha_1}{x} + \frac{2\alpha_2}{x^2} + \cdots + \frac{n\alpha_n}{x^n}\right)\sec^2\left(\alpha_0 + \frac{\alpha_1}{x} + \frac{\alpha_2}{x^2} + \cdots + \frac{\alpha_n}{x^n}\right)\right]\mathrm{d}x$$

2.6.3 负高次幂函数及通用函数的最大(最小)值问题

函数极值问题的分析方法已在第 1 章中详细介绍，这里不再重复。以下针对函数写出确定最大（最小）值的主要步骤和结果。

(1) 负高次幂函数

讨论负高次幂函数 $y = f(x) = \alpha_0 + \dfrac{\alpha_1}{x} + \dfrac{\alpha_2}{x^2} + \cdots + \dfrac{\alpha_n}{x^n}$ 在区间 $[a,b]$ 上的最大（最小）值问题。

1）驻点

$$y' = -\left(\frac{\alpha_1}{x^2} + \frac{2\alpha_2}{x^3} + \cdots + \frac{n\alpha_n}{x^{n+1}}\right) = 0$$

$$\alpha_1 x^{n-1} + 2\alpha_2 x^{n-2} + \cdots + n\alpha_n = 0 \tag{2-8}$$

式（2-8）可能有多个实数根、有一个实数根、无实数根。对应地，负高次幂函数有多个驻点、有一个驻点、无驻点。

2）最值确定

① 无驻点时。没有驻点就没有极值点。此时根据函数在考察区间 $[a,b]$ 上的单调性直接确定最大（最小）值：

若函数单增，则函数在点 $P(a,f(a))$ 取得最小值 $f(a)$，在点 $Q(b,f(b))$ 取得最大值 $f(b)$。

若函数单减，则函数在点 $P(a,f(a))$ 取得最大值 $f(a)$，在点 $Q(b,f(b))$ 取得最小值 $f(b)$。

② 一个驻点时。设 $x = x_0$ 是式（2-8）唯一实根，若

$$M = \max\{f(a), f(x_0), f(b)\},$$
$$m = \min\{f(a), f(x_0), f(b)\},$$

则在 $[a, b]$ 内，函数最大值为 M，最小值是 m。

③ 多个驻点时。设 $x = x_1, x_2, \cdots, x_r$ 为式（2-8）的多个实根，若

$$M = \max\{f(a), f(x_1), f(x_2), \cdots, f(x_r), f(b)\},$$
$$m = \min\{f(a), f(x_1), f(x_2), \cdots, f(x_r), f(b)\},$$

则在 $[a, b]$ 内，函数最大值为 M，最小值是 m。

（2）通用函数

讨论通用函数 $y = g(x) = x \tan\left(\alpha_0 + \dfrac{\alpha_1}{x} + \dfrac{\alpha_2}{x^2} + \cdots + \dfrac{\alpha_n}{x^n}\right)$ 在区间 $[a, b]$ 上的最大（最小）值问题。

1）驻点

$$y' = \tan\left(\alpha_0 + \frac{\alpha_1}{x} + \frac{\alpha_2}{x^2} + \cdots + \frac{\alpha_n}{x^n}\right) - \left(\frac{\alpha_1}{x} + \frac{2\alpha_2}{x^2} + \cdots + \frac{n\alpha_n}{x^n}\right)\sec^2\left(\alpha_0 + \frac{\alpha_1}{x} + \frac{\alpha_2}{x^2} + \cdots + \frac{\alpha_n}{x^n}\right) = 0$$

$$\sin 2\left(\alpha_0 + \frac{\alpha_1}{x} + \frac{\alpha_2}{x^2} + \cdots + \frac{\alpha_n}{x^n}\right) - 2\left(\frac{\alpha_1}{x} + \frac{2\alpha_2}{x^2} + \cdots + \frac{n\alpha_n}{x^n}\right) = 0 \tag{2-9}$$

这是一个复杂的超越方程，一般采用专业软件求解，没有专业软件时采用 Excel 可以求解。方程可能有多个实数根、有一个实数根、无实数根。

2）最大（最小）值确定

最大（最小）值确定结果类似上述负高次幂函数，不再赘述。

对于 A 型通用函数，驻点求解方程变为：

$$\sin\left(\frac{1}{\alpha_0 + \dfrac{\alpha_1}{x} + \dfrac{\alpha_2}{x^2} + \cdots + \dfrac{\alpha_n}{x^n}}\right) + \frac{\alpha_1 x^{2n-1} + 2\alpha_2 x^{2n-2} + \cdots + n\alpha_n x^n}{(\alpha_0 x^n + \alpha_1 x^{n-1} + \alpha_2 x^{n-2} + \cdots + \alpha_n)^2}$$

$$\times \sec\left(\frac{1}{\alpha_0 + \dfrac{\alpha_1}{x} + \dfrac{\alpha_2}{x^2} + \cdots + \dfrac{\alpha_n}{x^n}}\right) = 0$$

这个方程比 B 型还要复杂，一般需要借助专业软件解此方程，没有专业软件则采用 Excel 求解。

2.6.4　负高次幂函数及通用函数的凹凸与拐点问题

第 1 章中详细讨论了完整二次函数的凹凸与拐点问题，其基本方法适用于其它各种函数。下面针对负高次幂函数及通用函数写出主要步骤和结果。

（1）负高次幂函数

讨论负高次幂函数 $y = f(x) = \alpha_0 + \dfrac{\alpha_1}{x} + \dfrac{\alpha_2}{x^2} + \cdots + \dfrac{\alpha_n}{x^n}$ 在区间 $[a, b]$ 上的凹凸与拐点问题。

1）可能的拐点

$$y'' = \frac{2\alpha_1}{x^3} + \frac{6\alpha_2}{x^4} + \cdots + \frac{(n+1)n\alpha_n}{x^{n+2}} = 0$$

$$2\alpha_1 x^{n-1}+6\alpha_2 x^{n-2}+\cdots+(n+1)n\alpha_n=0 \tag{2-10}$$

式（2-10）可能有多个实数根、有一个实数根、无实数根，对应地，负高次幂函数可能有多个拐点、有一个拐点、无拐点，是否确为拐点需要进一步判断。

2）凹凸性与拐点判定

① 无拐点时。若 $y''>0$，函数在 $[a,b]$ 上的图形是凹的。

若 $y''<0$，函数在 $[a,b]$ 上的图形是凸的。

② 有一个可能拐点时。设 $x=x_0$ 是式（2-10）唯一实根，在 $x=x_0^-$ 与 $x=x_0^+$ 处 y'' 异号，则点 $P(x_0,f(x_0))$ 为函数在 $[a,b]$ 内的一个拐点，否则点 $P(x_0,f(x_0))$ 不是拐点。

若 $f''(x_0^-)>0$，$f''(x_0^+)<0$，则函数在 $[a,x_0]$ 上是凹的，在 $[x_0,b]$ 上是凸的；

若 $f''(x_0^-)<0$，$f''(x_0^+)>0$，则函数在 $[a,x_0]$ 上是凸的，在 $[x_0,b]$ 上是凹的；

若 $f''(x_0^-)>0$，$f''(x_0^+)>0$，则函数在 $[a,b]$ 上无拐点，图形都是凹的。

若 $f''(x_0^-)<0$，$f''(x_0^+)<0$，则函数在 $[a,b]$ 上无拐点，图形都是凸的。

③ 有多个可能拐点时。设 $x=x_1,x_2,\cdots,x_r$ 为式（2-10）的多个实根，按照 $x=x_0$ 的判定方法对每一个根逐个判断，最后得到函数在 $[a,b]$ 上的全部拐点、凹凸区间及凹凸性结论。

（2）通用函数

通用函数的凹凸、拐点判定与负高次幂函数类似，只是拐点求解方程改变。对于 A 型通用函数，方程变为：

$$\frac{\alpha_1 x^{2n-2}+2\alpha_2 x^{2n-3}+\cdots+n\alpha_n x^{n-1}}{(\alpha_0 x^n+\alpha_1 x^{n-1}+\alpha_2 x^{n-2}+\cdots+\alpha_n)^2}\times\sec^2\left(\frac{1}{\alpha_0+\dfrac{\alpha_1}{x}+\dfrac{\alpha_2}{x^2}+\cdots+\dfrac{\alpha_n}{x^n}}\right)$$

$$+\left\{\frac{[(2n-1)\alpha_1 x^{2n-2}+2(2n-2)\alpha_2 x^{2n-3}+\cdots+n^2\alpha_n x^{n-1}](\alpha_0 x^n+\alpha_1 x^{n-1}+\alpha_2 x^{n-2}+\cdots+\alpha_n)^2}{(\alpha_0 x^n+\alpha_1 x^{n-1}+\alpha_2 x^{n-2}+\cdots+\alpha_n)^4}\right.$$

$$\left.-\frac{2(\alpha_1 x^{2n-1}+2\alpha_2 x^{2n-2}+\cdots+n\alpha_n x^n)(\alpha_0 x^n+\alpha_1 x^{n-1}+\alpha_2 x^{n-2}+\cdots+\alpha_n)[n\alpha_0 x^{n-1}+(n-1)\alpha_1 x^{n-2}+(n-2)\alpha_2 x^{n-3}+\cdots+\alpha_{n-1}]}{(\alpha_0 x^n+\alpha_1 x^{n-1}+\alpha_2 x^{n-2}+\cdots+\alpha_n)^4}\right\}$$

$$\times\sec^2\left(\frac{1}{\alpha_0+\dfrac{\alpha_1}{x}+\dfrac{\alpha_2}{x^2}+\cdots+\dfrac{\alpha_n}{x^n}}\right)+\frac{2(\alpha_1 x^{2n-1}+2\alpha_2 x^{2n-2}+\cdots+n\alpha_n x^n)^2}{x(\alpha_0 x^n+\alpha_1 x^{n-1}+\cdots+\alpha_n)^4}\times\sec^2\left(\frac{1}{\alpha_0+\dfrac{\alpha_1}{x}+\dfrac{\alpha_2}{x^2}+\cdots+\dfrac{\alpha_n}{x^n}}\right)$$

$$\times\tan\left(\frac{1}{\alpha_0+\dfrac{\alpha_1}{x}+\dfrac{\alpha_2}{x^2}+\cdots+\dfrac{\alpha_n}{x^n}}\right)=0$$

对于 B 型通用函数，方程变为：

$$\left[\frac{(2^2-2)\alpha_2}{x^3}+\frac{(3^2-3)\alpha_3}{x^4}+\cdots+\frac{(n^2-n)\alpha_n}{x^{n+1}}\right]\times\sec^2\left(\alpha_0+\frac{\alpha_1}{x}+\frac{\alpha_2}{x^2}+\cdots+\frac{\alpha_n}{x^n}\right)$$

$$-2\left(\frac{\alpha_1}{x}+\frac{2\alpha_2}{x^2}+\cdots+\frac{n\alpha_n}{x^n}\right)^2\times\sec\left(\alpha_0+\frac{\alpha_1}{x}+\frac{\alpha_2}{x^2}+\cdots+\frac{\alpha_n}{x^n}\right)=0$$

2.7　负高次幂函数及通用函数的积分

2.7.1　不定积分

（1）负高次幂函数

负高次幂函数的不定积分是：

$$\int y \, \mathrm{d}x = \alpha_0 x + \alpha_1 \ln x - \left[\frac{\alpha_2}{x} + \frac{\alpha_3}{2x^2} + \cdots + \frac{\alpha_n}{(n-1)x^{n-1}} \right] + C$$

（2）通用函数

按现有方法，通用函数的不定积分尚不能求解。

2.7.2　定积分

（1）负高次幂函数

负高次幂函数的定积分是：

$$\int_a^b y \, \mathrm{d}x = \left[\alpha_0 x + \alpha_1 \ln x - \frac{\alpha_2}{x} - \frac{\alpha_3}{2x^2} - \cdots - \frac{\alpha_n}{(n-1)x^{n-1}} \right] \Bigg|_a^b$$

（2）通用函数的定积分

按现有方法，通用函数的定积分尚不能求解。可以根据定积分几何意义，通过函数图像图测定积分，但这种求解所得只是近似解。

第 3 章

时间累计函数及累计方法

本章主要讨论时间累计函数的产生、函数中的变量定义、函数形式、图像、偏导数、全微分、函数中变量间的一元函数关系、原始变量的二元隐函数、三元函数等问题；讨论一次累计、二次累计、多次累计方法的实施及实际操作；用案例演示时间累计函数的建立方法及变量间一元关系的求解；用案例演示一次累计、二次累计、多次累计的实施，通过比较数值结果而得出有关结论。

3.1 时间累计函数的产生

概括起来，变量关系研究主要应关注三个方面：① 变量随时间的变化；② 变量随人的某种（些）可测量属性（需求、愿望）的变化；③ 变量之间的相互变化。在所有变量中，时间是最基础、最统一、变化最为确定、最具参照性、最易准确获得变量值的变量。以时间为标准来统计、计量其它变量值是很多变量值测定的主要途径。因此，研究变量随时间的变化不仅有直接的现实意义，很大程度上还具有奠定基础和架设桥梁的作用。

3.1.1 引例

对时间累计函数的介绍从一个案例讨论开始。2022 年 4 月，M 商品的销售数量见表 3-1。

表 3-1　2022 年 4 月 M 商品销售数量

名称	代号	单位	数值									
日期	t	日	1	2	3	4	5	6	7	8	9	10
销售数量	ξ	件	62	51	92	77	78	96	55	70	57	83
名称	代号	单位	数值									
日期	t	日	11	12	13	14	15	16	17	18	19	20
销售数量	ξ	件	41	41	83	69	104	131	164	50	29	19
名称	代号	单位	数值									
日期	t	日	21	22	23	24	25	26	27	28	29	30
销售数量	ξ	件	13	10	46	91	122	135	149	163	166	167

根据表中数据，是否可以找出 M 商品的销售数量与时间（日期）的关系？利用时间累计函数可以不同程度地解决这个问题。

观察表 3-1 中数据，变量 ξ（M 商品每天的销售数量）是随机的，似乎与时间没有什么关系，作 ξ-t 关系图（图 3-1）也难以描述 ξ 随时间的变化规律。

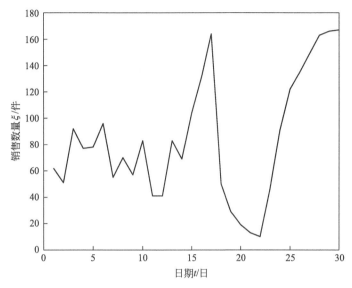

图 3-1　M 商品销售数量随日期的变化

做三件事：① 通过改变计量单位，把时间值和 M 商品累计销售数量值调整至满足 $y \leqslant 1$，$z \leqslant 1$，$x \leqslant 1$；② 依次累计 M 商品的销售数量；③ 引入变量 x，构建一个二元函数 $z = 0.0062(10x)^{\frac{1}{y-0.01}}$。这个二元函数可以把销售数量与时间客观地联系在一起。根据 $z = 0.0062(10x)^{\frac{1}{y-0.01}}$ 可得到表 3-2。

表 3-2　时间、销售数量、累计销售数量、变化指标对应关系

名称	代号	单位	数值									
时间	y	百天	0.01	0.02	0.03	0.04	0.05	0.06	0.07	0.08	0.09	0.1
销售数量	ξ	万件	0.0062	0.0051	0.0092	0.0077	0.0078	0.0096	0.0055	0.007	0.0057	0.0083
累计销售数量	z	万件	0.0062	0.0113	0.0205	0.0282	0.036	0.0456	0.0511	0.0581	0.0638	0.0721
变化指标	x	—	—	1.006021	1.024206	1.046492	1.072893	1.104914	1.134911	1.169566	1.205020	1.247093
名称	代号	单位	数值									
时间	y	百天	0.11	0.12	0.13	0.14	0.15	0.16	0.17	0.18	0.19	0.2
销售数量	ξ	万件	0.0041	0.0041	0.0083	0.0069	0.0104	0.0131	0.0164	0.005	0.0029	0.0019
累计销售数量	z	万件	0.0762	0.0803	0.0886	0.0955	0.1059	0.119	0.1354	0.1404	0.1433	0.1452
变化指标	x	—	1.285157	1.325426	1.375958	1.426887	1.487821	1.557662	1.637858	1.699596	1.759924	1.820620

名称	代号	单位	数值									
时间	y	百天	0.21	0.22	0.23	0.24	0.25	0.26	0.27	0.28	0.29	0.3
销售数量	ξ	万件	0.0013	0.001	0.0046	0.0091	0.0122	0.0135	0.0149	0.0163	0.0166	0.0167
累计销售数量	z	万件	0.1465	0.1475	0.1521	0.1612	0.1734	0.1869	0.2018	0.2181	0.2347	0.2514
变化指标	x	—		1.882301	1.945557	2.021819	2.115650	2.224323	2.343173	2.473191	2.615118	2.766139	2.926256

根据表 3-2，可以得到 y-z、y-x、x-z 关系，见图 3-2～图 3-4。

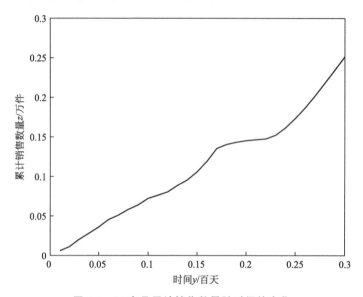

图 3-2　M 商品累计销售数量随时间的变化

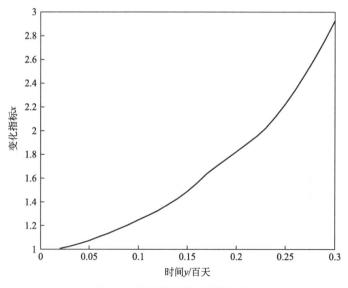

图 3-3　变化指标随时间的变化

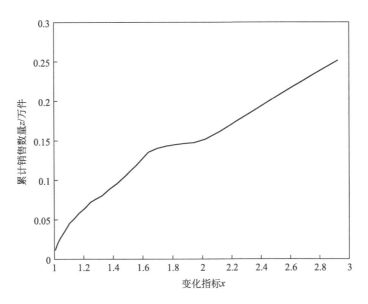

图 3-4　**M 商品累计销售数量随变化指标的变化**

设 i 为时间序列编号，$i=1,2,\cdots,30$。$y=0.01$，$i=1$；$y=0.02$，$i=2$；……；$y=0.3$，$i=30$。变量间关系如下：

$$z(i)=0.0062\big[10x(i)\big]^{\frac{1}{0.01(i-1)}}，\xi(i)=z(i)-z(i-1)$$

至此，可以得到初步结论：① 通过 $z=a(10^k x)^{\frac{1}{y-b}}$（$k=1,2,\cdots,r$）函数，可以建立 M 商品销售数量与时间的联系。② 由于时间不可逆转、永不停滞，y 总是不断增大，若 ξ 为非负变量，z 总是不断增大，x 总是不断增大。由于二元函数均具有很大的不确定性，以上工作成果还不能确切描述 M 商品销售数量与时间的关系，要准确描述这种关系尚需做很多工作。

3.1.2　函数产生

$z=a(10^k x)^{\frac{1}{y-b}}$ 函数基于两方面的原因而产生：一方面是过程控制的需要，另一方面是受传统增长函数的启示。分析变量随时间的变化问题是过程控制需要重点解决的一类问题，这个问题的解决关系到过程控制规划、实施、评价等各个方面的工作。传统增长函数 $y=a(1+p\%)^n$ 的应用情况是：要么 a、n 为常数，要么 a、p 为常数，要么 p、n 为常数，即把函数当作一元函数来应用。事实上，这三种设定都不太符合实际，在 a、p、n、y 四个变量中只应该确定一个，最能确定的是 a，其余三个应视为变量，于是产生 $z=a(1+x)^{y-b}$ 函数，在分析 $z=a(1+x)^{y-b}$ 函数图像（曲面）时发现函数应该做出调整。

为确保函数应用的稳定与可靠，函数应调整为 $z=a(10^k x)^{\frac{1}{y-b}}$，并且对变量数值范围做出约束：$y\leqslant 1$，$z\leqslant 1$，$x\leqslant 1$（常量 a、b 随之改变）。这种调整使函数图像（曲面）更客观，更加清晰完整。

3.1.3 累计的意义

作为一种数据处理方法，"累计"被广泛应用于实际工作。这些应用大都有明确的现实意义——累计数是人们需要（想知道）的重要数。比如，经营收入、经营成本、利润、销量、产量、工程进度、地区 GDP 等变量，既有某个（些）时段的变量值，也有截至某个（些）时点的累计值，而且累计值都是人们关注的重要指标。这是"累计"的一般意义或现实意义。此外，"累计"还有一个显著的作用（数学意义）：累计能显著改善变量间的关系，使函数关系客观成立，具体表现为：

① 通过一次累计使锯齿型（折线型）变量关系变为曲（直）线型关系，使不光滑曲线关系变为光滑曲线关系；

② 通过二次累计或多次累计总可以使锯齿型（折线型）变量关系或不光滑曲线关系变为光滑曲线关系。

光滑曲线是变量间存在函数关系的主要标志，是函数连续的基本特征。因此，通过"累计"，使变量间的函数关系更为真实客观。"累计"是在关系不明确（确切）的变量间建立函数的基本手段。

3.1.4 函数中时间变量的广义替换

以上讨论的是变量随时间的变化，累计是按时间序列进行的。这种按时间序列的累计容易理解，因为除了数学意义——改善变量间的关系之外，累计数也具有实际意义。如果分析对象不是时间变量，而是另外两种变量，"累计"还能进行吗？"累计"的作用（改善变量间的关系，使函数关系客观成立）还存在吗？下面看一个例子。

W 产品单位生产成本随 D 原料用量的变化情况见表 3-3。

表 3-3　W 产品单位生产成本随 D 原料用量的变化情况

名称	代号	单位	数值									
D 原料用量	y	kg	1	2	3	4	5	6	7	8	9	10
W 产品单位生产成本	p	元/m³	462	466	468	470	472	474	477	478	480	482
名称	代号	单位	数值									
D 原料用量	y	kg	11	12	13	14	15	16	17	18	19	20
W 产品单位生产成本	p	元/m³	477	476	473	471	469	468	466	465	463	461
名称	代号	单位	数值									
D 原料用量	y	kg	21	22	23	24	25	26	27	28	29	30
W 产品单位生产成本	p	元/m³	466	468	472	476	477	479	484	488	493	496

W 产品的生产特点是：D 原料用量对 E、F 原料用量有决定性影响，D 原料用量多则 E 原料用量多、F 原料用量少，所以单位成本随 D 原料用量变化而呈现波动。

W 产品单位生产成本随 D 原料用量的变化见图 3-5。

[""]

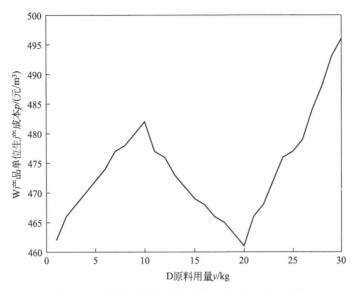

图 3-5　W 产品单位生产成本随 D 原料用量的变化

如果把前述（3.1.1、3.1.2 节）时间变量 y 进行广义替换——用 D 原料用量替换时间，按照 D 原料用量序列进行 W 产品单位生产成本累计 z，得到表 3-4，由表 3-4 得到图 3-6。

表 3-4　W 产品生产成本及随 D 原料用量累计值

名称	代号	单位	数值									
D 原料用量	y	kg	1	2	3	4	5	6	7	8	9	10
W 产品单位生产成本	p	元/m³	462	466	468	470	472	474	477	478	480	482
p 累计	z	—	462	928	1396	1866	2338	2812	3289	3767	4247	4729
名称	代号	单位	数值									
D 原料用量	y	kg	11	12	13	14	15	16	17	18	19	20
W 产品单位生产成本	p	元/m³	477	476	473	471	469	468	466	465	463	461
p 累计	z	—	5206	5682	6155	6626	7095	7563	8029	8494	8957	9418
名称	代号	单位	数值									
D 原料用量	y	kg	21	22	23	24	25	26	27	28	29	30
W 产品单位生产成本	p	元/m³	466	468	472	476	477	479	484	488	493	496
p 累计	z	—	9884	10352	10824	11300	11777	12256	12740	13228	13721	14217

比较图 3-5 和图 3-6，可以得到结论："累计"可以进行，"累计"的作用（改善变量间的关系，使函数关系客观成立）依然存在。但变量 z 无现实含义，这种累计只有纯粹的数学意义而无实际含义。通过建立 y-z 关系再得到 y-p 关系（$p_i = z_i - z_{i-1}$）是利用这种累计解决函数建立问题的基本思想。

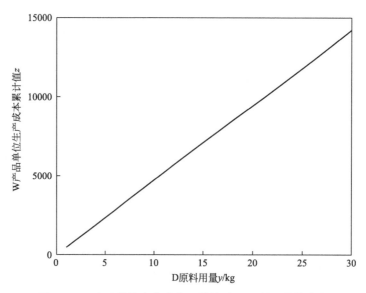

图 3-6　W 产品单位生产成本累计值随 D 原料用量的变化

3.2　时间累计函数的变量及常量

3.2.1　原始变量

　　ξ 通常称为原始变量或初始变量。变量 ξ 涉及的问题较多，需要做专门讨论。现实中，ξ 值获得有两种情况：① 随时可以获得；② 需要依赖一个时间区间才能获得（获得指由变量自身特性所决定的、客观上能实际观测或检测到变量值的客观获得，而非主观行为下的主观获得）。因此，需要把变量 ξ 分为两类，一类是积累型变量（非瞬间型变量），另一类是瞬间型变量（非积累型变量）。

　　积累型变量指变量值需要依赖一个时间区间才能获得的变量类型。比如，经营收入、经营成本、利润、销量、产量、工程进度、工程进度款、地区 GDP 等。

　　瞬间型变量指变量值不需要依赖一个时间区间，在任何时点都能获得的变量类型。比如，价格、利率、汇率、质量、速度、气温、湿度、人体医学检测指标（血压、血糖、血脂、体温、体重……）、地区人口数量等。

　　积累型变量或多或少都与时间有关，时间一定是影响变量值的一个因素，有的甚至是决定性因素。积累型变量与时间之间可以用函数关系 $\xi = f(y)$ 表示，即积累型变量值大小可以用时间长度度量。瞬间型变量与时间的关系具有不确定性，对于有的瞬间型变量，时间是影响变量值的一个因素，有的则不是，但可以确定：时间不是影响变量值的主要因素。瞬间型变量值大小不能用时间长度度量。注意：这里讨论的有关与无关是相对意义下的结论，如果时间单位足够大（考察期足够长），任何变量都与时间有关。

　　由于存在两种变量类型，变量 ξ 的含义有以下两种。

　　① 对于积累型变量，ξ 指时间轴上设定时段（观察期/考察期/统计期）内的变量值。变量值为该时段内的一个值或多个值的合计值。

　　② 对于瞬间型变量，严格定义是：ξ 指时间轴上设定时点的变量值。不严格（被迫

的）定义是：ξ 指时间轴上设定时段（观察期/考察期/统计期）内的变量值，变量值为该时段内的一个值或多个值的平均值。

在 ξ 与 t 的关系分析中，观察期长度设定取决于变量特性、变量类型、应用场景的具体情况、人们的需求与习惯、数据数目等多方面因素。虽然瞬间型变量不应设定时段（观察期/考察期/统计期），但需要为时间确定计量单位，当计量单位不是足够小时，需要对 ξ 的含义做具体的规定和说明。

$z = a(10^k x)^{\frac{1}{y-b}}$ 函数应用有一个前提——ξ 为非负变量。通常，函数只适用于积累型变量。对于瞬间型变量，可以尝试使用，但这类变量的应用缺乏充分的理论和实证依据。

3.2.2　表达式中的变量及常量定义

函数表达式中变量及常量的含义见表 3-5。

表 3-5　函数表达式中变量及常量的含义

代号	名称	基本含义	属性
t	时间	时间数轴上距离原点为 t 的时点，时间数轴上长度为 t 的时段（原点为起点）	变量
y	时间	时间数轴上长度为 y 的时段（原点为起点）	变量
i	时间序列号（考察期序号）	设定时间单位的考察期序号	变量或常量
j	时间序列号（考察期序号）	设定时间单位的考察期序号	变量或常量
x	变化指标（累计值变化指标）	非负变量累计值随时间的变化指标	变量
k	变化指标值约束指数	为确保变化指标 $x \leqslant 1$ 而预先设定的指数	常量
z	累计值	非负变量累计值	变量
a	累计值计算基数	设定时间单位和考察期编号下选（指）定的累计值计算基数	常量
b	累计值计算基数所处考察期时间值	选定的累计值计算基数所在考察期的时间值	常量
t_i 或 $t(i)$	第 i 考察期时间	第 i 考察期期末时点，时间数轴上距离原点为 t_i 的时点，时间数轴上长度为 t_i 的时段（原点为起点）	变量或常量
ξ_i 或 $\xi(i)$	第 i 考察期原始变量值	第 i 考察期的原始变量值	变量或常量
x_i 或 $x(i)$	第 i 考察期变化指标	第 i 考察期变化指标	变量或常量
z_i 或 $z(i)$	第 i 考察期期末累计值	截至第 i 考察期期末累计值，0 至 t_i 时段累计值	变量或常量

函数表达式中的变量及常量的属性与范围见表 3-6。

表 3-6　函数表达式中变量及常量的属性与范围

代号	名称	属性	范围
ξ	原始变量	实数	$0 \leqslant \xi < 1$
t	时间	实数	$0 \leqslant t \leqslant 1$
y	时间	非连续实数（有限实数）	$b < y \leqslant 1$
i	时间序列号（考察期序号）	自然数	$i > 1$

代号	名称	属性	范围
x	变化指标（累计值变化指标）	实数	$0 < x \leqslant 1$
k	变化指标值约束指数	自然数	$k = 1, 2, 3, \cdots$
z	累计值	实数	$\xi_1 < z \leqslant 1$
a	累计值计算基数	实数	$a = \xi_1$ 或 $a = \sum \xi$
b	累计值计算基数所处考察期时间值	实数	$b < 1$，通常 $b = 10^{-r}$（$r = 1, 2, 3, \cdots$）

在时间累计函数及累计方法的实际应用中，变量定义是一项非常重要的、必不可少的工作，每次具体的应用都应该对变量含义（数学含义或现实含义）有专门的、确切的交代。

关于累计方法中变量计量单位问题，建议按以下原则处理。

① 凡是不在现实中直接使用的变量（只有数学意义，没有现实含义的过渡变量），不论是采用哪一次累计解决问题，其中的一次累计值、二次累计值、三次（多次）累计值以及变化指标等各种变量的单位一律不宜确定。

② 凡是在现实中直接使用的变量（有明确现实含义的变量，比如累计营业收入、累计销售数量、累计 GDP、累计工程进度等）可以明确其计量单位，但仅限于一次累计值 z，对于二次累计值 V、二次以上累计值 Q、变化指标（$X/U/P$）等变量一律不确定计量单位。

3.3　时间累计函数的常数确定

从 $z = a(10^k x)^{\frac{1}{y-b}}$ 看出，若 a、b、k 确定，二元函数就建立了。

常数 k 是为确保 $x \leqslant 1$ 而特设的指数，其设定方法类似于约束 $y \leqslant 1$、$z \leqslant 1$ 计量单位改变的处理。k 不属于需要确定的常数，只是用于调整计量单位而已。

3.3.1　常数的主要类型

a、b 可以有多种取值方式，以下几种方式可以采用：

(1) $a = \xi_1$，$b = 10^{-r}$

这种取值方式指，以首个考察期的变量值为计算基数，考察期位置和长度不变。

(2) $a = \sum\limits_{i=1}^{m} \xi_i$，$b = 10^{-r}$

这种取值方式指，以前 m 个考察期的合计变量值为计算基数，改变考察期长度（考察期长度变为原来的 m 倍），考察期位置需要重新编号。

(3) $a = \dfrac{1}{m} \sum\limits_{i=1}^{m} \xi_i$，$b = m \times 10^{-r}$ 或 $b = 10^{-r}$

这种取值方式指，以前 m 个考察期变量值的平均值为计算基数，考察期长度不变，考察期位置改变或不变。若 $b = m \times 10^{-r}$，位置不变；若 $b = 10^{-r}$，考察期位置做相应提前，需要重新编号。

以表 3-1 为例，上述几种 a、b 取值方式确定的函数如下。

（1）$a = \xi_1$，$b = 10^{-r}$

以第 1 天变量值为计算基数，每个考察期长度为 1 天。函数为：

$$z = 0.0062(10x)^{\frac{1}{y-0.01}}$$

（2）$a = \sum\limits_{i=1}^{m} \xi_i$，$b = 10^{-r}$

以最初 3 天合计值为计算基数，每个考察期长度为 3 天。函数为：

$$z = 0.0205(10x)^{\frac{1}{y-0.01}}$$

以最初 7 天合计值为计算基数，每个考察期长度为 7 天。函数为：

$$z = 0.0511(10x)^{\frac{1}{y-0.01}}$$

（3）$a = \dfrac{1}{m} \sum\limits_{i=1}^{m} \xi_i$，$b = m$ 或 $b = 1$

以最初 7 天的平均值为计算基数，每个考察期长度为 1 天，位置改变（重新编号，所有编号提前，第 8 天 $y = 0.02$）。函数为：

$$z = 0.0073(10x)^{\frac{1}{y-0.01}}$$

3.3.2　常数的选择与确定

仅考虑构建 $z = a(10^k)x^{\frac{1}{y-b}}$ 函数，3.3.1 节方式（2）对已知数据的利用会更加充分一些，如果考虑做深入的变化规律分析，方式（1）、（3）也能充分利用已知数据，三种方式的应用效果各有优劣，各有侧重。

根据掌握的数据情况和实际需要，针对 ξ 随 t 的变化问题可选择一种或几种 a、b 值构建函数，不同 a、b 值可能会有不同的分析结果，具体如何选择只有根据具体的应用场景来定夺。确定 a、b 时面临的实质问题是：

① 如何确定每个考察期的长度？

② 考察期位置如何安排？考察期是否需要重新编号？如何编号？

解决了这两个问题，a、b 随之确定。

3.4　函数形式

函数形式有三种：① $z = a(10^k x)^{\frac{1}{y-b}}$；② $x = 10^{-k}\left(\dfrac{z}{a}\right)^{y-b}$；③ $y = \dfrac{\ln(10^k x)}{\ln \dfrac{z}{a}} + b$。

① 为通常形式，②、③ 形式在应用中也会涉及，但频率会低一些。

3.5 函数图像

$z=a(10^{k}x)^{\frac{1}{y-b}}$ 函数图像是一个曲面。典型图像如图 3-7 所示，不同视角的图像见图 3-8～图 3-10。如果对空间坐标所表示的方位做这样规定，即 x 表示左右（从左至右 x 增大），y 表示前后（由前往后 y 增大），z 表示上下（自下而上 z 增大），则时间累计曲面有以下基本特点（图 3-7 能反映）：

① 左低右高，从左至右逐渐上升；

② 中间凹陷；

③ 开始较宽，逐渐变窄，最终收聚。

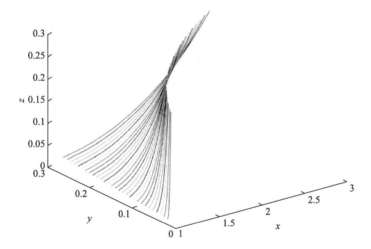

图 3-7 典型时间累计函数图像（初始）

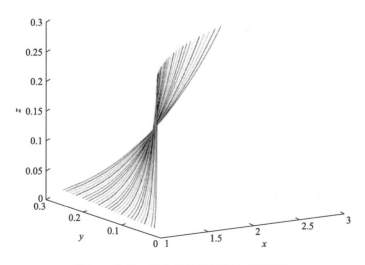

图 3-8 旋转一定角度的时间累计函数图像

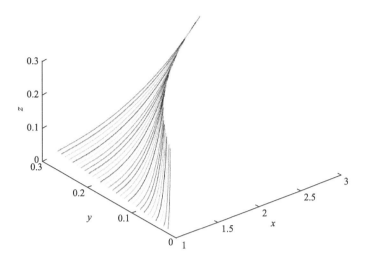

图 3-9　另一种视角的时间累计函数图像（一）

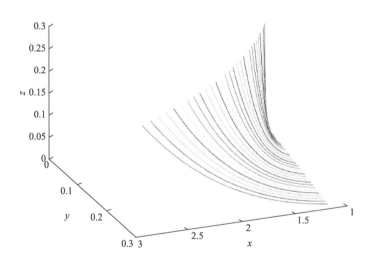

图 3-10　另一种视角的时间累计函数图像（二）

在此顺便提及，时间累计函数除了主要用于解决现实函数建立问题外，还可以用于建筑设计。函数曲面不仅造型优美、视角丰富、变化多样，更重要的是含义深刻而积极进取。如果把曲面用于建筑物、构筑物、雕塑设计，定能产生较好的效果。这是因为曲面蕴藏积累、增长、上升等人们盼望的事物（件），曲面包含的所有数据遵从并体现事物的发展规律——增长基于积累，唯有增长，方能提升［曲面上所有点的值满足 $z = a(10^k x)^{\frac{1}{y-b}}$ 函数］。在满足建筑功能及美学效果的同时，对建筑物赋予积累、增长、提升的深刻含义，既表达了设计者对项目（业主）的美好祝愿，同时也是新事物遵循客观规律而存在的一种实际展现。

3.6 函数的偏导数与全导数

3.6.1 一阶偏导数

(1) $z = a(10^k x)^{\frac{1}{y-b}}$ 形式下的偏导数

该形式下的两个偏导数是：

$$\frac{\partial z}{\partial x} = \frac{10^k a}{y-b}(10^k x)^{\frac{1+b-y}{y-b}}, \quad \frac{\partial z}{\partial y} = -\frac{a\ln(10^k x)}{(y-b)^2}(10^k x)^{\frac{1}{y-b}}$$

(2) $x = 10^{-k}\left(\frac{z}{a}\right)^{y-b}$ 形式下的偏导数

该形式下的两个偏导数是：

$$\frac{\partial x}{\partial y} = 10^{-k}\left(\frac{z}{a}\right)^{y-b}\ln\frac{z}{a}, \quad \frac{\partial x}{\partial z} = \frac{10^{-k}(y-b)}{a}\left(\frac{z}{a}\right)^{y-b-1}$$

(3) $y = \dfrac{\ln(10^k x)}{\ln\dfrac{z}{a}} + b$

该形式下的两个偏导数是：

$$\frac{\partial y}{\partial x} = \frac{1}{x\ln\dfrac{z}{a}}, \quad \frac{\partial y}{\partial z} = -\frac{\ln(10^k x)}{z(\ln\dfrac{z}{a})^2}$$

在二元函数几种形式同时采用的情况下，几种偏导数有以下关系：

$$\frac{\partial z}{\partial x} = \frac{1}{\dfrac{\partial x}{\partial z}}, \quad \frac{\partial z}{\partial y} = \frac{1}{\dfrac{\partial y}{\partial z}}, \quad \frac{\partial y}{\partial x} = \frac{1}{\dfrac{\partial x}{\partial y}}$$

这种关系充分体现了偏导数理论的严谨与完美，是检验、判定偏导数求解正确与否的标准。

3.6.2 二阶偏导数

对二阶偏导数只讨论 $z = a(10^k x)^{\frac{1}{y-b}}$ 形式，三个二阶偏导数是：

$$\frac{\partial^2 z}{\partial x^2} = \frac{10^{2k}a(1+b-y)}{(y-b)^2}(10^k x)^{\frac{1+2b-2y}{y-b}}$$

$$\frac{\partial^2 z}{\partial y^2} = \frac{a^2(10^k x)^{\frac{2}{y-b}}[\ln(10^k x)]^2}{(y-b)^2[\ln(10^k x)-y+b]}$$

$$\frac{\partial^2 z}{\partial x\partial y} = \frac{\partial^2 z}{\partial y\partial x} = -\frac{a(10^k x)^{\frac{1}{y-b}}}{x(y-b)^2} - \frac{10^k a\,\ln(10^k x)(10^k x)^{\frac{1+b-y}{y-b}}}{(y-b)^3}$$

3.6.3 全导数

在 $z = a(10^k x)^{\frac{1}{y-b}}$ 函数中，设 $x = \varphi(t)$，$y = \psi(t)$，函数全导数：

$$\frac{\mathrm{d}z}{\mathrm{d}t}=\frac{\partial z}{\partial x}\frac{\mathrm{d}x}{\mathrm{d}t}+\frac{\partial z}{\partial y}\frac{\mathrm{d}y}{\mathrm{d}t}=\frac{10^k a}{\psi(t)-b}[10^k\varphi(t)]^{\frac{1+b-\psi(t)}{\psi(t)-b}}\varphi'(t)-\frac{a\ln[10^k\varphi(t)]}{[\psi(t)-b]^2}[10^k\varphi(t)]^{\frac{1}{\psi(t)-b}}\psi'(t)$$

3.7　函数全微分

函数全微分仅讨论 $z=a(10^k x)^{\frac{1}{y-b}}$ 形式。该形式下全微分：

$$\mathrm{d}z=\frac{\partial z}{\partial x}\mathrm{d}x+\frac{\partial z}{\partial y}\mathrm{d}y=\frac{10^k a}{y-b}(10^k x)^{\frac{1+b-y}{y-b}}\mathrm{d}x-\frac{a\ln(10^k x)}{(y-b)^2}(10^k x)^{\frac{1}{y-b}}\mathrm{d}y$$

$$\Delta z=\frac{\partial z}{\partial x}\Delta x+\frac{\partial z}{\partial y}\Delta y=\frac{10^k a}{y-b}(10^k x)^{\frac{1+b-y}{y-b}}\Delta x-\frac{a\ln(10^k x)}{(y-b)^2}(10^k x)^{\frac{1}{y-b}}\Delta y$$

该式全面反映累计值 z 的变化构成，z 的变化值 Δz 由四种因素所决定：①时间因素 y；②变化指标因素 x；③变化指标变化值因素 Δx；④时间变化值因素 Δy。

四种因素按照上述全微分等式的具体规则对 Δz 进行影响，Δz 是四种因素共同作用的结果。四种因素对 Δz 的影响有强有弱，有正向有负向，存在诸多博弈与变化。直观来说，通常，变化指标（x）、变化指标变化值（Δx）的增大（减小），能导致累计值变化值 Δz 增大（减小）；而时间（y）和时间变化值（Δy）对累计变化值的影响具有不确定性，很多情况下，随着时间的推移（y 增大）和时间变化值（Δy）的增大，时间对累计值变化的影响往往会变弱。

3.8　函数中的变量关系

通过以上讨论可以看出，建立 $z=a(10^k x)^{\frac{1}{y-b}}$ 函数比较容易，但是，仅有二元函数，对解决现实问题来说是不够的，欲更多地解决问题，需要对三个关系做进一步分析，这三个关系是：①变化指标（x）与时间（y）的关系；②原始变量（ξ）与累计值（z）的关系；③原始变量（ξ）与时间（y）的关系。

3.8.1　变化指标（x）与时间（y）的关系

变化指标（x）与时间（y）的关系有两种可能情况：①确定性关系；②不确定性关系。确定性关系采用函数方法来分析，不确定性关系采用概率方法进行分析。本书仅讨论函数方法，不讨论概率方法。

假定所获得的变化指标（x）与时间（y）的数据能够客观、真实、全面反映二者之间的变化关系，根据大量实践，很多时候能得到变化指标（x）与时间（y）的光滑（基本光滑）曲线（即使不光滑，通过二次或多次累计也可以解决曲线光滑问题），这是可以采用函数方法解决问题的基本依据。

设二元函数 $z=a(10^k x)^{\frac{1}{y-b}}$ 中的变化指标（x）与时间（y）的关系为 $x=h(y)$，$x=h(y)$ 可以采用以下几种途径求解：①利用负高次幂函数求解；②利用通用函数求解；③利用完整二次函数求解；④利用全微分求解。

具体采用哪种（些）途径，需根据具体情况决定，也可以都采用，然后择优选定。求解结果大概率为近似函数，极小概率为理论函数（第 4、5 章将详细介绍）。下面以 3.1 节的引例介绍前三种途径的求解结果（全微分求解及详细求解过程后述）。

（1）二元函数构建

每个考察期时长为 5 天，考察期重新编号，$a=0.036$（万件）为首个考察期的销售数量，首个考察期的时间值 $b=0.05$（百天），据此建立二元函数 $z=0.036(10x)^{\frac{1}{y-0.05}}$，相关数据及计算见表 3-7。

表 3-7 M 商品 2022 年 4 月销售数据及计算表

名称	代号	单位	数值					
考察期编号	j	—	1	2	3	4	5	6
时间	y	百天	0.05	0.10	0.15	0.20	0.25	0.30
销售数量	ξ	万件	0.0360	0.0361	0.0338	0.0393	0.0282	0.0780
累计销售数量	z	万件	0.0360	0.0721	0.1059	0.1452	0.1734	0.2514
变化指标	x	—	—	0.103534	0.111393	0.123268	0.136946	0.162561

变化指标（x）与时间（y）的关系见图 3-11。

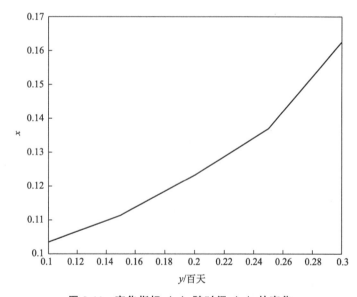

图 3-11 变化指标（x）随时间（y）的变化

（2）负高次幂函数求解结果

负高次幂函数求解结果如表 3-8 所示，公式如下：

$$x=\alpha_0+\frac{\alpha_1}{y}+\frac{\alpha_2}{y^2}+\frac{\alpha_3}{y^3}+\frac{\alpha_4}{y^4}$$

表 3-8 负高次幂函数求解结果

α_0	α_1	α_2	α_3	α_4
0.9674548333332520	-0.5411068749999360	0.1294324116666480	-0.0135953107499980	0.0005199217500000

(3) 通用函数求解结果

通用函数求解结果如表 3-9 所示，公式如下：

$$x = y \tan\left(\cfrac{1}{\alpha_0 + \cfrac{\alpha_1}{y} + \cfrac{\alpha_2}{y^2} + \cfrac{\alpha_3}{y^3} + \cfrac{\alpha_4}{y^4}}\right)$$

表 3-9　通用函数求解结果

α_0	α_1	α_2	α_3	α_4
−1.1575693220523400	0.1275598296579190	−0.0049962546918490	−3.5506173773789600	4.2955969773457600

(4) 完整二次函数求解结果

完整二次函数求解结果如表 3-10 所示，公式如下：

$$Ay^2 + x^2 + Cxy + Dy + Ex + F = 0$$

$$x = ay + b \pm \sqrt{cy^2 + gy + h}$$

表 3-10　完整二次函数求解结果

A	C	D	E	F
0.0742648915003890	−0.5238903361262970	0.0391475067344950	−0.1584408382379590	0.0064513712077250
a	b	c	g	h
0.261945168063148000	0.079220419118979500	−0.005649620428757880	0.002355305265813290	−0.000175496402338229

(5) 三种求解结果比较

1）$x = h(y)$ 比较　三种求解途径均能很好地满足五组数据值。比较结果见表 3-11。

表 3-11　三种求解途径函数计算值与实际值比较

y	x 计算值			x 实际值	偏差
	负高次幂函数	通用函数	完整二次函数		
0.1	0.103534	0.103534	0.103534	0.103534	0.0000
0.15	0.111393	0.111393	0.111393	0.111393	0.0000
0.2	0.123268	0.123268	0.123268	0.123268	0.0000
0.25	0.136946	0.136946	0.136946	0.136946	0.0000
0.3	0.162561	0.162561	0.162561	0.162561	0.0000

2）$z = 0.036(10x)^{\frac{1}{y-0.05}}$ 比较　y 为有限实数，$y = \dfrac{i}{\lambda}$，y 的取值为 b 的整数倍，不应

（能）进行任意插值计算，a 为 5 天的累计值计算基数，$z = 0.036(10x)^{\frac{1}{y-0.05}}$ 只适用于考察期为 5 天的累计值（z）计算，不适用于其它长度考察期的累计值计算。考察期为 5 天的累计值（z）比较见表 3-12。

表 3-12　考察期为 5 天的累计值（z）计算结果比较

考察期序号	y	z 计算值			z 实际值	偏差
		负高次幂函数	通用函数	完整二次函数		
1	0.1	0.0721	0.0721	0.0721	0.0721	0.0000
2	0.15	0.1059	0.1059	0.1059	0.1059	0.0000
3	0.2	0.1452	0.1452	0.1452	0.1452	0.0000
4	0.25	0.1734	0.1734	0.1734	0.1734	0.0000
5	0.3	0.2514	0.2514	0.2514	0.2514	0.0000

3.8.2　原始变量（ξ）与累计值（z）的关系

（1）变量基本含义下的关系

根据变量定义，原始变量（ξ）与累计值（z）的关系是：

$$\xi_i = z_i - z_{i-1}$$

通常设定：$i = \lambda y$，λ 为常数，第 i 考察期的时间值是 $\dfrac{i}{\lambda}$，第 $i-1$ 考察期的时间值是 $\dfrac{i-1}{\lambda}$。由此可得：

$$\xi_i = z_i - z_{i-1} = a\left(10^k x_i\right)^{\frac{1}{\frac{i}{\lambda}-b}} - a\left(10^k x_{i-1}\right)^{\frac{1}{\frac{i-1}{\lambda}-b}}$$

若确定 $x = h(y)$，$x_i = h\left(\dfrac{i}{\lambda}\right)$，$x_{i-1} = h\left(\dfrac{i-1}{\lambda}\right)$，可得：

$$\xi_i = a\left[10^k h\left(\frac{i}{\lambda}\right)\right]^{\frac{1}{\frac{i}{\lambda}-b}} - a\left[10^k h\left(\frac{i-1}{\lambda}\right)\right]^{\frac{1}{\frac{i-1}{\lambda}-b}}$$

（2）近似关系

若确定 $x = h(y)$，$z = F(y) = a\left[10^k h(y)\right]^{\frac{1}{y-b}}$，且 $x = h(y)$、$z = F(y)$ 可导，则有：

$$dz = F'(y)dy \qquad \Delta z \approx F'(y)\Delta y$$

对于相邻两个考察期，$\Delta z = \xi$，$\Delta y = \dfrac{1}{\lambda}$，可得：

$$\xi \approx \frac{1}{\lambda}F'(y) = \frac{1}{\lambda}\frac{dz}{dy}$$

3.8.3　原始变量（ξ）与时间（y）的关系

（1）确定性关系

若变化指标与时间的关系可确定 $[x = h(y)$ 可确定 $]$，则原始变量（ξ）与时间（y）的关系可用 $\xi = f(y)$ 表示。

根据函数全微分：

$$\mathrm{d}z = \frac{10^k a}{y-b}(10^k x)^{\frac{1+b-y}{y-b}}\mathrm{d}x - \frac{a\ln(10^k x)}{(y-b)^2}(10^k x)^{\frac{1}{y-b}}\mathrm{d}y$$

$$\Delta z = \frac{10^k a}{y-b}(10^k x)^{\frac{1+b-y}{y-b}}\Delta x - \frac{a\ln(10^k x)}{(y-b)^2}(10^k x)^{\frac{1}{y-b}}\Delta y$$

对于相邻两个考察期，$\Delta z = \xi$，$\Delta y = \dfrac{1}{\lambda}$，若 $x = h(y)$ 确定且函数可导，则有：

$$\Delta x \approx \mathrm{d}x = h'(y)\mathrm{d}y \approx h'(y)\Delta y = \frac{1}{\lambda}h'(y)$$

$$\xi = f(y) \approx \frac{1}{\lambda}\frac{10^k a}{y-b}[10^k h(y)]^{\frac{1+b-y}{y-b}}h'(y) - \frac{1}{\lambda}\frac{a\ln(10^k x)}{(y-b)^2}[10^k h(y)]^{\frac{1}{y-b}}$$

（2）不确定性关系

1）二元函数关系　若变化指标与时间的关系不可确定 $[x = h(y)$ 不可确定$]$，原始变量（ξ）与时间（y）的关系可以用一个隐函数形式的二元函数 $\psi(x,y,\xi) = 0$ 表示。

根据函数全微分，可得：

$$\Delta z = \frac{10^k a}{y-b}(10^k x)^{\frac{1+b-y}{y-b}}\Delta x - \frac{a\ln(10^k x)}{(y-b)^2}(10^k x)^{\frac{1}{y-b}}\Delta y$$

对于相邻考察期，$\Delta z = \xi$，$\Delta y = \dfrac{1}{\lambda}$，可得：

$$\Delta x = 10^{-k}(10^k x + \frac{\xi}{a})^{y-b} - 10^{-k}(10^k x)^{y-b-\frac{1}{\lambda}}$$

$$\psi(x,y,\xi) = \frac{10^k a}{y-b}(10^k x)^{\frac{1+b-y}{y-b}}\left[10^{-k}\left(10^k x + \frac{\xi}{a}\right)^{y-b} - 10^{-k}(10^k x)^{y-b-\frac{1}{\lambda}}\right]$$
$$- \frac{1}{\lambda}\frac{a\ln(10^k x)}{(y-b)^2}(10^k x)^{\frac{1}{y-b}} - \xi = 0$$

2）三元函数关系　若变化指标与时间的关系不可确定 $[x = h(y)$ 不可确定$]$，原始变量（ξ）与时间（y）的关系可以用一个三元函数 $\xi = f(x,y,u)$ 表示。

根据函数全微分

$$\Delta z = \frac{10^k a}{y-b}(10^k x)^{\frac{1+b-y}{y-b}}\Delta x - \frac{a\ln(10^k x)}{(y-b)^2}(10^k x)^{\frac{1}{y-b}}\Delta y,$$

引入变量 $\Delta x = u$，对于相邻考察期，$\Delta z = \xi$，$\Delta y = \dfrac{1}{\lambda}$，可得：

$$\xi = f(x,y,u) = \frac{10^k a}{y-b}(10^k x)^{\frac{1+b-y}{y-b}}u - \frac{1}{\lambda}\frac{a\ln(10^k x)}{(y-b)^2}(10^k x)^{\frac{1}{y-b}}$$

3.8.4　全微分求解变化指标函数 $x = h(y)$

（1）一般推导

$$\xi = \frac{1}{\lambda}\frac{10^k a}{y-b}(10^k x)^{\frac{1+b-y}{y-b}}h'(y) - \frac{1}{\lambda}\frac{a\ln(10^k x)}{(y-b)^2}(10^k x)^{\frac{1}{y-b}}$$

$$h'(y) = \left[\xi + \frac{1}{\lambda}\frac{a\ln(10^k x)}{(y-b)^2}(10^k x)^{\frac{1}{y-b}}\right]\Big/\left[\frac{1}{\lambda}\frac{10^k a}{y-b}(10^k x)^{\frac{1+b-y}{y-b}}\right]$$

根据

$$x = h(y) = \alpha_0 + \frac{\alpha_1}{y} + \frac{\alpha_2}{y^2} + \cdots + \frac{\alpha_{2n-2}}{y^{2n-2}} \tag{3-1}$$

$$x' = h'(y) = -\left[\frac{\alpha_1}{y^2} + \frac{2\alpha_2}{y^3} + \cdots + \frac{(2n-2)\alpha_{2n-2}}{y^{2n-1}}\right]$$

得到

$$-\left[\frac{\alpha_1}{y^2} + \frac{2\alpha_2}{y^3} + \cdots + \frac{(2n-2)\alpha_{2n-2}}{y^{2n-1}}\right] = \left[\xi + \frac{1}{\lambda}\frac{a\ln(10^k x)}{(y-b)^2}(10^k x)^{\frac{1}{y-b}}\right] \bigg/ \left[\frac{1}{\lambda}\frac{10^k a}{y-b}(10^k x)^{\frac{1+b-y}{y-b}}\right] \tag{3-2}$$

用 n 组 (x, y, ξ) 实际值代入式（3-2），用 $n-1$ 组 (x, y) 实际值代入式（3-1），可得到以 α_0、α_1、α_2、$\cdots$、α_{2n-2} 为未知数的 $2n-1$ 元线性方程组，解方程组，当方程组有解（方程组通常有解，但未必都有解）时，确定 α_0、α_1、α_2、$\cdots$、α_{2n-2} 得到 $x = h(y)$。

（2）案例

1）$x = h(y)$ 求解　仍以表 3-7 案例为例，二元函数为 $z = 0.036(10x)^{\frac{1}{y-0.05}}$，$\lambda = 20$，$x = h(y)$ 求解结果如表 3-13 所示，公式如下：

$$x = h(y) = \alpha_0 + \frac{\alpha_1}{y} + \frac{\alpha_2}{y^2} + \cdots + \frac{\alpha_8}{y^8}$$

表 3-13　求解结果（一）

α_0	α_1	α_2	α_3	α_4
-136.78330953415200	223.74402701719200	-157.14847485047100	61.99546365531240	-15.02597208106450

α_5	α_6	α_7	α_8	
2.29051736041100	-0.21433604508520	0.01124740960640	-0.00025311235810	

2）偏差情况

① $x = h(y)$ 偏差。变化指标（x）计算值与实际值偏差见表 3-14。

表 3-14　变化指标（x）计算值与实际值偏差

y	x 计算值	x 实际值	偏差
0.1	0.103530	0.103534	-0.000004
0.15	0.111393	0.111393	0.0000
0.2	0.123268	0.123268	0.0000
0.25	0.136946	0.136946	0.0000
0.3	0.162561	0.162561	0.0000

计算值与实际值几乎无偏差。

② $z = 0.036(10x)^{\frac{1}{y-0.05}}$ 偏差。考察期为 5 天的累计值（z）计算值与实际值偏差见表 3-15。

表 3-15　考察期为 5 天的累计值（z）计算值与实际值偏差

考察期序号	y	z 计算值	z 实际值	偏差
1	0.1	0.0721	0.0721	0.0000
2	0.15	0.1059	0.1059	0.0000
3	0.2	0.1452	0.1452	0.0000
4	0.25	0.1734	0.1734	0.0000
5	0.3	0.2514	0.2514	0.0000

计算值与实际值无偏差。

3.9　二次累计

3.9.1　二次累计的定义

二次累计就是把一次累计中的累计值 z 作为初始变量（一次累计的初始变量为 ξ）进行再次累计，以解决曲线光滑问题，使变量间的关系更加确切，从而提高函数准确性的数据处理方法。二次累计用以下函数表示：

$$V=A\left(10^K U\right)^{\frac{1}{Y-B}}$$

为区别于一次累计，二次累计全部采用大写字母表示。前文讨论的一次累计的全部内容均适用于二次累计，主要差别仅在于：一次累计的初始变量为 ξ，二次累计的初始变量为 z。二次累计与一次累计变量对照见表 3-16。

表 3-16　两种累计的变量对照表

序号	一次累计		二次累计		关系
	名称	代号	名称	代号	
1	初始变量	ξ	初始变量	z	$z=\sum\xi$
2	时间	t	时间	T	$T=t$
3	时间	y	时间	Y	$Y=y$
4	考察期序号	i	考察期序号	i	不变
5	考察期序号	j	考察期序号	j	不变
6	累计值变化指标	x	累计值变化指标	U	待定
7	累计值	z	累计值	V	$V=\sum z$
8	累计值计算基数	a	累计值计算基数	A	重新确定
9	累计值计算基数所处考察期时间值	b	累计值计算基数所处考察期时间值	B	重新确定
10	变化指标取值限定指数	k	变化指标取值限定指数	K	重新确定
11	第 i 考察期时间	t_i	第 i 考察期时间	T_i	$T_i=t_i$
12	第 i 考察期变化指标	x_i	第 i 考察期变化指标	U_i	待定
13	第 i 考察期累计值	z_i	第 i 考察期累计值	V_i	$V_i=\sum z_i$
14	第 i 考察期初始变量值	ξ_i	第 i 考察期初始变量值	z_i	$z_i=\sum\xi_i$

二次累计仍然限制变量的取值范围：$0<U\leqslant1$，$B<Y\leqslant1$，$z_1<V\leqslant1$。

3.9.2 二次累计与一次累计的联系

(1) 基本联系

二次累计与一次累计的结合点是一次累计值 z，基本联系是：

$$V_i = z_1 + z_2 + \cdots + z_{i-1} + z_i$$
$$z_i = V_i - V_{i-1}$$

根据这个关系，可以推出 ξ 与 V 的关系：

$$\xi_i = z_i - z_{i-1} = (V_i - V_{i-1}) - (V_{i-1} - V_{i-2}) = V_i - 2V_{i-1} + V_{i-2}$$

这个关系表明，二次累计值可以返回至原始变量值。

(2) 二次累计的主要函数

① 二次累计函数：

$$V = A(10^K U)^{\frac{1}{Y-B}}$$

② 二次累计变化指标函数。当二次累计变化指标与时间的关系足够确切（可以确定）时，二者关系是二次累计中的一个主要函数：

$$U = H(Y)$$

$U = H(Y)$ 的确定方法同一次累计中的 $x = h(y)$。当确定了 $U = H(Y)$，可以进一步得到一次累计值：

$$z \approx \frac{1}{\lambda} \frac{10^K A}{Y-B} [10^K H(Y)]^{\frac{1+B-Y}{Y-B}} H'(Y) - \frac{1}{\lambda} \frac{A \ln[10^K H(Y)]}{(Y-B)^2} [10^K H(Y)]^{\frac{1}{Y-B}}$$

③ 二次累计二元函数。当二次累计变化指标与时间的关系仍不可确定时，存在以下二元函数：

$$\psi(U, Y, z) = \frac{10^K A}{Y-B} (10^K U)^{\frac{1+B-Y}{Y-B}} \left[10^{-K}(10^K U + \frac{z}{A})^{Y-B} - 10^{-K}(10^K U)^{Y-B-\frac{1}{\mu}} \right]$$
$$- \frac{1}{\lambda} \frac{A \ln(10^K U)}{(Y-B)^2} (10^K U)^{\frac{1}{Y-B}} - z = 0$$

④ 二次累计三元函数。当二次累计变化指标与时间的关系仍不可确定时，存在以下三元函数：

$$z = F(U, Y, W) = \frac{10^K A W}{Y-B} (10^K U)^{\frac{1+B-Y}{Y-B}} - \frac{1}{\lambda} \frac{A \ln(10^K U)}{(Y-B)^2} (10^K U)^{\frac{1}{Y-B}}$$

3.9.3 二次累计与一次累计的案例比较

以 3.1.1 节案例比较两种累计的情况。

(1) 一次累计

1) 一次累计二元函数 以一天为考察期建立二元函数，时间计量单位为百天，销售数量计量单位为万件。$\bar{\xi} = \frac{1}{30} \sum_{i=1}^{30} \xi_i = 0.00838$，$a = \xi_1 + \frac{\bar{\xi} - \xi_1}{2} = 0.0062 + \frac{0.00838 - 0.0062}{2} = 0.00729$，$b = 0.01$，$k = 1$，二元函数为：

$$z = 0.00729(10x)^{\frac{1}{y-0.01}}$$

2）变化指标（x）随时间（y）的变化　变化指标随时间的变化见图 3-12。

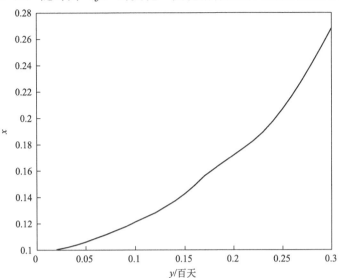

图 3-12　一次累计变化指标随时间的变化

从图可看出，虽然 x、y 对应值可以形成曲线，但曲线光滑程度欠佳，一些区域（比如 $y=0.15\sim0.25$）变量关系确切程度不足。不具备函数求解条件。

（2）二次累计

1）二次累计基础数据　以一次累计值（z）作为初始变量进行二次累计，基础数据见表 3-17。

表 3-17　二次累计基础数据

名称	代号	单位	数值									
考察期编号	i	—	1	2	3	4	5	6	7	8	9	10
时间	y	百天	0.01	0.02	0.03	0.04	0.05	0.06	0.07	0.08	0.09	0.1
销售数量	ξ	10 万件	0.00062	0.00051	0.00092	0.00077	0.00078	0.00096	0.00055	0.0007	0.00057	0.00083
一次累计	z	10 万件	0.00062	0.00113	0.00205	0.00282	0.0036	0.00456	0.00511	0.00581	0.00638	0.00721
二次累计	V	—	—	0.00113	0.00318	0.006	0.0096	0.01416	0.01927	0.02508	0.03146	0.03867
名称	代号	单位	数值									
考察期编号	i	—	11	12	13	14	15	16	17	18	19	20
时间	y	百天	0.11	0.12	0.13	0.14	0.15	0.16	0.17	0.18	0.19	0.2
销售数量	ξ	10 万件	0.00041	0.00041	0.00083	0.00069	0.00104	0.00131	0.00164	0.0005	0.00029	0.00019
一次累计	z	10 万件	0.00762	0.00803	0.00886	0.00955	0.01059	0.0119	0.01354	0.01404	0.01433	0.01452
二次累计	V	—	0.04629	0.05432	0.06318	0.07273	0.08332	0.09522	0.10876	0.1228	0.13713	0.15165
名称	代号	单位	数值									
考察期编号	i	—	21	22	23	24	25	26	27	28	29	30
时间	y	百天	0.21	0.22	0.23	0.24	0.25	0.26	0.27	0.28	0.29	0.3
销售数量	ξ	10 万件	0.00013	0.0001	0.00046	0.00091	0.00122	0.00135	0.00149	0.00163	0.00166	0.00167
一次累计	z	10 万件	0.01465	0.01475	0.01521	0.01612	0.01734	0.01869	0.02018	0.02181	0.02347	0.02514
二次累计	V	—	0.1663	0.18105	0.19626	0.21238	0.22972	0.24841	0.26859	0.2904	0.31387	0.33901

2）二次累计二元函数　以一天为考察期建立二元函数，时间计量单位为百天，销售数量计量单位为 10 万件。$A = \dfrac{\bar{Z} + Z_2}{2} = 0.00641$，$B = 0.02$，$K = 1$，二元函数为：

$$V = 0.00641(10U)^{\frac{1}{Y - 0.02}}$$

3）变化指标（U）随时间（Y）的变化　变化指标（U）随时间（Y）的变化见图 3-13。

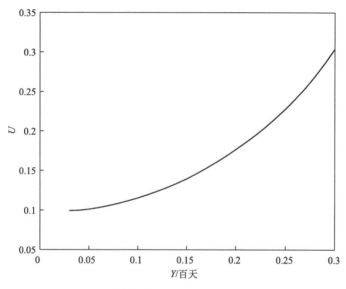

图 3-13　变化指标（U）随时间（Y）的变化

比较图 3-12 和图 3-13，曲线光滑程度好了许多，变量关系确切程度没有明显问题。具备函数求解的基础条件。

4）确定 $U = H(Y)$ 函数　假定 $U = H(Y)$ 可确定，采用负高次幂函数求解，确定结果为（系数见表 3-18）：

$$U = \alpha_0 + \frac{\alpha_1}{S} + \frac{\alpha_2}{S^2} + \cdots + \frac{\alpha_{12}}{S^{12}}, \quad S = \frac{Y - 0.03}{0.27} + 1$$

表 3-18　求解结果（二）

α_0	α_1	α_2	α_3
34130.10963860	−585399.07350130	4574622.52982130	−21533527.23637580
α_4	α_5	α_6	α_7
67997238.59862490	−151744539.31663400	245404722.75991100	−289805375.12744000
α_8	α_9	α_{10}	α_{11}
248050454.84915500	−150085258.35188400	60941939.13080290	−14912167.62306010
α_{12}			
1663158.85024400			

变化指标（U）、二次累计值（V）、一次累计值（z）、原始变量值（ξ）的计算值与实际值及偏差率见表 3-19（数据单位与表 3-17 相同）。

表3-19 变化指标（U）、二次累计值（V）、一次累计值（z）、原始变量值（ξ）的计算值与实际值及偏差率

y	二次累计变化指标 U			二次累计值 V			一次累计值 z			原始变量值		
	计算值	实际值	偏差率/%	计算值	实际值	偏差率/%	计算值	实际值	偏差率/%	计算值	实际值	偏差率/%
0.03	0.09930252	0.0993C147	0.0011	0.00318	0.00318	0.1056	—	—	—	—	—	—
0.04	0.09986780	0.09986789	0.0001	0.00600	0.00600	0.0045	0.00282	0.00282	0.1286	—	—	—
0.05	0.10122365	0.10121908	0.0045	0.00961	0.00960	0.1506	0.00361	0.0036	0.4091	0.00080	0.00078	2.35284
0.06	0.10320972	0.10322103	0.0110	0.01412	0.01416	0.2737	0.00451	0.00456	1.1671	0.00089	0.00096	7.07764
0.07	0.10567517	0.10565771	0.0165	0.01933	0.01927	0.3310	0.00521	0.00511	2.0068	0.00071	0.00055	28.32121
0.08	0.10852002	0.10852959	0.0088	0.02504	0.02508	0.1468	0.00571	0.00581	1.7317	0.00050	0.0007	29.02270
0.09	0.11178068	0.11177973	0.0009	0.03146	0.03146	0.0122	0.00642	0.00638	0.6372	0.00071	0.00057	24.78333
0.1	0.11545296	0.11546259	0.0083	0.03863	0.03867	0.1042	0.00717	0.00721	0.6117	0.00075	0.00083	10.21170
0.11	0.11948400	0.11947489	0.0076	0.04633	0.04629	0.0848	0.00770	0.00762	1.0435	0.00053	0.00041	30.15027
0.12	0.12385039	0.12385552	0.0201	0.05443	0.05432	0.2010	0.00810	0.00803	0.8711	0.00040	0.00041	2.33239
0.13	0.12859721	0.12865026	0.0179	0.06308	0.06318	0.1628	0.00865	0.00886	2.3934	0.00055	0.00083	33.97606
0.14	0.13381395	0.13385900	0.0187	0.07262	0.07273	0.1558	0.00954	0.00955	0.1097	0.00089	0.00069	29.21415
0.15	0.13958421	0.13957443	0.0070	0.08336	0.08332	0.0539	0.01075	0.01059	1.4946	0.00121	0.00104	16.22635
0.16	0.14594765	0.1459C219	0.0312	0.09543	0.09522	0.2228	0.01207	0.0119	1.4049	0.00132	0.00131	0.67946
0.17	0.15289148	0.15291204	0.0134	0.10866	0.10876	0.0896	0.01323	0.01354	2.2861	0.00116	0.00164	29.06832

续表

y	二次累计变化指标 U			二次累计值 V			一次累计值 z			原始变量值		
	计算值	实际值	偏差率/%	计算值	实际值	偏差率/%	计算值	实际值	偏差率/%	计算值	实际值	偏差率/%
0.18	0.16036840	0.16038895	0.0128	0.12270	0.12280	0.0801	0.01404	0.01404	0.0065	0.00081	0.0005	61.72630
0.19	0.16832737	0.16832424	0.0019	0.13714	0.13713	0.0109	0.01444	0.01433	0.7908	0.00040	0.00029	39.38752
0.2	0.17674307	0.17673281	0.0058	0.15170	0.15165	0.0322	0.01455	0.01452	0.2335	0.00011	0.00019	41.79545
0.21	0.18563435	0.18563784	0.0019	0.16628	0.16630	0.0099	0.01458	0.01465	0.4461	0.00003	0.00013	76.34864
0.22	0.19506789	0.19506893	0.0005	0.18105	0.18105	0.0027	0.01476	0.01475	0.0788	0.00018	0.0001	76.96899
0.23	0.20514893	0.20514196	0.0034	0.19629	0.19626	0.0162	0.01525	0.01521	0.2407	0.00048	0.00046	5.43140
0.24	0.21600395	0.21600123	0.0013	0.21239	0.21238	0.0057	0.01610	0.01612	0.1217	0.00085	0.00091	6.17834
0.25	0.22776162	0.22777097	0.0041	0.22968	0.22972	0.0179	0.01729	0.01734	0.3066	0.00119	0.00122	2.74980
0.26	0.24053813	0.24054407	0.0025	0.24838	0.24841	0.0103	0.01871	0.01869	0.0827	0.00142	0.00135	5.03265
0.27	0.25443175	0.25442393	0.0031	0.26862	0.26859	0.0123	0.02024	0.02018	0.2905	0.00153	0.00149	2.83684
0.28	0.26952972	0.26952312	0.0024	0.29043	0.29040	0.0094	0.02180	0.02181	0.0262	0.00157	0.00163	3.94599
0.29	0.28592867	0.28593728	0.0030	0.31384	0.31387	0.0111	0.02341	0.02347	0.2656	0.00160	0.00166	3.41137
0.3	0.30376842	0.30376606	0.0008	0.33902	0.33901	0.0028	0.02518	0.02514	0.1765	0.00178	0.00167	6.33973
平均			0.0078			0.0859			0.7379			22.7736
最大			0.0312			0.3310			2.3934			76.9690

表中数据表明，虽然 $U=H(Y)$ 偏差不大，但用 $U=H(Y)$ 计算二次累计值、一次累计值、原始变量值的偏差却逐级增大，一次累计值误差未达到函数建立应满足的要求（见3.11节）。为此，考虑直接求解 $V=F(Y)$。原始变量 ξ 数据还表明，ξ 是一个典型的随机变量。

5）二次累计值（V）随时间（Y）的变化 $V=F(Y)$　二次累计值（V）随时间（Y）的变化见图 3-14。

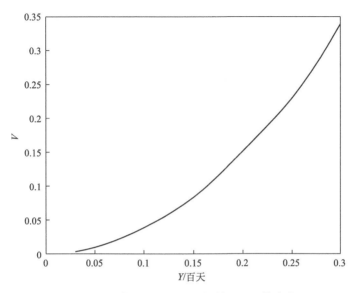

图 3-14　二次累计值（V）随时间（Y）的变化

从图 3-14 中可看出，曲线光滑程度尚可，一些区域变量关系确切程度不足，不完全具备函数求解条件（见 3.11 节），下面仅做尝试。

假定 $V=F(Y)$ 可确定，采用通用函数求解，确定结果为（系数见表 3-20）：

$$V=\begin{cases} 10^6\,S\tan\!\left(\alpha_0+\dfrac{\alpha_1}{S}+\dfrac{\alpha_2}{S^2}\cdots+\dfrac{\alpha_{12}}{S^{12}}\right), & 0.03\leqslant Y\leqslant0.09 \\[3mm] 10^6\,S\tan\!\left(\beta_0+\dfrac{\beta_1}{S}+\dfrac{\beta_2}{S^2}+\cdots+\dfrac{\beta_{12}}{S^{12}}\right), & 0.09\leqslant Y\leqslant0.3 \end{cases}$$

$$S=\frac{Y-0.03}{0.27}+1$$

表 3-20　求解结果（三）

α_0	α_1	α_2	α_3	α_4
0.5531849513381940	-4.4467845567926800	14.6886626442441000	-24.5629370549639000	18.9392492874336000
α_5	α_6	α_7	α_8	α_9
0.0000	-8.4841951714219600	0.0000	5.4379835427417600	0.0000
α_{10}	α_{11}	α_{12}		
-4.3250943253360600	2.7456490788700300	-0.5457183929340860		

β_0	β_1	β_2	β_3	β_4
0. 10020007408900	−1. 71181000883130	13. 31636130504900	−62. 37173823252020	195. 91134645489600
β_5	β_6	β_7	β_8	β_9
−434. 76578314349600	699. 02873843505600	−820. 53472608612000	697. 95449077610900	−419. 61130066312800
β_{10}	β_{11}	β_{12}		
169. 26955513402300	−41. 14272088555340	4. 55738684369680		

二次累计值（V）、一次累计值（z）、原始变量值（ξ）的计算值与实际值及偏差率见表 3-21（数据单位与表 3-17 相同）。

表 3-21 二次累计值（V）、一次累计值（z）、原始变量值（ξ）的计算值与实际值及偏差率

y	V			z			ξ		
	计算值	实际值	偏差率/%	计算值	实际值	偏差率/%	计算值	实际值	偏差率/%
0.03	0.00318	0.00318	0.00000	—	—	—	—	—	—
0.04	0.006	0.00600	0.00000	0.00282	0.00282	0.00000	—	—	—
0.05	0.0096	0.00960	0.00000	0.00360	0.0036	0.00000	0.00078	0.00078	0.00
0.06	0.01415	0.01416	0.07062	0.00455	0.00456	0.21930	0.00095	0.00096	1.04
0.07	0.01928	0.01927	0.05189	0.00513	0.00511	0.39139	0.00058	0.00055	5.45
0.08	0.02508	0.02508	0.00000	0.00580	0.00581	0.17212	0.00067	0.0007	4.29
0.09	0.03147	0.03146	0.03179	0.00639	0.00638	0.15674	0.00059	0.00057	3.51
0.1	0.03866	0.03867	0.02586	0.00719	0.00721	0.27739	0.00080	0.00083	3.61
0.11	0.04634	0.04629	0.10801	0.00768	0.00762	0.78740	0.00049	0.00041	19.51
0.12	0.05441	0.05432	0.16568	0.00807	0.00803	0.49813	0.00039	0.00041	4.88
0.13	0.06305	0.06318	0.20576	0.00864	0.00886	2.48307	0.00057	0.00083	31.33
0.14	0.07261	0.07273	0.16499	0.00956	0.00955	0.10471	0.00092	0.00069	33.33
0.15	0.08338	0.08332	0.07201	0.01077	0.01059	1.69972	0.00121	0.00104	16.35
0.16	0.09546	0.09522	0.25205	0.01208	0.0119	1.51261	0.00131	0.00131	0.00
0.17	0.10867	0.10876	0.08275	0.01321	0.01354	2.43722	0.00113	0.00164	31.10
0.18	0.12269	0.12280	0.08958	0.01402	0.01404	0.14245	0.00081	0.0005	62.00
0.19	0.13712	0.13713	0.00729	0.01443	0.01433	0.69784	0.00041	0.00029	41.38
0.2	0.15168	0.15165	0.01978	0.01456	0.01452	0.27548	0.00013	0.00019	31.58
0.21	0.16629	0.16630	0.00601	0.01461	0.01465	0.27304	0.00005	0.00013	61.54
0.22	0.18107	0.18105	0.01105	0.01478	0.01475	0.20339	0.00017	0.0001	70.00
0.23	0.19631	0.19626	0.02548	0.01524	0.01521	0.19724	0.00046	0.00046	0.00
0.24	0.21239	0.21238	0.00471	0.01608	0.01612	0.24814	0.00084	0.00091	7.69
0.25	0.22966	0.22972	0.02612	0.01727	0.01734	0.40369	0.00119	0.00122	2.46
0.26	0.24837	0.24841	0.01610	0.01871	0.01869	0.10701	0.00144	0.00135	6.67
0.27	0.26863	0.26859	0.01489	0.02026	0.02018	0.39643	0.00155	0.00149	4.03
0.28	0.29043	0.29040	0.01033	0.02180	0.02181	0.04585	0.00154	0.00163	5.52
0.29	0.31384	0.31387	0.00956	0.02341	0.02347	0.25565	0.00161	0.00166	3.01
0.3	0.33916	0.33901	0.04425	0.02532	0.02514	0.71599	0.00191	0.00167	14.37
平均			0.05			0.54			17.87
最大			0.25			2.48			70.00

表中数据表明，一次累计值误差未达到标准要求（见3.11节），上述拟定二次累计值函数 $V=F(Y)$ 只能作为参考。

3.10　多次累计

很多时候，二次累计值与时间的变化关系曲线达不到函数求解的基础条件（见3.11节），可以采用多次累计创造条件。

3.10.1　多次累计的定义

(1) 三次累计

三次累计就是把二次累计中的累计值 V 作为初始变量进行再次累计，以解决曲线光滑问题，为函数求解创造条件的数据处理方法。例如，三次累计可以用以下函数表示：

$$N=A(10^K M)^{\frac{1}{Y-B}}$$

(2) n 次累计

用三次累计类推，n 次累计就是把 $n-1$ 次累计中的累计值作为初始变量进行再次累计，以解决曲线光滑问题，为函数求解创造条件的数据处理方法。n 次累计用以下函数表示：

$$Q=C(10^K P)^{\frac{1}{Y-D}}$$

三次及以上的累计统称多次累计，在此约定：$Q=C(10^K P)^{\frac{1}{Y-D}}$ 泛指 n 次累计，$L=E(10^K M)^{\frac{1}{Y-F}}$ 泛指 $n-1$ 次累计，$S=G(10^K R)^{\frac{1}{Y-H}}$ 泛指 $n-2$ 次累计。一、二次累计使用专有代号，多次累计使用泛指代号。在多次累计表示中执行专有代号优先原则——能够采用专有代号表示的，则不采用泛指代号表示。多次累计变量对照见表3-22。

表 3-22　多次累计的变量对照

序号	$n-1$ 次累计		n 次累计		关系
	名称	代号	名称	代号	
1	初始变量	S	初始变量	L	$L=\Sigma S$
2	时间	T	时间	T	
3	时间	Y	时间	Y	
4	考察期序号	i	考察期序号	i	不变
5	考察期序号	j	考察期序号	j	不变
6	累计值变化指标	M	累计值变化指标	P	待定
7	累计值	L	累计值	Q	$Q=\Sigma L$
8	累计值计算基数	E	累计值计算基数	C	重新确定
9	累计值计算基数所处考察期时间值	F	累计值计算基数所处考察期时间值	D	重新确定
10	变化指标取值限定指数	K	变化指标取值限定指数	K	重新确定
11	第 i 考察期时间	T_i	第 i 考察期时间	T_i	
12	第 i 考察期变化指标	M_i	第 i 考察期变化指标	P_i	待定
13	第 i 考察期累计值	L_i	第 i 考察期累计值	Q_i	$Q_i=\Sigma L_i$
14	第 i 考察期初始变量值	S_i	第 i 考察期初始变量值	L_i	$L_i=\Sigma S_i$

多次累计仍然限制变量的取值范围：$0 < P \leqslant 1$，$D < Y \leqslant 1$，$L_1 < Q \leqslant 1$。

3.10.2 三次累计与二次累计的案例比较

仍以 3.1 节的引例讨论三次累计问题。

（1）三次累计基础数据

三次累计基础数据见表 3-23。

表 3-23　三次累计基础数据

名称	代号	单位	数值									
考察期编号	i	—	1	2	3	4	5	6	7	8	9	10
时间	y	百天	0.01	0.02	0.03	0.04	0.05	0.06	0.07	0.08	0.09	0.1
销售数量	ξ	百万件	0.000062	0.000051	0.000092	0.000077	0.000078	0.000096	0.000055	0.00007	0.000057	0.000083
一次累计	z	百万件	—	0.000113	0.000205	0.000282	0.00036	0.000456	0.000511	0.000581	0.000638	0.000721
二次累计	V	—	—	—	0.000318	0.0006	0.00096	0.001416	0.001927	0.002508	0.003146	0.003867
三次累计	Q	—	—	—	—	0.000918	0.001878	0.003294	0.005221	0.007729	0.010875	0.014742
名称	代号	单位	数值									
考察期编号	i	—	11	12	13	14	15	16	17	18	19	20
时间	y	百天	0.11	0.12	0.13	0.14	0.15	0.16	0.17	0.18	0.19	0.2
销售数量	ξ	百万件	0.000041	0.000041	0.000083	0.000069	0.000104	0.000131	0.000164	0.00005	0.000029	0.000019
一次累计	z	百万件	0.000762	0.000803	0.000886	0.000955	0.001059	0.00119	0.001354	0.001404	0.001433	0.001452
二次累计	V	—	0.004629	0.005432	0.006318	0.007273	0.008332	0.009522	0.010876	0.01228	0.013713	0.015165
三次累计	Q	—	0.019371	0.024803	0.031121	0.038394	0.046726	0.056248	0.067124	0.079404	0.093117	0.108282
名称	代号	单位	数值									
考察期编号	i	—	21	22	23	24	25	26	27	28	29	30
时间	y	百天	0.21	0.22	0.23	0.24	0.25	0.26	0.27	0.28	0.29	0.3
销售数量	ξ	百万件	0.000013	0.00001	0.000046	0.000091	0.000122	0.000135	0.000149	0.000163	0.000166	0.000167
一次累计	z	百万件	0.001465	0.001475	0.001521	0.001612	0.001734	0.001869	0.002018	0.002181	0.002347	0.002514
二次累计	V	—	0.01663	0.018105	0.019626	0.021238	0.022972	0.024841	0.026859	0.02904	0.031387	0.033901
三次累计	Q	—	0.124912	0.143017	0.162643	0.183881	0.206853	0.231694	0.258553	0.287593	0.31898	0.352881

（2）三次累计二元函数

以一天为考察期建立二元函数，时间计量单位为百天，销售数量计量单位为百万件。

$$C = \frac{\overline{V} + V_3}{2} = 0.00646，D = 0.03，K = 1，$$ 二元函数为：

$$Q = 0.00646(10P)^{\frac{1}{Y - 0.03}}$$

（3）三次累计值函数 $Q=F(Y)$

三次累计值（Q）与时间（Y）的关系见图 3-15。

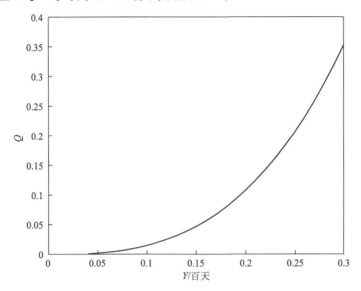

图 3-15　三次累计值（Q）随时间（Y）的变化

与二次累计比较，曲线稳定性、曲线光滑程度有所改善，具备函数求解的基础条件。采用通用函数求解，三次累计函数 $Q=F(Y)$的求解结果见表 3-24，公式如下：

$$Q=S\tan\left(\alpha_0+\frac{\alpha_1}{S}+\frac{\alpha_2}{S^2}+\cdots+\frac{\alpha_{12}}{S^{12}}\right),\ S=\frac{Y-0.04}{0.26}+1$$

表 3-24　三次累计函数求解结果

α_0	α_1	α_2	α_3	α_4
7149.567420020	−126806.914451150	1023866.354207010	−4974418.231299190	16194033.265859900
α_5	α_6	α_7	α_8	α_9
−37212958.212646100	61895657.894145800	−75087195.553399100	65944901.867387800	−40895770.913551600
α_{10}	α_{11}	α_{12}		
17001761.063021000	−4255163.299176950	484943.113400490		

求解结果表明，三次累计使变量关系的确切程度比二次累计有所提高，函数不需要分段。

三次累计值（Q）、二次累计值（V）、一次累计值（z）、原始变量值（ξ）的计算值与实际值及偏差率见表 3-25（数据单位与表 3-23 相同）。

表中数据表明，一次累计值偏差仍未达到标准要求，拟定 $Q=F(Y)$函数只能作为参考。

（4）三次累计变化指标函数 $P=H(Y)$

三次累计变化指标（P）与时间（Y）的关系见图 3-16。

采用负高次幂函数求解，三次累计变化指标函数 $P=H(Y)$的求解结果见表 3-26，公式如下：

$$Q=\alpha_0+\frac{\alpha_1}{S}+\frac{\alpha_2}{S^2}+\cdots+\frac{\alpha_{12}}{S^{12}},\ S=\frac{Y-0.04}{0.26}+1$$

表3-25 三次累计值、二次累计值、一次累计值、原始变量值的计算值与实际值及偏差率

y	三次累计值Q 计算值	三次累计值Q 实际值	三次累计值Q 偏差率/%	二次累计值V 计算值	二次累计值V 实际值	二次累计值V 偏差率/%	一次累计值z 计算值	一次累计值z 实际值	一次累计值z 偏差率/%	原始变量值ξ 计算值	原始变量值ξ 实际值	原始变量值ξ 偏差率/%
0.04	0.000918	0.000918	0.0000	—	—	—	—	—	—	—	—	—
0.05	0.001878	0.001878	0.0000	0.000960	0.000960	0.00000	—	—	—	—	—	—
0.06	0.003296	0.003294	0.0607	0.001418	0.001416	0.14124	0.000458	0.000456	0.43860	—	—	—
0.07	0.005216	0.005221	0.0958	0.001920	0.001927	0.36326	0.000502	0.000511	1.76125	0.000044	0.000055	20.00
0.08	0.007734	0.007729	0.0647	0.002518	0.002508	0.39872	0.000598	0.000581	2.92599	0.000096	0.000070	37.14
0.09	0.010878	0.010875	0.0276	0.003144	0.003146	0.06357	0.000626	0.000638	1.88088	0.000028	0.000057	50.88
0.1	0.014733	0.014742	0.0611	0.003855	0.003867	0.31032	0.000711	0.000721	1.38696	0.000085	0.000083	2.41
0.11	0.019367	0.019371	0.0206	0.004634	0.004629	0.10801	0.000779	0.000762	2.23097	0.000068	0.000041	65.85
0.12	0.024816	0.024803	0.0524	0.005449	0.005432	0.31296	0.000815	0.000803	1.49440	0.000036	0.000041	12.20
0.13	0.031125	0.031121	0.0129	0.006309	0.006318	0.14245	0.000860	0.000886	2.93454	0.000045	0.000083	45.78
0.14	0.038383	0.038394	0.0287	0.007258	0.007273	0.20624	0.000949	0.000955	0.62827	0.000089	0.000069	28.99
0.15	0.046716	0.046726	0.0214	0.008333	0.008332	0.01200	0.001075	0.001059	1.51086	0.000126	0.000104	21.15
0.16	0.056259	0.056248	0.0196	0.009543	0.009522	0.22054	0.001210	0.001190	1.68067	0.000135	0.000131	3.05
0.17	0.067129	0.067124	0.0074	0.010870	0.010876	0.05517	0.001327	0.001354	1.99409	0.000117	0.000164	28.66
0.18	0.079402	0.079404	0.0025	0.012273	0.012280	0.05700	0.001403	0.001404	0.07123	0.000076	0.000050	52.00

第3章 时间累计函数及累计方法

续表

y	三次累计值 Q 计算值	实际值	偏差率/%	二次累计值 V 计算值	实际值	偏差率/%	一次累计值 z 计算值	实际值	偏差率/%	原始变量值 ξ 计算值	实际值	偏差率/%
0.19	0.093116	0.093117	0.0011	0.013714	0.013713	0.00729	0.001441	0.001433	0.55827	0.000038	0.000029	31.03
0.2	0.108283	0.108282	0.0009	0.015167	0.015165	0.01319	0.001453	0.001452	0.06887	0.000012	0.000019	36.84
0.21	0.124908	0.124912	0.0032	0.016625	0.016630	0.03007	0.001458	0.001465	0.47782	0.000005	0.000013	61.54
0.22	0.143013	0.143017	0.0028	0.018105	0.018105	0.00000	0.001480	0.001475	0.33898	0.000022	0.000010	120.00
0.23	0.162645	0.162643	0.0012	0.019632	0.019626	0.03057	0.001527	0.001521	0.39448	0.000047	0.000046	2.17
0.24	0.183887	0.183881	0.0033	0.021242	0.021238	0.01883	0.001610	0.001612	0.12407	0.000083	0.000091	8.79
0.25	0.206855	0.206853	0.0010	0.022968	0.022972	0.01741	0.001726	0.001734	0.46136	0.000116	0.000122	4.92
0.26	0.231690	0.231694	0.0017	0.024835	0.024841	0.02415	0.001867	0.001869	0.10701	0.000141	0.000135	4.44
0.27	0.258549	0.258553	0.0015	0.026859	0.026859	0.00000	0.002024	0.002018	0.29732	0.000157	0.000149	5.37
0.28	0.287593	0.287593	0.0000	0.029044	0.029040	0.01377	0.002185	0.002181	0.18340	0.000161	0.000163	1.23
0.29	0.318984	0.318980	0.0013	0.031391	0.031387	0.01274	0.002347	0.002347	0.00000	0.000162	0.000166	2.41
0.3	0.352879	0.352881	0.0006	0.033895	0.033901	0.01770	0.002504	0.002514	0.39777	0.000157	0.000167	5.99
平均			0.0183			0.0991			0.9739			27.20
最大			0.0958			0.3987			2.9345			120.00

81

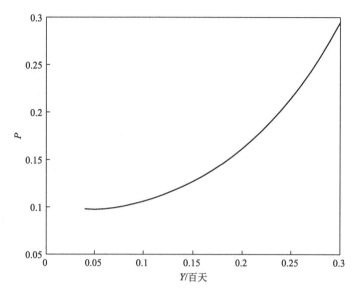

图 3-16　三次累计变化指标（P）与时间（Y）的关系

表 3-26　求解结果（四）

α_0	α_1	α_2	α_3	α_4
4022.237548080	−68925.739091960	540418.084189080	−2559670.679080530	8149341.491401390
α_5	α_6	α_7	α_8	α_9
−18361607.390758200	30009659.149650000	−35837669.712004500	31031288.229852200	−18998475.299155100
α_{10}	α_{11}	α_{12}		
7806485.730132330	−1933012.329054020	218146.324438890		

　　三次累计变化指标（P）、三次累计值（Q）、二次累计值（V）、一次累计值（z）、原始变量值（ξ）的计算值与实际值及偏差率见表 3-27。

　　表中数据表明，尽管三次累计变化指标的精度已经不低，但一次累计值偏差仍不达标，函数 $P = H(Y)$ 仍然只能作为参考。

　　经过以上一、二、三次累计分析及求解，本例原始变量 ξ 与时间的关系为不确定性关系，只能用一个多元函数表示：

$$\xi = f(x, y, w) = \frac{0.0729w}{y - 0.01}(10x)^{\frac{1.01 - y}{y - 0.01}} - \frac{0.0000729\ln(10x)}{(y - 0.01)^2}(10x)^{\frac{1}{y - 0.01}}$$

式中　ξ——每天销售数量，万件；

　　　　x——一次累计值变化指标，无计量单位；

　　　　y——时间，百天；

　　　　w——一次累计值变化指标增量，无计量单位。

　　累计方法不能完全解决变量随机性问题。随机变量的问题（比如变量值预测与规划）不能仅凭函数去解决，还需要结合概率方法才能更贴近现实，用累计方法建立的相关函数可以作为变量取值的参考。

表3-27 三次累计变化指标、三次累计值、二次累计值、一次累计值、原始变量值（ξ）的计算值与实际值及偏差率

y/百天	三次累计变化指标 P			三次累计值 Q			二次累计值 V			一次累计值 z/百万件			原始变量值 ξ/百万件		
	计算值	实际值	偏差率/%	计算值	实际值	偏差率/%	计算值	实际值	偏差率/%	计算值	实际值	偏差率/%	计算值	实际值	偏差率/%
0.04	0.09806766	0.09806773	0.000068	0.000918	0.000918	0.0068	—	—	—	—	—	—	—	—	—
0.05	0.09755929	0.09755943	0.000145	0.001878	0.001878	0.0073	0.000960	0.000960	0.00772	—	—	—	—	—	—
0.06	0.09800017	0.09799970	0.000485	0.003295	0.003294	0.0162	0.001417	0.001416	0.04727	0.000457	0.000456	0.16304	—	—	—
0.07	0.09915064	0.09915186	0.001228	0.005219	0.005221	0.0307	0.001925	0.001927	0.11081	0.000508	0.000511	0.54887	0.000051	0.000055	6.45
0.08	0.10090156	0.10090078	0.000766	0.007730	0.007729	0.0153	0.002511	0.002508	0.11111	0.000586	0.000581	0.84714	0.000078	0.000070	11.04
0.09	0.10317605	0.10317437	0.001637	0.010878	0.010875	0.0273	0.003148	0.003146	0.05667	0.000637	0.000638	0.15730	0.000051	0.000057	10.40
0.1	0.10594276	0.10594554	0.002622	0.014736	0.014742	0.0374	0.003859	0.003867	0.21947	0.000711	0.000721	1.42440	0.000074	0.000083	11.16
0.11	0.10918118	0.10918263	0.001333	0.019368	0.019371	0.0167	0.004631	0.004629	0.04955	0.000773	0.000762	1.41475	0.000062	0.000041	51.34
0.12	0.11287577	0.11287154	0.003750	0.024813	0.024803	0.0417	0.005446	0.005432	0.24967	0.000814	0.000803	1.40331	0.000041	0.000041	1.19
0.13	0.11702681	0.11702593	0.000749	0.031123	0.031121	0.0075	0.006310	0.006318	0.12671	0.000864	0.000886	2.43425	0.000050	0.000083	39.56
0.14	0.12165532	0.12165876	0.002829	0.038384	0.038394	0.0257	0.007261	0.007273	0.16777	0.000951	0.000955	0.43940	0.000086	0.000069	25.18
0.15	0.12679743	0.12679996	0.001996	0.046718	0.046726	0.0166	0.008334	0.008332	0.02519	0.001073	0.001059	1.35042	0.000122	0.000104	17.79
0.16	0.13249397	0.13249018	0.002858	0.056260	0.056248	0.0220	0.009542	0.009522	0.21149	0.001208	0.001190	1.51586	0.000135	0.000131	2.85
0.17	0.13878216	0.13878111	0.000761	0.067128	0.067124	0.0054	0.010867	0.010876	0.08013	0.001325	0.001354	2.13097	0.000117	0.000164	28.59
0.18	0.14569270	0.14569394	0.000847	0.079400	0.079404	0.0056	0.012272	0.012280	0.06623	0.001405	0.001404	0.04145	0.000079	0.000050	58.87

续表

y/百天	三次累计变化指标 P			三次累计值 Q			二次累计值 V			一次累计值 z/百万件			原始变量值 ξ/百万件		
	计算值	实际值	偏差率/%	计算值	实际值	偏差率/%	计算值	实际值	偏差率/%	计算值	实际值	偏差率/%	计算值	实际值	偏差率/%
0.19	0.15325185	0.15325245	0.000396	0.093115	0.093117	0.0025	0.013715	0.013713	0.01587	0.001443	0.001433	0.71948	0.000039	0.000029	33.55
0.2	0.16148651	0.16148606	0.000282	0.108284	0.108282	0.0017	0.015169	0.015165	0.02704	0.001454	0.001452	0.13251	0.000011	0.000019	44.14
0.21	0.17043003	0.17043033	0.000177	0.124911	0.124912	0.0010	0.016627	0.016630	0.01817	0.001458	0.001465	0.48614	0.000004	0.000013	69.58
0.22	0.18012670	0.18012727	0.000320	0.143015	0.143017	0.0017	0.018104	0.018105	0.00651	0.001477	0.001475	0.12497	0.000019	0.000010	89.65
0.23	0.19063442	0.19063409	0.000171	0.162644	0.162643	0.0009	0.019630	0.019626	0.01933	0.001526	0.001521	0.32691	0.000049	0.000046	6.80
0.24	0.20202536	0.20202444	0.000454	0.183885	0.183881	0.0022	0.021241	0.021238	0.01217	0.001611	0.001612	0.07503	0.000085	0.000091	6.79
0.25	0.21438515	0.21438503	0.000060	0.206854	0.206853	0.0003	0.022969	0.022972	0.01483	0.001728	0.001734	0.34557	0.000117	0.000122	3.92
0.26	0.22781148	0.22781217	0.000302	0.231691	0.231694	0.0013	0.024837	0.024841	0.01452	0.001869	0.001869	0.01061	0.000141	0.000135	4.29
0.27	0.24241272	0.24241311	0.000158	0.258551	0.258553	0.0007	0.026860	0.026859	0.00496	0.002023	0.002018	0.24473	0.000154	0.000149	3.45
0.28	0.25830742	0.25830716	0.000099	0.287594	0.287593	0.0004	0.029043	0.029040	0.00981	0.002183	0.002181	0.06945	0.000160	0.000163	2.10
0.29	0.27562496	0.27562464	0.000116	0.318981	0.318980	0.0004	0.031387	0.031387	0.00088	0.002344	0.002347	0.10950	0.000162	0.000166	2.46
0.3	0.29450767	0.29450784	0.000057	0.352880	0.352881	0.0002	0.033899	0.033901	0.00640	0.002512	0.002514	0.09728	0.000167	0.000167	0.07
平均			0.0009			0.0109			0.0646			0.6645			22.13
最大			0.0037			0.0417			0.2497			2.4343			89.65

3.11　采用累计方法建立函数的基础条件和判定标准

综合以上讨论，不论是随机变量还是非随机变量，不论是在哪次累计建立函数，也不论是建立变化指标函数还是累计值函数，函数建立应具备的基础条件和能否建立函数的判定标准都是统一的。

3.11.1　基础条件

函数建立的基础条件是：所建函数的曲线形状稳定，光滑程度足够，变量关系清晰、完整、确切。

3.11.2　判定标准

能否建立函数以一次累计值的偏差为判定标准，所建函数必须同时满足以下两个条件：

① 一次累计值平均偏差率小于 0.1%；

② 一次累计值最大偏差率小于 1%。

偏差计算检验数通常不少于 100 个点，最少不得少于 30 个点。若实际对应值过少，则从曲线上取点读取数值补充。

3.12　非随机变量案例

3.12.1　案例基础资料（虚拟案例）

某大型项目计划五年建成，开工三年来完成的施工产值（按月统计建筑安装工程费）见表 3-28。案例问题：①累计施工产值与时间之间是否可以建立函数？②施工产值与时间之间是否可以建立函数？

表 3-28　某大型项目连续三年的施工产值统计

变量名称	变量代号	计量单位	数值									
时间	y	月	1	2	3	4	5	6	7	8	9	10
施工产值	w	万元	53840	60483	66624	71838	75659	77563	76930	73038	66357	59214
变量名称	变量代号	计量单位	数值									
时间	y	月	11	12	13	14	15	16	17	18	19	20
施工产值	w	万元	54144	53243	56366	61762	67899	73326	76468	75399	69547	61459
变量名称	变量代号	计量单位	数值									
时间	y	月	21	22	23	24	25	26	27	28	29	30
施工产值	w	万元	54572	51004	50564	52883	57611	64412	72965	82956	94083	105678
变量名称	变量代号	计量单位	数值									
时间	y	月	31	32	33	34	35	36				
施工产值	w	万元	117273	128868	140463	152058	163653	175248				

3.12.2　案例问题讨论

（1）累计施工产值与时间之间的函数问题

累计施工产值（z）与时间（y）之间的关系见图 3-17。

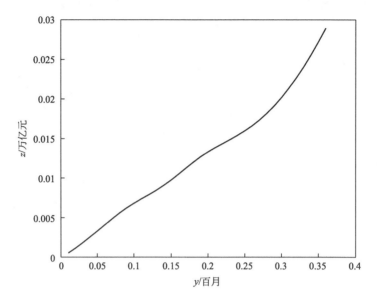

图 3-17　累计施工产值（z）与时间（y）之间的关系

从图看出，曲线形状变化不够稳定，不具备求解函数的基础条件，采用二次累计解决这个问题，二次累计值（V）与时间（Y）的变化关系见图 3-18。

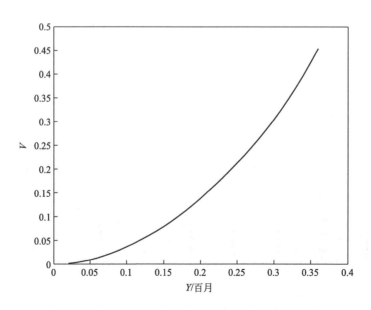

图 3-18　二次累计值（V）与时间（Y）的变化关系

从图看出，曲线形状稳定，光滑程度足够，具备求解函数的基础条件。

采用负高次幂函数求解，求解结果如表 3-29 所示，公式如下：

$$V=\begin{cases} \alpha_0+\dfrac{\alpha_1}{S}+\dfrac{\alpha_2}{S^2}+\cdots+\dfrac{\alpha_{12}}{S^{12}} & (0.02\leqslant Y\leqslant 0.1,\ S=\dfrac{Y-0.02}{0.08}+1) \\ \beta_0+\dfrac{\beta_1}{S}+\dfrac{\beta_2}{S^2}+\cdots+\dfrac{\beta_{12}}{S^{12}} & (0.1<Y\leqslant 0.36,\ S=\dfrac{Y-0.02}{0.34}+1) \end{cases}$$

表 3-29　求解结果（五）

α_0	α_1	α_2	α_3	α_4
−744.5545214420	12937.6684680520	−102443.3561863620	488925.0799701150	−1566590.5607994700
α_5	α_6	α_7	α_8	α_9
3550317.8036779800	−5835399.4472851700	7008884.0764106000	−6105599.4117551800	3762083.1396477500
α_{10}	α_{11}	α_{12}		
−1556423.2035503500	388198.9725482610	−44146.2054815600		
β_0	β_1	β_2	β_3	β_4
193.395638360	18730.213707250	−324617.005920160	2403484.901034670	−10486418.249945800
β_5	β_6	β_7	β_8	β_9
30188866.391633900	−60350361.544784900	85560289.189887900	−86058095.333959300	60194620.622693100
β_{10}	β_{11}	β_{12}		
−27889887.079791000	7704751.776183690	−961557.275234330		

二次累计值（V）、一次累计值（z）、施工产值（原始变量值 w）的计算值与实际值及偏差率见表 3-30。

从表中数据看，一次累计值偏差同时满足两个条件（见 3.11.2 节），本例可以建立一次累计值与时间之间的函数（通过二次累计实现）。从原始变量的数据看，该变量不属于随机变量，有建立函数的可能性，但就目前所建 $V=F(Y)$ 函数的推算结果来看，偏差未达到近似函数的要求，不能作为施工产值与时间之间的函数来使用。试图通过累计方法来确立施工产值与时间的函数关系未能成功。

（2）施工产值与时间之间的函数问题

通过累计方法求解函数未获成功，是否可以直接求解建立函数呢？施工产值与时间之间的关系见图 3-19。

从图来看，施工产值与时间之间能形成一条形状稳定的曲线，但光滑程度欠佳，不完全具备求解函数的条件。经多次尝试，求解结果均未达到要求。类似图 3-19 曲线的函数求解问题，采用一般小规模方程组和非组合函数很难得到满意结果，进一步求解方法参见本书第 5 章相关内容。

87

表3-30 二次累计值(V)、一次累计值(z)、原始变量值(w)的计算值与实际值及偏差率

时间 y(Y)/百月	二次累计值 V			一次累计值 z/万亿元			施工产值 w/万亿元		
	计算值	实际值	偏差率/%	计算值	实际值	偏差率/%	计算值	实际值	偏差率/%
0.02	0.00114322	0.00114323	0.0009	—	—	—	—	—	—
0.03	0.00295279	0.0029527	0.0030	0.00180957	0.00180947	0.0055	—	—	—
0.04	0.00548057	0.00548055	0.0004	0.00252778	0.00252785	0.0028	0.00071821	0.00071838	0.0237
0.05	0.00876515	0.00876499	0.0018	0.00328458	0.00328444	0.0043	0.00075680	0.00075659	0.0278
0.06	0.01282506	0.01282506	0.0000	0.00405991	0.00406007	0.0039	0.00077533	0.00077563	0.0387
0.07	0.01765446	0.01765443	0.0002	0.00482940	0.00482937	0.0006	0.00076949	0.00076930	0.0247
0.08	0.02321417	0.02321418	0.0000	0.00555971	0.00555975	0.0007	0.00073031	0.00073038	0.0096
0.09	0.02943735	0.0294375	0.0005	0.00622318	0.00622332	0.0022	0.00066347	0.00066357	0.0151
0.1	0.03625296	0.03625296	0.0000	0.00681561	0.00681546	0.0022	0.00059243	0.00059214	0.0490
0.11	0.04361404	0.04360986	0.0096	0.00736108	0.00735690	0.0568	0.00054547	0.00054144	0.7443
0.12	0.05151675	0.05149919	0.0341	0.00790271	0.00788933	0.1696	0.00054163	0.00053243	1.7279
0.13	0.05995932	0.05995218	0.0119	0.00844257	0.00845299	0.1233	0.00053986	0.00056366	4.2224
0.14	0.06901272	0.06902279	0.0146	0.00905340	0.00907061	0.1897	0.00061083	0.00061762	1.0994
0.15	0.07875844	0.07877239	0.0177	0.00974572	0.00974960	0.0398	0.00069232	0.00067899	1.9632
0.16	0.08925395	0.08925525	0.0015	0.01049551	0.01048286	0.1207	0.00074979	0.00073326	2.2543
0.17	0.100515	0.10050279	0.0121	0.01126105	0.01124754	0.1201	0.00076554	0.00076468	0.1125
0.18	0.11251564	0.11250432	0.0101	0.01200064	0.01200153	0.0074	0.00073959	0.00075399	1.9098
0.19	0.12520058	0.12520132	0.0006	0.01268494	0.01269700	0.0950	0.00068430	0.00065547	1.6061
0.2	0.13850301	0.13851291	0.0071	0.01330243	0.01331159	0.0688	0.00061749	0.00061459	0.4719

续表

时间 y(Y)/百月	二次累计值 V			一次累计值 z/万亿元			施工产值 w/万亿元		
	计算值	实际值	偏差率/%	计算值	实际值	偏差率/%	计算值	实际值	偏差率/%
0.21	0.1523623	0.15237022	0.0052	0.01385929	0.01385731	0.0143	0.00055686	0.00054572	2.0413
0.22	0.16673783	0.16673757	0.0002	0.01437553	0.01436735	0.0569	0.00051624	0.00051004	1.2156
0.23	0.18161721	0.18161056	0.0037	0.01487938	0.01487299	0.0430	0.00050385	0.00050564	0.3540
0.24	0.19701914	0.19701238	0.0034	0.01540193	0.01540182	0.0007	0.00052255	0.00052883	1.1875
0.25	0.2129916	0.21299031	0.0006	0.01597246	0.01597793	0.0342	0.00057053	0.00057611	0.9686
0.26	0.22960704	0.22961236	0.0023	0.01661544	0.01662205	0.0398	0.00064298	0.00064412	0.1770
0.27	0.24695611	0.24696406	0.0032	0.01734907	0.01735170	0.0152	0.00073363	0.00072965	0.5455
0.28	0.26514115	0.26514532	0.0016	0.01818504	0.01818126	0.0208	0.00083597	0.00082956	0.7727
0.29	0.2842708	0.28426741	0.0012	0.01912965	0.01912209	0.0395	0.00094461	0.00094083	0.4018
0.3	0.30445605	0.30444628	0.0032	0.02018525	0.02017887	0.0316	0.00105560	0.00105678	0.1117
0.31	0.32580848	0.32579788	0.0033	0.02135243	0.02135160	0.0039	0.00116718	0.00117273	0.4733
0.32	0.34844045	0.34843816	0.0007	0.02263197	0.02264028	0.0367	0.00127954	0.00128868	0.7093
0.33	0.37246733	0.37248307	0.0042	0.02402688	0.02404491	0.0750	0.00139491	0.00140463	0.6920
0.34	0.39801131	0.39804856	0.0094	0.02554398	0.02556549	0.0841	0.00151710	0.00152058	0.2289
0.35	0.42520655	0.42525058	0.0104	0.02719524	0.02720202	0.0249	0.00165126	0.00163653	0.9001
0.36	0.45420509	0.45420508	0.0000	0.02899854	0.02895450	0.1521	0.00180330	0.00175248	2.8999
平均			0.0051			0.0496			0.9085
最大			0.0341			0.1897			4.2224

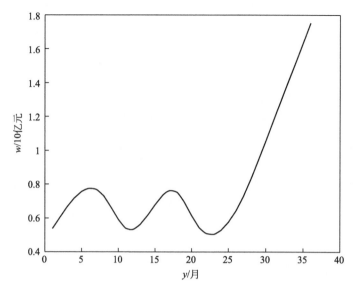

图 3-19　施工产值（w）与时间（y）之间的关系

第 4 章

理论函数求解

本章从回顾函数与理论函数基本概念开始，讨论变量对应关系及理论函数的求解问题，重点介绍理论函数的求解方法。分别以给定数值对应关系和给定曲线举例演示利用完整二次函数、负高次幂函数求解理论函数的详细步骤和过程。列举一系列可拓展求解适用条件和范围的典型函数——多元素混合高次负高次幂组合函数。介绍通过构建一般二元函数求解显函数、隐函数、参数形式函数的途径。

4.1 变量对应关系、函数、理论函数概念

在展开理论函数求解的介绍之前，有必要回顾几个重要概念：变量对应关系、函数、理论函数。

4.1.1 变量对应关系概念

变量对应关系指变量之间具体或抽象（概括）的客观联系。变量对应关系可能是抽象的，更可能是具体的。具体的对应关系称为数值对应关系，即现实中的一个数表。抽象的、法则明确的对应关系称为函数对应关系。法则不明确的对应关系称为虚拟对应关系或假设对应关系。

4.1.2 函数概念

函数指由变量、集合、法则三种基本要素构成的，对事物之间客观数量关系进行抽象的概括性描述的系统。在这个系统中，变量、集合、法则三者都是明确的。法则不明确的称为虚拟函数。

4.1.3 理论函数概念

理论函数指通过理论推导或充分可靠的科学实验获得的，在描述事物之间数量关系时

具有很大程度绝对性、等值性、无穷性的函数类型。

4.2 对应关系求解

在第 1 章及第 2 章中已经提及，利用完整二次函数、负高次幂函数可以准确求解变量对应关系。这里将进一步展开介绍。

4.2.1 用完整二次函数求解五组数据的变量对应关系

(1) 一般说明

对于给定的五个 x、y 非负变量对应值（见表 4-1），当连接这五个点的曲线（或折线）没有或仅有一次单调性变化时，不论其数值如何，利用一个完整二次函数都可以准确归纳五组数据的变量对应关系。

表 4-1 x、y 的五个对应值

x	a_1	a_2	a_3	a_4	a_5
y	b_1	b_2	b_3	b_4	b_5

其中，"当连接这五个点的曲线（或折线）没有或仅有一次单调性变化时"的具体反映是：当 $a_5 > a_4 > \cdots > a_1$ 时，y 取值为以下三种情况任意之一。

① $b_1 > b_2 > \cdots > b_5$；

② $b_1 < b_2 < \cdots < b_5$；

③ $b_j = \max\{b_i\}, i = 1, 2, \cdots, 5$，则 $b_j > b_{j-1} > b_{j-2} > \cdots$ 且 $b_j > b_{j+1} > b_{j+2} > \cdots$。

证明：

设归纳以上对应关系的完整二次函数为 $Ax^2 + By^2 + Cxy + Dx + Ey + F = 0$，可得：

$$A_1 x^2 + y^2 + C_1 xy + D_1 x + E_1 y + F_1 = 0 \text{（假设 } B \neq 0\text{）}$$

$$A_1 x^2 + C_1 xy + D_1 x + E_1 y + F_1 = -y^2 \tag{4-1}$$

若 B 可能为 0，则采用：

$$A_2 x^2 + B_2 y^2 + C_2 xy + D_2 x + y + F_2 = 0 \text{（假设 } E \neq 0\text{）}$$

若 B、E 都可能为 0，则采用：

$$A_3 x^2 + B_3 y^2 + xy + D_3 x + E_3 y + F_3 = 0 \text{（假设 } C \neq 0\text{）}$$

下面只证明假设 $B \neq 0$ 的情况，另外两种情况与此类似。

把表 4-1 中五组 x、y 值代入式（4-1），得到一个五元线性方程组

$$Ax = b$$

$$A = \begin{pmatrix} a_1^2 & a_1 b_1 & a_1 & b_1 & 1 \\ a_2^2 & a_2 b_2 & a_2 & b_2 & 1 \\ a_3^2 & a_3 b_3 & a_3 & b_3 & 1 \\ a_4^2 & a_4 b_4 & a_4 & b_4 & 1 \\ a_5^2 & a_5 b_5 & a_5 & b_5 & 1 \end{pmatrix}, \quad x = \begin{pmatrix} A_1 \\ C_1 \\ D_1 \\ E_1 \\ F_1 \end{pmatrix}, \quad b = \begin{pmatrix} -b_1^2 \\ -b_2^2 \\ -b_3^2 \\ -b_4^2 \\ -b_5^2 \end{pmatrix}$$

当 a_i、b_i 满足以上三种情况任意之一时，则 $|\boldsymbol{A}| \neq 0$（推导省略）。

对于非齐次线性方程组，若 $|\boldsymbol{A}| \neq 0$，则方程组有唯一解。下面举三个例子考察求解结果。

（2）举例

【例 4-1】　随机生成五个 x 值，按从小到大排序，再随机生成五个 y 值，按从小到大排序，形成一个五组数值的对应关系，见表 4-2。

表 4-2　x、y 的五组对应值（一）

x	1966	2511	3500	4733	6160
y	3517	5497	5853	8308	9172

归纳这五组数据变量对应关系的完整二次函数是 $Ax^2 + By^2 + Cxy + Dx + Ey + F = 0$，系数值见表 4-3。

表 4-3　函数中的系数值（一）

A	B	C	D	E	F
1.7262785920	1	−2.6809031570	4778.8314292000	−3129.6567857410	1107091.0372898900

【例 4-2】　沿用例 4-1 随机生成数，x 按从小到大排序，y 值按从大到小排序，形成一个五组数值的对应关系，见表 4-4。

表 4-4　x、y 的五组对应值（二）

x	1966	2511	3500	4733	6160
y	9172	8308	5853	5497	3517

归纳这五组数据变量对应关系的完整二次函数是 $Ax^2 + By^2 + Cxy + Dx + Ey + F = 0$，系数值见表 4-5。

表 4-5　函数中的系数值（二）

A	B	C	D	E	F
4.15450170	1	4.39538720	−58872.68487540	−28490.63276650	197618110.83103600

【例 4-3】　沿用例 4-1 随机生成数，x 按从小到大排序，y 值按表 4-6 排序，形成一个五组数值的对应关系，见表 4-6。

表 4-6　x、y 的五组对应值（三）

x	1966	2511	3500	4733	6160
y	3517	5497	9172	8308	5853

归纳这五组数据变量对应关系的完整二次函数是 $Ax^2 + By^2 + Cxy + Dx + Ey + F = 0$，系数值见表 4-7。

表 4-7　函数中的系数值（三）

A	B	C	D	E	F
−6.189201290	1	−1.911840280	65461.910600910	−12754.156034150	−59069539.476454000

以上三例的求解结果表明，完整二次函数能够准确表示变量对应关系。当遇变量值为负时先进行坐标平移（简单换元 $u=x+c$），当遇数值过大或过小时先进行计量单位调整（简单换元 $u=\dfrac{x}{10^r}$），再行求解。

4.2.2　用负高次幂函数求解 n 组数据的变量对应关系

(1) 一般说明

对于给定的 n 组 x、y 非负对应值（见表4-8），利用一个负高次幂函数 $y=\alpha_0+\dfrac{\alpha_1}{x}+\dfrac{\alpha_2}{x^2}+\cdots+\dfrac{\alpha_{n-1}}{x^{n-1}}$ 可以准确归纳 n 组数据的变量对应关系。

表4-8　x、y 的 n 组对应值

x	a_1	a_2	$\cdots$	a_{n-1}	a_n
y	b_1	b_2	$\cdots$	b_{n-1}	b_n

证明： 把 n 个对应关系数值代入函数，得到以 α_0、α_1、α_2、$\cdots$、α_{n-1} 为未知数的 n 元线性方程，即

$$Aα=b$$

$$A=\begin{bmatrix} 1 & \dfrac{1}{a_1} & \dfrac{1}{a_1^2} & \cdots & \dfrac{1}{a_1^{n-1}} \\ 1 & \dfrac{1}{a_2} & \dfrac{1}{a_2^2} & \cdots & \dfrac{1}{a_2^{n-1}} \\ \vdots & \vdots & \vdots & & \vdots \\ 1 & \dfrac{1}{a_n} & \dfrac{1}{a_n^2} & \cdots & \dfrac{1}{a_n^{n-1}} \end{bmatrix}, \quad α=\begin{bmatrix} \alpha_0 \\ \alpha_1 \\ \vdots \\ \alpha_{n-1} \end{bmatrix}, \quad b=\begin{bmatrix} b_1 \\ b_2 \\ \vdots \\ b_n \end{bmatrix}$$

$\det A^{\mathrm{T}}$ 为范德蒙德行列式，$\det A^{\mathrm{T}}=\displaystyle\prod_{n\geq i>j\geq 1}\left(\dfrac{1}{a_i}-\dfrac{1}{a_j}\right)$，当 $a_i\neq a_j$ 时，总有 $\det A=\det A^{\mathrm{T}}\neq 0$。

对于 n 元非奇次（b_i 不全为0）线性方程组 $Aα=b$，当 n 阶方阵 A 的行列式 $\det A\neq 0$ 时，线性方程组总是有解，而且其解唯一。这就说明，对于 $a_i\neq a_j$ 的 n 个对应关系，总存在唯一一组常数 α_0、α_1、α_2、$\cdots$、α_{n-1} 使得

$$b_i=\alpha_0+\dfrac{\alpha_1}{a_i}+\dfrac{\alpha_2}{a_i^2}+\cdots+\dfrac{\alpha_{n-1}}{a_i^{n-1}} \qquad (i=1,2,\cdots,n)$$

恒成立。

(2) 实际应用要点

在实际应用中，由于实现手段和条件的限制，现实与理论存在很大差距（主要指 n 的大小），有以下几个问题需要注意。

① 当采用普通计算机求解时，能够准确求解的幂次：通常 $n\leq 7$（6次方）；根据数值

情况的不同，$n \leqslant 16$（15 次方）。换言之，负高次幂函数可准确表示的对应关系一般在 7 组对应值以内，最多不超过 16 组对应值。

② 当 x 数值中存在 0 时，先进行坐标平移（简单换元 $u = x + c$），再行求解。

③ 若采用普通计算机求解，$x \in [1, 2]$ 是一个很不错的求解区间。这是因为，一方面，在幂次为 6 次方的情况下，这个区间形成的系数矩阵通常都是满秩的；另一方面，此区间的求解结果有相当的精度（在系数矩阵满秩的情况下，区间越小则精度越高）。因此，在求解前应先进行简单换元，把 x 数值压缩或拉伸至 $[1, 2]$。

④ 当遇变量值为负时，应先平移坐标（简单换元 $u = x + c$），再行求解。

（3）举例

【例 4-4】 随机生成 7 个数赋值 x，再随机生成 7 个数赋值 y，形成 x、y 之间的 7 个对应关系，见表 4-9。

表 4-9 x、y 的 7 组对应值

x	6160	4733	3517	8308	5853	5497	9172
y	285839	757200	753729	380446	567822	75854	53950

通过简单换元，把求解区间压缩至 $[1, 2]$（这样做的目的是确保系数矩阵满秩），把方程组列向量缩小至原值的 $1/10^{10}$（这样做的目的是确保增广矩阵的秩等于系数矩阵的秩），换元后数值见表 4-10。

表 4-10 换元后变量对应值

x	$u = \dfrac{x - 3517}{9172 - 3517} + 1$	y	$v = \dfrac{y}{10^{10}}$
6160	1.4673740053050400	285839	0.0000285839
4733	1.2150309460654300	757200	0.0000757200
3517	1	753729	0.0000753729
8308	1.8472148541114100	380446	0.0000380446
5853	1.4130857648099000	567822	0.0000567822
5497	1.3501326259947000	75854	0.0000075854
9172	2	53950	0.0000053950

归纳这七组数据变量对应关系的负高次幂函数是 $v = \alpha_0 + \dfrac{\alpha_1}{u} + \dfrac{\alpha_2}{u^2} + \cdots + \dfrac{\alpha_6}{u^6}$，系数值见表 4-11。

表 4-11 函数中的系数值

α_0	α_1	α_2	α_3
−4.60265206949890	40.92170183936210	−149.97834807538900	290.00441669247400
α_4	α_5	α_6	
−312.01538418339200	177.08505009899900	−41.414470892965630	

经检验，所求负高次幂函数能够准确表示七组对应值。

4.3　理论函数求解

在现有方法和条件下，现实数据（或曲线）能被确定为理论函数的概率非常非常低，尽管如此，由于理论函数的应用价值较高，在获得数据（或曲线）后，值得去尝试理论函数的求解。下面以举例为主要方式，介绍理论函数的求解方法。

4.3.1　理论函数求解引例

先看几个例子（例4-5～例4-7），观察当完成科学实验并获得充分可靠的数据之后，采用本书方法是否能解出正确的函数表达式。

【例4-5】　自由落体位移函数。

在完成自由落体实验后，得到下落高度（h）与时间（t）的对应值，见表4-12。

表4-12　自由落体实验位移（h）与时间（t）的对应值

变量	计量单位	数值						
t	s	1	2	3	4	5	6	7
h	m	4.903325	19.613300	44.129925	78.453200	122.583125	176.519700	240.262925
变量	计量单位	数值						
t	s	8	9	10	11	12	13	14
h	m	313.812800	397.169325	490.332500	593.302325	706.078800	828.661925	961.051700
变量	计量单位	数值						
t	s	15	16	17	18	19	20	
h	m	1103.248125	1255.251200	1417.060925	1588.677300	1770.100325	1961.330000	

采用完整二次函数求解，每次任意（或依次）抽取5组对应值，经若干次（本例仅4次）求解，各次求解结果都相同，则得到的函数为理论函数。设t、h的关系为以下完整二次函数：

$$At^2+Bh^2+Cth+Dt+Eh+F=0$$
$$A_1t^2+B_1h^2+C_1th+D_1t+h+F_1=0$$
$$A_1t^2+B_1h^2+C_1th+D_1t+F_1=-h$$

4次求解结果均相同，求解结果（保留8位小数时相同）如表4-13所示。

表4-13　求解结果（例4-5）

A	B	C	D	E	F
−4.90332500	0.00000000	0.00000000	0.00000000	1.00000000	0.00000000

根据以上求解结果，可确定下落高度（h）与时间（t）的函数是：

$$h=4.903325t^2=\frac{1}{2}gt^2$$

【例4-6】　正弦余弦平方和公式。

正弦余弦平方和公式$\sin^2x+\cos^2x=1$的推导比较容易，下面用完整二次函数求解这种关系。

96

已知多组正弦值（u）、余弦值（v），见表 4-14，变量 u、v 是何关系？

表 4-14　正弦余弦对应值

x	$u = \sin x$	$v = \cos x$	x	$u = \sin x$	$v = \cos x$
1	0.8414709848078970	0.5403023058681400	11	−0.9999902065507030	0.0044256979880508
2	0.9092974268256820	−0.4161468365471420	12	−0.5365729180004350	0.8438539587324920
3	0.1411200080598670	−0.9899924966004450	13	0.4201670368266410	0.9074467814501960
4	−0.7568024953079280	−0.6536436208636120	14	0.9906073556948700	0.1367372182078340
5	−0.9589242746631380	0.2836621854632260	15	0.6502878401571170	−0.7596879128588210
6	−0.2794154981989260	0.9601702866503660	16	−0.2879033166650650	−0.9576594803233850
7	0.6569865987187890	0.7539022543433050	17	−0.9613974918795570	−0.2751633380515970
8	0.9893582466233820	−0.1455000338086140	18	−0.7509872467716760	0.6603167082440800
9	0.4121184852417570	−0.9111302618846770	19	0.1498772096629520	0.9887046181866690
10	−0.5440211108893700	−0.8390715290764520	20	0.9129452507276280	0.4080820618133920

设 u、v 的关系为：

$$Au^2 + v^2 + Cuv + Du + Ev + F = 0$$
$$Au^2 + Cuv + Du + Ev + F = -v^2$$

经过 4 次求解，求解结果均相同，求解结果（保留 14 位小数时相同）如表 4-15 所示。

表 4-15　求解结果（例 4-16）

A	C	D	E	F
1.00000000000000	0.00000000000000	0.00000000000000	0.00000000000000	−1.00000000000000

于是可得到 u、v 的关系是：

$$u^2 + v^2 - 1 = 0，\text{即} \sin^2 x + \cos^2 x = 1$$

【例 4-7】　球体积函数。

利用重积分可以推导球体积公式，下面采用实验方法求解。在完成球半径与球体积的实验检测后，得到半径（r）与体积（V）的对应值，见表 4-16。

表 4-16　球半径（r）与体积（V）的对应值

变量	计量单位	数值			
r	mm	100.00	200.00	300.00	400.00
V	mm³	4188790.20478639	33510321.63829110	113097335.5292330	268082573.1063290
变量	计量单位	数值			
r	mm	500.00	600.00	700.00	800.00
V	mm³	523598775.5982990	904778684.2338600	1436755040.2417300	2144660584.850630

变量	计量单位	数值			
r	mm	900.00	1000.00	1100.00	1200.00
V	mm³	3053628059.289280	4188790204.786390	5575279762.570690	7238229473.870880

变量	计量单位	数值			
r	mm	1300.00	1400.00	1500.00	1600.00
V	mm³	9202772079.915700	11494040321.933900	14137166941.154100	17157284678.805100

变量	计量单位	数值			
r	mm	1700.00	1800.00	1900.00	2000.00
V	mm³	20579526276.115500	24429024474.314200	28730912014.629900	33510321638.291100

变量	计量单位	数值			
r	mm	2100.00	2200.00	2300.00	2400.00
V	mm³	38792386086.526800	44602238100.565500	50965010421.636000	57905835790.967100

变量	计量单位	数值			
r	mm	2500.00	2600.00	2700.00	2800.00
V	mm³	65449846949.787400	73622176639.325600	82447957600.810500	91952322575.470800

采用高次幂函数（泰勒函数）求解，设 r、V 之间关系为以下高次幂函数：

$$V = \alpha_0 + \alpha_1 r + \alpha_2 r^2 + \cdots + \alpha_6 r^6$$

求解采用的计量单位：半径为 m，体积为 m³。采用该计量单位能确保每次求解的系数矩阵达到满秩。每次抽取 7 组对应值（依次抽取），经 4 次求解，各次求解结果都相同，求解结果（保留 6 位小数时相同）如表 4-17 所示。

表 4-17 求解结果（例 4-7）

α_0	α_1	α_2	α_3	α_4	α_5	α_6
0.000000	0.000000	0.000000	4.188790	0.000000	0.000000	0.000000

根据求解结果，得到球体积函数 $V = 4.18879 r^3 = \dfrac{4}{3}\pi r^3$。

4.3.2 给定数值对应关系的理论函数求解

4.3.2.1 一般说明

给定两个变量 x、y 的 m 个对应关系见表 4-18。

表 4-18 x、y 之间 m 个对应关系

x	a_1	a_2	$\cdots$	a_{m-1}	a_m
y	b_1	b_2	$\cdots$	b_{m-1}	b_m

每次从 m 个对应关系中任意抽取 5 个（n 个），用完整二次函数（或负高次幂函数、高次幂函数、其它函数）或其复合函数求解，经过若干次求解，若每次求解结果在保留 n（$n=0\sim14$）位小数时均相同且该解能通过整体检验（用不少于表 4-18 中的所有数据检验无误差），则所得求解结果为反映 x、y 变化规律的函数（理论函数）。

每次求解结果均相同指各次求解结果在保留 $0\sim14$ 位小数中可保留位数最多时的结果。各次解的结果可能在保留整数时相同，保留 1 位小数时相同，保留 2 位小数时相同，……，保留 n 位小数时相同，取保留 n 位小数时的解作为最终解。若各次求解结果只有在保留整数时相同，则整数解为最终解。当各次求解结果在保留整数时仍不相同，则不可确定理论函数。

为确保求解结果的可靠性，需要注意以下几点。

① 用于求解的数据必须充分，$m\gg5$（$m\gg n$）。当采用完整二次函数求解时，一般 $m\geqslant100$；采用负高次幂函数求解时，一般 $m\geqslant140$。

② 求解次数必须足够多（求解次数由 m 的大小决定）。

③ 只有同时具备以下两个条件时，才能确定理论函数：a. 获得相同解；b. 解能通过整体检验。

用于求解的数据越多（求解次数越多），得到的结果越可靠。实际实施时，任意抽取调整为依次抽取或对称抽取，但应保证使用到每一个数据。

对称抽取指以中间一（三）组数据为中轴，每次分别向两端对称地各取两（一）组（共五组）[中间一（三）组数据重复使用 k（r）次] 进行求解的取值方式。

关于解的整体检验，需要说明的是，所得相同解可能为整数，也可能为小数，有以下可能：① 全部为整数；② 部分为整数＋部分为小数；③ 全部为小数。

情况①一般能通过整体检验，所得解通常可确定为理论函数。情况②、③需具体情况具体分析，再决定函数的属性（是理论函数还是近似函数）。获得相同解是确定理论函数的先决条件，不能获得相同解则肯定不能确定为理论函数（哪怕偏差再小）。通过整体检验是确定理论函数的必要条件。一般情况下，②、③求解结果建议按近似函数使用；特殊情况下，满足具体应用场景偏差要求的②、③求解结果可作为理论函数使用。

4.3.2.2 用完整二次函数及其复合函数求解理论函数举例

（1）用完整二次函数求解举例

【例 4-8】 某实验获得 x、y 对应值见表 4-19。

用完整二次函数求解，x 的计量单位增大至原来的 10^4 倍，y 的计量单位增大至原来的 10^{10} 倍，设完整二次函数为：

$$Ax^2+y^2+Cxy+Dx+Ey+F=0$$
$$Ax^2+Cxy+Dx+Ey+F=-y^2$$

依次从表中（使用调整计量单位后的数据）每次取 5 组数据求解，经过 21 次求解，在保留两位小数的情况下，每次求解结果均相同，求解结果如表 4-20 所示。

解的整体检验见表 4-21。

表 4-19 x、y 对应值（例 4-8）

x	y	x	y	x	y
10000	8729833462.07417	13400	13884908996.66290	16800	19707503504.71890
10100	8866097834.31153	13500	14048996072.40090	16900	19884849061.60960
10200	9003553139.27920	13600	14213616873.35370	17000	20062469512.18790
10300	9142169039.95050	13700	14378760124.20540	17100	20240360023.82360
10400	9281916121.86224	13800	14544414849.53110	17200	20418515873.16700
10500	9422765862.81547	13900	14710570364.45140	17300	20596932443.17560
10600	9564690603.51127	14000	14877216265.60910	17400	20775605220.23420
10700	9707663519.10554	14100	15044342422.45840	17500	20954529791.36460
10800	9851658591.66554	14200	15211938968.85280	17600	21133701841.52250
10900	9996650583.50967	14300	15379996294.92390	17700	21313117150.97720
11000	10142615011.41100	14400	15548505039.23730	17800	21492771592.77300
11100	10289528121.64430	14500	15717456081.21780	17900	21672661130.26820
11200	10437366865.85670	14600	15886840533.83350	18000	21852781814.74950
11300	10586108877.73980	14700	16056649736.52850	18100	22033129783.11930
11400	10735732450.48260	14800	16226875248.39630	18200	22213701255.65300
11500	10886216514.98340	14900	16397508841.58480	18300	22394492533.82480
11600	11037540618.80020	15000	16568542494.92380	18400	22575499998.19820
11700	11189684905.81650	15100	16739968387.76780	18500	22756720106.38120
11800	11342630096.60200	15200	16911778894.04590	18600	22938149391.04110
11900	11496357469.44780	15300	17083966576.51070	18700	23119784457.98030
12000	11650848842.05330	15400	17256524181.18050	18800	23301621984.26780
12100	11806086553.84630	15500	17429444631.96620	18900	23483658716.42670
12200	11962053448.91450	15600	17602721025.47640	19000	23665891468.67570
12300	12118732859.52860	15700	17776346625.99580	19100	23848317121.22080
12400	12276108590.23930	15800	17950314860.62860	19200	24030932618.59880
12500	12434164902.52570	15900	18124619314.60220	19300	24213734968.06770
12600	12592886499.98030	16000	18299253726.72540	19400	24396721238.04460
12700	12752258514.00950	16100	18474211984.99410	19500	24579888556.58860
12800	12912266490.03320	16200	18649488122.34220	19600	24763234109.92790
12900	13072896374.16630	16300	18825076312.52890	19700	24946755141.02820
13000	13234134500.36470	16400	19000970866.16040	19800	25130448948.20320
13100	13395967578.01990	16500	19177166226.83930	19900	25314312883.76400
13200	13558382679.98680	16600	19353656967.43880	20000	25498344352.70750
13300	13721367231.02820	16700	19530437786.49570		

表 4-20 求解结果（例 4-8）

A	C	D	E	F
−12.00	4.00	10.00	2.00	−4.00

表 4-21　解的整体检验[1]

x	y计算	y实际	偏差	偏差率	x	y计算	y实际	偏差	偏差率
10000	8729833462.07417	8729833462.07417	0.00000	0.00E+00	12600	12592886499.98030	12592886499.98030	0.00000	0.00E+00
10100	8866097834.31153	8866097834.31153	0.00000	0.00E+00	12700	12752258514.00950	12752258514.00950	0.00000	0.00E+00
10200	9003553139.27920	9003553139.27920	0.00000	0.00E+00	12800	12912266490.03320	12912266490.03320	0.00000	0.00E+00
10300	9142169039.95050	9142169039.95050	0.00000	0.00E+00	12900	13072896374.16630	13072896374.16630	0.00000	0.00E+00
10400	9281916121.86224	9281916121.86224	0.00000	0.00E+00	13000	13234134500.36470	13234134500.36470	0.00000	0.00E+00
10500	9422765862.81547	9422765862.81547	0.00000	0.00E+00	13100	13395967578.01990	13395967578.01990	0.00000	0.00E+00
10600	9564690603.51127	9564690603.51127	0.00000	0.00E+00	13200	13558382679.98680	13558382679.98680	0.00000	0.00E+00
10700	9707663519.10554	9707663519.10554	0.00000	0.00E+00	13300	13721367231.02820	13721367231.02820	0.00000	0.00E+00
10800	9851658591.66554	9851658591.66554	0.00000	0.00E+00	13400	13884908996.66290	13884908996.66290	0.00000	0.00E+00
10900	9996650583.50967	9996650583.50967	0.00000	0.00E+00	13500	14048996072.40090	14048996072.40090	0.00000	0.00E+00
11000	10142615011.41100	10142615011.41100	0.00000	0.00E+00	13600	14213616873.35370	14213616873.35370	0.00000	0.00E+00
11100	10289528121.64430	10289528121.64430	0.00000	0.00E+00	13700	14378760124.20540	14378760124.20540	0.00000	0.00E+00
11200	10437366865.85670	10437366865.85670	0.00000	0.00E+00	13800	14544414849.53110	14544414849.53110	0.00000	0.00E+00
11300	10586108877.73980	10586108877.73980	0.00000	0.00E+00	13900	14710570364.45140	14710570364.45140	0.00000	0.00E+00
11400	10735732450.48260	10735732450.48260	0.00000	0.00E+00	14000	14877216265.60910	14877216265.60910	0.00000	0.00E+00
11500	10886216514.98340	10886216514.98340	0.00000	0.00E+00	14100	15044342422.45840	15044342422.45840	0.00000	0.00E+00
11600	11037540618.80020	11037540618.80020	0.00000	0.00E+00	14200	15211938968.85280	15211938968.85280	0.00000	0.00E+00
11700	11189684905.81650	11189684905.81650	0.00000	0.00E+00	14300	15379996294.92390	15379996294.92390	0.00000	0.00E+00
11800	11342630096.60200	11342630096.60200	0.00000	0.00E+00	14400	15548505039.23730	15548505039.23730	0.00000	0.00E+00
11900	11496357469.44780	11496357469.44780	0.00000	0.00E+00	14500	15717456081.21780	15717456081.21780	0.00000	0.00E+00
12000	11650848842.05330	11650848842.05330	0.00000	0.00E+00	14600	15886840533.83350	15886840533.83350	0.00000	0.00E+00
12100	11806086553.84630	11806086553.84630	0.00000	0.00E+00	14700	16056649736.52840	16056649736.52850	−0.00010	−6.18E−15
12200	11962053448.91440	11962053448.91450	−0.00010	−8.29E−15	14800	16226875248.39630	16226875248.39630	0.00000	0.00E+00
12300	12118732859.52860	12118732859.52860	0.00000	0.00E+00	14900	16397508841.58480	16397508841.58480	0.00000	0.00E+00
12400	12276108590.23930	12276108590.23930	0.00000	0.00E+00	15000	16568542494.92380	16568542494.92380	0.00000	0.00E+00
12500	12434164902.52570	12434164902.52570	0.00000	0.00E+00	15100	16739968387.76780	16739968387.76780	0.00000	0.00E+00

[1] 表 4-21 中"偏差率"列数据保留了 Excel 软件自动计算形成的以科学计数法表示的结果。例如，表中 −5.42E−15 表示 −5.42×10^{-15}。

续表

x	y计算	y实际	偏差	偏差率	x	y计算	y实际	偏差	偏差率
15200	16911778894.04590	16911778894.04590	0.00000	0.00E+00	17700	21313117150.97710	21313117150.97720	−0.00010	−4.65E−15
15300	17083966576.51070	17083966576.51070	0.00000	0.00E+00	17800	21492771592.77290	21492771592.77300	−0.00010	−4.61E−15
15400	17256524181.18050	17256524181.18050	0.00000	0.00E+00	17900	21672661130.26820	21672661130.26820	0.00000	0.00E+00
15500	17429444631.96620	17429444631.96620	0.00000	0.00E+00	18000	21852781814.74950	21852781814.74950	0.00000	0.00E+00
15600	17602721025.47640	17602721025.47640	0.00000	0.00E+00	18100	22033129783.11930	22033129783.11930	0.00000	0.00E+00
15700	17776346625.99580	17776346625.99580	0.00000	0.00E+00	18200	22213701255.65300	22213701255.65300	0.00000	0.00E+00
15800	17950314860.62860	17950314860.62860	0.00000	0.00E+00	18300	22394492533.82480	22394492533.82480	0.00000	0.00E+00
15900	18124619314.60220	18124619314.60220	0.00000	0.00E+00	18400	22575499998.19820	22575499998.19820	0.00000	0.00E+00
16000	18299253726.72530	18299253726.72540	−0.00010	−5.42E−15	18500	22756720106.38110	22756720106.38120	−0.00010	−4.36E−15
16100	18474211984.99410	18474211984.99410	0.00000	0.00E+00	18600	22938149391.04110	22938149391.04110	0.00000	0.00E+00
16200	18649488122.34220	18649488122.34220	0.00000	0.00E+00	18700	23119784457.98030	23119784457.98030	0.00000	0.00E+00
16300	18825076312.52890	18825076312.52890	0.00000	0.00E+00	18800	23301621984.26770	23301621984.26780	−0.00010	−4.26E−15
16400	19000970866.16030	19000970866.16040	−0.00010	−5.22E−15	18900	23483658716.42670	23483658716.42670	0.00000	0.00E+00
16500	19177166226.83930	19177166226.83930	0.00000	0.00E+00	19000	23665891468.67570	23665891468.67570	0.00000	0.00E+00
16600	19353656967.43880	19353656967.43880	0.00000	0.00E+00	19100	23848317121.22080	23848317121.22080	0.00000	0.00E+00
16700	19530437786.49570	19530437786.49570	0.00000	0.00E+00	19200	24030932618.59880	24030932618.59880	0.00000	0.00E+00
16800	19707503504.71890	19707503504.71890	0.00000	0.00E+00	19300	24213734968.06770	24213734968.06770	0.00000	0.00E+00
16900	19884849061.60960	19884849061.60960	0.00000	0.00E+00	19400	24396721238.04450	24396721238.04460	−0.00010	−4.22E−15
17000	20062469512.18790	20062469512.18790	0.00000	0.00E+00	19500	24579888556.58860	24579888556.58860	0.00000	0.00E+00
17100	20240360023.82360	20240360023.82360	0.00000	0.00E+00	19600	24763234109.92790	24763234109.92790	0.00000	0.00E+00
17200	20418515873.16700	20418515873.16700	0.00000	0.00E+00	19700	24946755141.02820	24946755141.02820	0.00000	0.00E+00
17300	20596932443.17560	20596932443.17560	0.00000	0.00E+00	19800	25130448948.20320	25130448948.20320	0.00000	0.00E+00
17400	20775605220.23410	20775605220.23420	−0.00010	−4.77E−15	19900	25314312883.76400	25314312883.76400	0.00000	0.00E+00
17500	20954529791.36460	20954529791.36460	0.00000	0.00E+00	20000	25498344352.70750	25498344352.70750	0.00000	0.00E+00
17600	21133701841.52250	21133701841.52250	0.00000	0.00E+00					

表中数据表明，解能通过整体检验，所得求解结果为理论函数，是双曲线的一部分：

$$-12x^2+y^2+4xy+10x+2y-4=0$$

（2）用复合完整二次函数求解举例

【例 4-9】 某实验获得 x、y 对应值见表 4-22。

表 4-22 x、y 对应值（例 4-9）

x	y	x	y	x	y	x	y
100	1006820753.30910	2600	1247459543.67965	5100	1375798546.90316	7600	1470683441.37715
200	1003370019.98466	2700	1253793472.60961	5200	1380037569.36371	7700	1474106270.18479
300	1017640557.13084	2800	1259984374.59344	5300	1384229895.85048	7800	1477507424.13169
400	1033764816.99550	2900	1266040450.35884	5400	1388377119.25649	7900	1480887503.99358
500	1049444529.60219	3000	1271969206.96605	5500	1392480757.36068	8000	1484247092.54394
600	1064236110.77667	3100	1277777535.03123	5600	1396542257.71226	8100	1487586755.42350
700	1078104976.89927	3200	1283471775.47593	5700	1400563002.12463	8200	1490907041.96231
800	1091119270.09828	3300	1289057777.45716	5800	1404544310.81588	8300	1494208485.95767
900	1103368026.31374	3400	1294540948.83737	5900	1408487446.22915	8400	1497491606.41101
1000	1114937337.28935	3500	1299926300.31731	6000	1412393616.56233	8500	1500756908.22637
1100	1125903891.88657	3600	1305218484.16273	6100	1416263979.03362	8600	1504004882.87327
1200	1136334087.02005	3700	1310421828.30140	6200	1420099642.90651	8700	1507236009.01607
1300	1146284883.53169	3800	1315540366.43948	6300	1423901672.29545	8800	1510450753.11232
1400	1155805096.79872	3900	1320577864.74361	6400	1427671088.77131	8900	1513649569.98197
1500	1164936673.49245	4000	1325537845.54888	6500	1431408873.78365	9000	1516832903.34938
1600	1173715815.96101	4100	1330423608.48323	6600	1435115970.91548	9100	1520001186.35999
1700	1182173928.44410	4200	1335238249.33981	6700	1438793287.98422	9200	1523154842.07311
1800	1190338398.31516	4300	1339984676.98051	6800	1442441699.00174	9300	1526294283.93266
1900	1198233236.52796	4400	1344665628.51314	6900	1446062046.00464	9400	1529419916.21691
2000	1205879602.03563	4500	1349283682.95042	7000	1449655140.76541	9500	1532532134.46898
2100	1213296232.06550	4600	1353841273.53036	7100	1453221766.39365	9600	1535631325.90901
2200	1220499796.46364	4700	1358340698.85320	7200	1456762678.83607	9700	1538717869.82937
2300	1227505190.85764	4800	1362784132.96954	7300	1460278608.28300	9800	1541792137.97390
2400	1234325780.43057	4900	1367173634.53661	7400	1463770260.48845	9900	1544854494.90236
2500	1240973603.68833	5000	1371511155.14472	7500	1467238318.01044	10000	1547905298.34085

用复合完整二次函数求解，x 的计量单位不变，y 的计量单位调整为原单位的 10^9 倍，设复合完整二次函数为：

$$Au^2+y^2+Cuy+Du+Ey+F=0, \quad u=\frac{\ln x}{10}$$

依次从表中（使用调整计量单位后的数据）每次取 5 组数据求解，经过 20 次求解，在保留三位小数的情况下，每次求解结果均相同，求解结果如表 4-23 所示。

表 4-23 求解结果（例 4-9）

A	C	D	E	F
4.000	-2.000	-2.000	-2.000	2.000

解的整体检验见表 4-24。

表 4-24　解的整体检验（例 4-9）

x	u	y计算	y实际	偏差
100	0.46051701859880900	1006820753.30910	1006820753.30910	0.00000
200	0.52983173665480400	1003370019.98466	1003370019.98466	0.00000
300	0.57037824746552000	1017640557.13084	1017640557.13084	0.00000
400	0.59911464547107980	1033764816.99550	1033764816.99550	0.00000
500	0.62146080984221900	1049444529.60219	1049444529.60219	0.00000
600	0.63969296552161500	1064236110.77667	1064236110.77667	0.00000
700	0.65510803350434000	1078104976.89927	1078104976.89927	0.00000
800	0.66846117276679300	1091119270.09828	1091119270.09828	0.00000
900	0.68023947633243100	1103368026.31374	1103368026.31374	0.00000
1000	0.69077552789821400	1114937337.28935	1114937337.28935	0.00000
1100	0.70030654587864600	1125903891.88657	1125903891.88657	0.00000
1200	0.70900768357760900	1136334087.02005	1136334087.02005	0.00000
1300	0.71701195434496300	1146284883.53169	1146284883.53169	0.00000
1400	0.72442275156033500	1155805096.79872	1155805096.79872	0.00000
1500	0.73132203870903000	1164936673.49245	1164936673.49245	0.00000
1600	0.73777589082278700	1173715815.96101	1173715815.96101	0.00000
1700	0.74383835300443100	1182173928.44410	1182173928.44410	0.00000
1800	0.74959541943884260	1190338398.31516	1190338398.31516	0.00000
1900	0.75496091651545300	1198233236.52796	1198233236.52796	0.00000
2000	0.76009002459542080	1205879602.03563	1205879602.03563	0.00000
2100	0.76496926623711510	1213296232.06550	1213296232.06550	0.00000
2200	0.76962126639346410	1220499796.46364	1220499796.46364	0.00000
2300	0.77406644019172400	1227505190.85764	1227505190.85764	0.00000
2400	0.77832240163360400	1234325780.43057	1234325780.43057	0.00000
2500	0.78240460108552900	1240973603.68833	1240973603.68833	0.00000
2600	0.78632667240009570	1247459543.67965	1247459543.67965	0.00000
2700	0.79010070519924200	1253793472.60961	1253793472.60961	0.00000
2800	0.79373749696163300	1259984374.59344	1259984374.59344	0.00000
2900	0.79724660159745700	1266040450.35884	1266040450.35884	0.00000
3000	0.80063675676502500	1271969206.96605	1271969206.96605	0.00000
3100	0.80391573904073240	1277777535.03123	1277777535.03123	0.00000
3200	0.80709060887878220	1283471775.47593	1283471775.47593	0.00000
3300	0.81016777474545700	1289057777.45716	1289057777.45716	0.00000
3400	0.81315307106042500	1294540948.83737	1294540948.83737	0.00000
3500	0.81605182477477510	1299926300.31731	1299926300.31731	0.00000
3600	0.81886891244442000	1305218484.16273	1305218484.16273	0.00000
3700	0.82160880098632320	1310421828.30140	1310421828.30140	0.00000
3800	0.82427563457144480	1315540366.43948	1315540366.43948	0.00000
3900	0.82687318321177740	1320577864.74361	1320577864.74361	0.00000
4000	0.82940496401020300	1325537845.54888	1325537845.54888	0.00000
4100	0.83187425226924000	1330423608.48323	1330423608.48323	0.00000
4200	0.83428398042714600	1335238249.33981	1335238249.33981	0.00000
4300	0.83663703016811650	1339984676.98051	1339984676.98051	0.00000
4400	0.83893598199063500	1344665628.51314	1344665628.51314	0.00000
4500	0.84118326757758410	1349283682.95042	1349283682.95042	0.00000
4600	0.84338115582477190	1353841273.53036	1353841273.53036	0.00000
4700	0.84553177787698150	1358340698.85320	1358340698.85320	0.00000
4800	0.84763771196895980	1362784132.96954	1362784132.96954	0.00000
4900	0.84969690484098720	1367173634.53661	1367173634.53661	0.00000
5000	0.85171931191416240	1371511155.14472	1371511155.14472	0.00000

续表

x	u	y计算	y实际	偏差	x	u	y计算	y实际	偏差
5100	0.8536995818712420	1375798546.90316	1375798546.90316	0.00000	7600	0.8935903526274420	1470683441.37715	1470683441.37715	0.00000
5200	0.8556413904569520	1380037569.36371	1380037569.36371	0.00000	7700	0.8948975607841780	1474106270.18479	1474106270.18479	0.00000
5300	0.8575462099540210	1384229895.85048	1384229895.85048	0.00000	7800	0.8961879012677680	1477507424.13169	1477507424.13169	0.00000
5400	0.8594154232552370	1388377119.25649	1388377119.25649	0.00000	7900	0.8974618038455110	1480887503.99358	1480887503.99358	0.00000
5500	0.8612503371220560	1392480757.36068	1392480757.36068	0.00000	8000	0.8987196820661970	1484247092.54394	1484247092.54394	0.00000
5600	0.8630521876723240	1396542257.71226	1396542257.71226	0.00000	8100	0.8999619340660530	1487586755.42350	1487586755.42350	0.00000
5700	0.8648221453822640	1400563002.12463	1400563002.12463	0.00000	8200	0.9011889433252340	1490907041.96231	1490907041.96231	0.00000
5800	0.8665661319653510	1404544310.81588	1404544310.81588	0.00000	8300	0.9024010793784690	1494208485.95767	1494208485.95767	0.00000
5900	0.8682707620893810	1408487446.22915	1408487446.22915	0.00000	8400	0.9035986984831410	1497491606.41101	1497491606.41101	0.00000
6000	0.8699514748210190	1412393616.56233	1412393616.56233	0.00000	8500	0.9047821442478410	1500756908.22637	1500756908.22637	0.00000
6100	0.8716044050161400	1416263979.03362	1416263979.03362	0.00000	8600	0.9059517482241600	1504004882.87327	1504004882.87327	0.00000
6200	0.8732304571033180	1420099642.90651	1420099642.90651	0.00000	8700	0.9071078304642680	1507236009.01607	1507236009.01607	0.00000
6300	0.8748304912379620	1423901672.29545	1423901672.29545	0.00000	8800	0.9082507000046300	1510450753.11232	1510450753.11232	0.00000
6400	0.8764053269347760	1427671088.77131	1427671088.77131	0.00000	8900	0.9093806555720230	1513649569.98197	1513649569.98197	0.00000
6500	0.8779557455883730	1431408873.78365	1431408873.78365	0.00000	9000	0.9104979856318360	1516832903.34938	1516832903.34938	0.00000
6600	0.8794824928014520	1435115970.91548	1435115970.91548	0.00000	9100	0.9116029692504940	1520001186.35999	1520001186.35999	0.00000
6700	0.8809862805379060	1438793287.98422	1438793287.98422	0.00000	9200	0.9126958763037130	1523154842.07311	1523154842.07311	0.00000
6800	0.8824677891164200	1442441699.00174	1442441699.00174	0.00000	9300	0.9137769679141350	1526294283.93266	1526294283.93266	0.00000
6900	0.8839276690585350	1446062046.00464	1446062046.00464	0.00000	9400	0.9148464968258090	1529419916.21691	1529419916.21691	0.00000
7000	0.8853665428037450	1449655140.76541	1449655140.76541	0.00000	9500	0.9159047707758630	1532532134.46898	1532532134.46898	0.00000
7100	0.8867850060290410	1453221766.39365	1453221766.39365	0.00000	9600	0.9169518377455930	1535631325.90901	1535631325.90901	0.00000
7200	0.8881836305004150	1456762678.83607	1456762678.83607	0.00000	9700	0.9179811644914170	1538717869.82937	1538717869.82937	0.00000
7300	0.8895629627136480	1460278608.28300	1460278608.28300	0.00000	9800	0.9190137664658660	1541792137.97390	1541792137.97390	0.00000
7400	0.8909235279192260	1463770260.48845	1463770260.48845	0.00000	9900	0.9200290036122680	1544854494.90236	1544854494.90236	0.00000
7500	0.8922658299524400	1467238318.01044	1467238318.01044	0.00000	10000	0.9210340371976180	1547905298.34085	1547905298.34085	0.00000

表中数据表明，解能通过整体检验，所得求解结果为理论函数。函数为：

$$4u^2 + y^2 - 2uy - 2u - 2y + 2 = 0, \quad u = \frac{\ln x}{10}$$

$$y = \frac{\ln x}{10} + 1 - \sqrt{-\frac{3}{100}\ln^2 x + \frac{2}{5}\ln x - 1}$$

4.3.2.3 用负高次幂函数及其复合函数求解理论函数举例

(1) 用负高次幂函数求解举例

【例 4-10】 某实验获得 x、y 对应值见表 4-25。

表 4-25 x、y 对应值（例 4-10）

x	y	x	y	x	y	x	y
10000	200000000000.000	13500	105439719554.946	17000	67366171382.048	20500	47831430188.187
10100	195579728642.406	13600	103881538774.679	17100	66630566190.107	20600	47416445278.647
10200	191313974263.292	13700	102361468845.390	17200	65908410580.201	20700	47007401454.586
10300	187195639899.078	13800	100878240778.791	17300	65199359099.773	20800	46604176149.295
10400	183218024578.971	13900	99430637778.479	17400	64503077434.727	20900	46206650017.761
10500	179374797538.063	14000	98017492711.370	17500	63819241982.507	21000	45814706835.115
10600	175659974341.235	14100	96637685719.392	17600	63147539444.027	21100	45428233398.776
10700	172067894759.613	14200	95290141962.667	17700	62487666433.493	21200	45047119434.164
10800	168593202255.754	14300	93973829486.080	17800	61839329105.251	21300	44671257503.805
10900	165230824946.777	14400	92687757201.646	17900	61202242796.808	21400	44300542919.718
11000	161975957926.371	14500	91430972979.622	18000	60576131687.243	21500	43934873658.923
11100	158824046837.195	14600	90202561841.770	18100	59960728470.265	21600	43574150281.969
11200	155770772594.752	14700	89001644250.648	18200	59355774041.199	21700	43218275854.341
11300	152812037172.439	14800	87827374489.171	18300	58761017197.230	21800	42867155870.641
11400	149943950365.295	14900	86678939125.120	18400	58176214350.292	21900	42520698181.428
11500	147162817457.056	15000	85555555555.556	18500	57601129251.969	22000	42178812922.615
11600	144465127721.514	15100	84456470626.506	18600	57035532729.870	22100	41841412447.316
11700	141847543695.012	15200	83380959323.517	18700	56479202434.915	22200	41508411260.055
11800	139306891162.193	15300	82328323528.993	18800	55931922599.039	22300	41179725953.232
11900	136840149801.888	15400	81297890842.502	18900	55393483802.823	22400	40855275145.773
12000	134444444444.444	15500	80289013460.441	19000	54863682752.588	22500	40534979423.868
12100	132117036895.710	15600	79301067111.718	19100	54342322066.525	22600	40218761283.723
12200	129855318286.553	15700	78333450046.293	19200	53829210069.444	22700	39906545076.238
12300	127656801910.077	15800	77385582073.629	19300	53324160595.750	22800	39598256953.557
12400	125519116511.698	15900	76456903648.276	19400	52826992800.269	22900	39293824817.393
12500	123440000000.000	16000	75546875000.000	19500	52337530976.584	23000	38993178269.089
12600	121417293548.813	16100	74654975306.000	19600	51855604382.528	23100	38696248561.319
12700	119448936063.226	16200	73780701902.939	19700	51381047072.524	23200	38402968551.396
12800	117532958984.375	16300	72923569536.618	19800	50913697736.471	23300	38113272656.108
12900	115667481409.743	16400	72083109647.277	19900	50453399544.882	23400	37827096808.030
13000	113850705507.510	16500	71258869688.622	20000	50000000000.000	23500	37544378413.261
13100	112080912205.066	16600	70450412478.773	20100	49553350792.632	23600	37265056310.528
13200	110356457133.317	16700	69657315581.466	20200	49113307664.459	23700	36989070731.614
13300	108675766809.754	16800	68879170715.905	20300	48679730275.574	23800	36716363263.051
13400	107037335044.537	16900	68115583193.783	20400	48252482077.029	23900	36446876809.041

用负高次幂函数求解，x 的计量单位增大为原来的 10^4 倍，y 的计量单位增大为原来的 10^{10} 倍，设负高次幂函数为：

$$y = \alpha_0 + \frac{\alpha_1}{x} + \frac{\alpha_2}{x^2} + \frac{\alpha_3}{x^3} + \frac{\alpha_4}{x^4}$$

依次从表 4-25 中（使用调整计量单位后的数据）每次取 5 组数据求解，经过 28 次求解，在保留两位小数的情况下，每次求解结果均相同，求解结果如表 4-26 所示。

表 4-26　求解结果（例 4-10）

α_0	α_1	α_2	α_3	α_4
−1.00	9.00	0.00	12.00	0.00

解的整体检验见表 4-27。

表 4-27　解的整体检验（例 4-10）

x	y 计算	y 实际	偏差	x	y 计算	y 实际	偏差
10000	200000000000.000	200000000000.000	0.000	12300	127656801910.077	127656801910.077	0.000
10100	195579728642.406	195579728642.406	0.000	12400	125519116511.698	125519116511.698	0.000
10200	191313974263.292	191313974263.292	0.000	12500	123440000000.000	123440000000.000	0.000
10300	187195639899.078	187195639899.078	0.000	12600	121417293548.813	121417293548.813	0.000
10400	183218024578.971	183218024578.971	0.000	12700	119448936063.226	119448936063.226	0.000
10500	179374797538.063	179374797538.063	0.000	12800	117532958984.375	117532958984.375	0.000
10600	175659974341.235	175659974341.235	0.000	12900	115667481409.743	115667481409.743	0.000
10700	172067894759.613	172067894759.613	0.000	13000	113850705507.510	113850705507.510	0.000
10800	168593202255.754	168593202255.754	0.000	13100	112080912205.066	112080912205.066	0.000
10900	165230824946.777	165230824946.777	0.000	13200	110356457133.317	110356457133.317	0.000
11000	161975957926.371	161975957926.371	0.000	13300	108675766809.754	108675766809.754	0.000
11100	158824046837.195	158824046837.195	0.000	13400	107037335044.537	107037335044.537	0.000
11200	155770772594.752	155770772594.752	0.000	13500	105439719554.946	105439719554.946	0.000
11300	152812037172.439	152812037172.439	0.000	13600	103881538774.679	103881538774.679	0.000
11400	149943950365.295	149943950365.295	0.000	13700	102361468845.390	102361468845.390	0.000
11500	147162817457.056	147162817457.056	0.000	13800	100878240778.791	100878240778.791	0.000
11600	144465127721.514	144465127721.514	0.000	13900	99430637778.479	99430637778.479	0.000
11700	141847543695.012	141847543695.012	0.000	14000	98017492711.370	98017492711.370	0.000
11800	139306891162.193	139306891162.193	0.000	14100	96637685719.392	96637685719.392	0.000
11900	136840149801.888	136840149801.888	0.000	14200	95290141962.667	95290141962.667	0.000
12000	134444444444.444	134444444444.444	0.000	14300	93973829486.080	93973829486.080	0.000
12100	132117036895.710	132117036895.710	0.000	14400	92687757201.646	92687757201.646	0.000
12200	129855318286.553	129855318286.553	0.000	14500	91430972979.622	91430972979.622	0.000

x	$y_{计算}$	$y_{实际}$	偏差	x	$y_{计算}$	$y_{实际}$	偏差
14600	90202561841.770	90202561841.770	0.000	18000	60576131687.243	60576131687.243	0.000
14700	89001644250.648	89001644250.648	0.000	18100	59960728470.265	59960728470.265	0.000
14800	87827374489.171	87827374489.171	0.000	18200	59355774041.199	59355774041.199	0.000
14900	86678939125.120	86678939125.120	0.000	18300	58761017197.230	58761017197.230	0.000
15000	85555555555.556	85555555555.556	0.000	18400	58176214350.292	58176214350.292	0.000
15100	84456470626.506	84456470626.506	0.000	18500	57601129251.969	57601129251.969	0.000
15200	83380959323.517	83380959323.517	0.000	18600	57035532729.870	57035532729.870	0.000
15300	82328323528.993	82328323528.993	0.000	18700	56479202434.915	56479202434.915	0.000
15400	81297890842.502	81297890842.502	0.000	18800	55931922599.039	55931922599.039	0.000
15500	80289013460.441	80289013460.441	0.000	18900	55393483802.823	55393483802.823	0.000
15600	79301067111.718	79301067111.718	0.000	19000	54863682752.588	54863682752.588	0.000
15700	78333450046.293	78333450046.293	0.000	19100	54342322066.525	54342322066.525	0.000
15800	77385582073.629	77385582073.629	0.000	19200	53829210069.444	53829210069.444	0.000
15900	76456903648.276	76456903648.276	0.000	19300	53324160595.750	53324160595.750	0.000
16000	75546875000.000	75546875000.000	0.000	19400	52826992800.269	52826992800.269	0.000
16100	74654975306.000	74654975306.000	0.000	19500	52337530976.584	52337530976.584	0.000
16200	73780701902.939	73780701902.939	0.000	19600	51855604382.528	51855604382.528	0.000
16300	72923569536.618	72923569536.618	0.000	19700	51381047072.524	51381047072.524	0.000
16400	72083109647.277	72083109647.277	0.000	19800	50913697736.471	50913697736.471	0.000
16500	71258869688.622	71258869688.622	0.000	19900	50453399544.882	50453399544.882	0.000
16600	70450412478.773	70450412478.773	0.000	20000	50000000000.000	50000000000.000	0.000
16700	69657315581.466	69657315581.466	0.000	20100	49553350792.632	49553350792.632	0.000
16800	68879170715.905	68879170715.905	0.000	20200	49113307664.459	49113307664.459	0.000
16900	68115583193.783	68115583193.783	0.000	20300	48679730275.574	48679730275.574	0.000
17000	67366171382.048	67366171382.048	0.000	20400	48252482077.029	48252482077.029	0.000
17100	66630566190.107	66630566190.107	0.000	20500	47831430188.187	47831430188.187	0.000
17200	65908410580.201	65908410580.201	0.000	20600	47416445278.647	47416445278.647	0.000
17300	65199359099.773	65199359099.773	0.000	20700	47007401454.586	47007401454.586	0.000
17400	64503077434.727	64503077434.727	0.000	20800	46604176149.295	46604176149.295	0.000
17500	63819241982.507	63819241982.507	0.000	20900	46206650017.761	46206650017.761	0.000
17600	63147539444.027	63147539444.027	0.000	21000	45814706835.115	45814706835.115	0.000
17700	62487666433.493	62487666433.493	0.000	21100	45428233398.776	45428233398.776	0.000
17800	61839329105.251	61839329105.251	0.000	21200	45047119434.164	45047119434.164	0.000
17900	61202242796.808	61202242796.808	0.000	21300	44671257503.805	44671257503.805	0.000

x	$y_{计算}$	$y_{实际}$	偏差	x	$y_{计算}$	$y_{实际}$	偏差
21400	44300542919.718	44300542919.718	0.000	22700	39906545076.238	39906545076.238	0.000
21500	43934873658.923	43934873658.923	0.000	22800	39598256953.557	39598256953.557	0.000
21600	43574150281.969	43574150281.969	0.000	22900	39293824817.393	39293824817.393	0.000
21700	43218275854.341	43218275854.341	0.000	23000	38993178269.089	38993178269.089	0.000
21800	42867155870.641	42867155870.641	0.000	23100	38696248561.319	38696248561.319	0.000
21900	42520698181.428	42520698181.428	0.000	23200	38402968551.396	38402968551.396	0.000
22000	42178812922.615	42178812922.615	0.000	23300	38113272656.108	38113272656.108	0.000
22100	41841412447.316	41841412447.316	0.000	23400	37827096808.030	37827096808.030	0.000
22200	41508411260.055	41508411260.055	0.000	23500	37544378413.261	37544378413.261	0.000
22300	41179725953.232	41179725953.232	0.000	23600	37265056310.528	37265056310.528	0.000
22400	40855275145.773	40855275145.773	0.000	23700	36989070731.614	36989070731.614	0.000
22500	40534979423.868	40534979423.868	0.000	23800	36716363263.051	36716363263.051	0.000
22600	40218761283.723	40218761283.723	0.000	23900	36446876809.041	36446876809.041	0.000

表 4-27 数据表明，解能通过整体检验，所得求解结果为理论函数。函数为：

$$y = \frac{9}{x} + \frac{12}{x^3} - 1$$

（2）用复合负高次幂函数求解举例

【例 4-11】　某实验获得 x、y 对应值见表 4-28。

表 4-28　x、y 对应值（例 4-11）

x	y	x	y	x	y	x	y
1000000	2126077131894820.000	2300000	174005055657442.000	3600000	46529273031719.000	4900000	19412082471898.200
1100000	1595056673502840.000	2400000	153291067767966.000	3700000	42988082261820.900	5000000	18359513378497.500
1200000	1227066779560370.000	2500000	135772084864433.000	3800000	39809529021150.800	5100000	17387122534487.000
1300000	964099299095988.000	2600000	120854947251481.000	3900000	36948173075392.800	5200000	16487353001331.300
1400000	771239426822325.000	2700000	108073807525521.000	4000000	34365243177946.700	5300000	15653489502138.100
1500000	626616964616885.000	2800000	97059375359491.200	4100000	32027522895739.200	5400000	14879551014471.300
1600000	516058707109541.000	2900000	87516364961732.600	4200000	29906444106827.800	5500000	14160198744847.800
1700000	430105888990221.000	3000000	79206764605333.300	4300000	27977345634054.900	5600000	13490657051154.700
1800000	362282287404660.000	3100000	71937291016366.000	4400000	26218863940233.300	5700000	12866645299559.800
1900000	308052708495014.000	3200000	65549887263380.800	4500000	24612430007764.000	5800000	12284318984347.500
2000000	264177112121269.000	3300000	59914458359302.100	4600000	23141852037376.600	5900000	11740218718209.700
2100000	228299051124600.000	3400000	54923268964044.900	4700000	21792967848404.600	6000000	11231225929211.300
2200000	198676991061575.000	3500000	50486587458857.800	4800000	20553354156377.800	6100000	10754524288711.500

x	y	x	y	x	y	x	y
6200000	10307566049688.200	8500000	4771795493819.120	10800000	2941257905730.610	13100000	2224864185808.930
6300000	9888042603374.500	8600000	4648787090257.090	10900000	2894417433028.020	13200000	2206978351705.160
6400000	9493858668800.030	8700000	4531277724741.490	11000000	2849394684750.570	13300000	2189947191861.710
6500000	9123109618702.910	8800000	4418969283563.660	11100000	2806117881452.840	13400000	2173750538637.510
6600000	8774061519537.790	8900000	4311583506080.620	11200000	2764519155247.020	13500000	2158369382310.290
6700000	8445133525530.320	9000000	4208860461869.390	11300000	2724534316346.870	13600000	2143785823735.260
6800000	8134882319016.310	9100000	4110557160548.060	11400000	2686102636026.950	13700000	2129983030218.540
6900000	7841988333361.490	9200000	4016446281404.940	11500000	2649166644732.050	13800000	2116945194422.280
7000000	7565243531976.090	9300000	3926315011348.450	11600000	2613671944180.480	13900000	2104657496132.730
7100000	7303540548461.450	9400000	3839963980901.810	11700000	2579567032403.290	14000000	2093106066735.820
7200000	7055863019689.480	9500000	3757206289039.600	11800000	2546803140751.210	14100000	2082277956257.590
7300000	6821276966393.690	9600000	3677866608614.040	11900000	2515334081982.240	14200000	2072161102838.130
7400000	6598923095281.790	9700000	3601780364962.510	12000000	2485116108616.670	14300000	2062744304518.650
7500000	6388009913292.910	9800000	3528792981038.090	12100000	2456107780813.820	14400000	2054017193231.480
7600000	6187807558857.970	9900000	3458759183072.070	12200000	2428269843085.780	14500000	2045970210892.260
7700000	5997642267245.870	10000000	3391542361371.820	12300000	2401565109219.600	14600000	2038594587502.180
7800000	5816891397596.620	10100000	3327013981387.860	12400000	2375958354830.040	14700000	2031882321177.100
7900000	5644978958312.240	10200000	3265053040657.270	12500000	2351416217011.840	14800000	2025826160027.700
8000000	5481371575311.550	10300000	3205545567654.280	12600000	2327907100602.820	14900000	2020419585822.460
8100000	5325574854437.290	10400000	3148384158957.510	12700000	2305401090608.270	15000000	2015656799372.620
8200000	5177130095185.740	10500000	3093467551483.130	12800000	2283869870372.430		
8300000	5035611318038.760	10600000	3040700226837.670	12900000	2263286645116.000		
8400000	4900622572125.610	10700000	2989992045117.840	13000000	2243626070488.060		

用复合负高次幂函数求解，x 的计量单位增大为原来的 10^7 倍，y 的计量单位增大为原来的 10^{10} 倍，设复合负高次幂函数为：

$$y = \alpha_0 + \frac{\alpha_1}{u} + \frac{\alpha_2}{u^2} + \frac{\alpha_3}{u^3} + \frac{\alpha_4}{u^4}, \quad u = \sin x$$

采用对称抽取法（本例必须采用此法，否则得不到相同解），以中间一组为中轴每次分别向两端各取两组（共五组）数据求解（中间一组重复使用 35 次），经过 35 次求解，在保留三位小数的情况下，每次求解结果均相同，求解结果如表 4-29 所示。

表 4-29 求解结果（例 4-11）

α_0	α_1	α_2	α_3	α_4
−62.000	120.000	−76.000	218.000	0.000

解的整体检验见表 4-30。

表 4-30　解的整体检验（例 4-11）

x（新单位①）	$y_{计算}$（新单位②）	$y_{实际}$（新单位②）	偏差	x（新单位①）	$y_{计算}$（新单位②）	$y_{实际}$（新单位②）	偏差
0.1	212607.7131894820000	212607.7131894820000	0.0000000000000	0.35	5048.6587458857800	5048.6587458857800	0.0000000000000
0.11	159505.6673502840000	159505.6673502840000	0.0000000000000	0.36	4652.9273031719000	4652.9273031719000	0.0000000000000
0.12	122706.6779560370000	122706.6779560370000	0.0000000000000	0.37	4298.8082261820900	4298.8082261820900	0.0000000000000
0.13	96409.9299095988000	96409.9299095988000	0.0000000000000	0.38	3980.9529021150800	3980.9529021150800	0.0000000000000
0.14	77123.9426822325000	77123.9426822325000	0.0000000000000	0.39	3694.8173075392800	3694.8173075392800	0.0000000000000
0.15	62661.6964616885000	62661.6964616885000	0.0000000000000	0.4	3436.5243177946700	3436.5243177946700	0.0000000000000
0.16	51605.8707109541000	51605.8707109541000	0.0000000000000	0.41	3202.7522895739200	3202.7522895739200	0.0000000000000
0.17	43010.5888990221000	43010.5888990221000	0.0000000000000	0.42	2990.6444106827800	2990.6444106827800	0.0000000000000
0.18	36228.2287404660000	36228.2287404660000	0.0000000000000	0.43	2797.7345634054900	2797.7345634054900	0.0000000000000
0.19	30805.2708495014000	30805.2708495014000	0.0000000000000	0.44	2621.8863940233300	2621.8863940233300	0.0000000000000
0.2	26417.7112121269000	26417.7112121269000	0.0000000000000	0.45	2461.2430007764000	2461.2430007764000	0.0000000000000
0.21	22829.9051124600000	22829.9051124600000	0.0000000000000	0.46	2314.1852037376600	2314.1852037376600	0.0000000000000
0.22	19867.6991061575300	19867.6991061575000	0.0000000000000	0.47	2179.2967848404600	2179.2967848404600	0.0000000000000
0.23	17400.5055565744200	17400.5055565744200	0.0000000000000	0.48	2055.3354156377800	2055.3354156377800	0.0000000000000
0.24	15329.1067767966000	15329.1067767966000	0.0000000000000	0.49	1941.2082471898200	1941.2082471898200	0.0000000000000
0.25	13577.2084864433000	13577.2084864433000	0.0000000000000	0.5	1835.9513378497500	1835.9513378497500	0.0000000000000
0.26	12085.4947251481000	12085.4947251481000	0.0000000000000	0.51	1738.7122534487000	1738.7122534487000	0.0000000000000
0.27	10807.3807525521000	10807.3807525521000	0.0000000000000	0.52	1648.7353001331300	1648.7353001331300	0.0000000000000
0.28	9705.9375359491200	9705.9375359491200	0.0000000000000	0.53	1565.3489502138100	1565.3489502138100	0.0000000000000
0.29	8751.6364961732600	8751.6364961732600	0.0000000000000	0.54	1487.9551014471300	1487.9551014471300	0.0000000000000
0.3	7920.6764605333300	7920.6764605333300	0.0000000000000	0.55	1416.0198744847800	1416.0198744847800	0.0000000000000
0.31	7193.7291016366000	7193.7291016366000	0.0000000000000	0.56	1349.0657051154700	1349.0657051154700	0.0000000000000
0.32	6554.9887263380800	6554.9887263380800	0.0000000000000	0.57	1286.6645299559800	1286.6645299559800	0.0000000000000
0.33	5991.4458359302100	5991.4458359302100	0.0000000000000	0.58	1228.4318984347500	1228.4318984347500	0.0000000000000
0.34	5492.3268964044900	5492.3268964044900	0.0000000000000	0.59	1174.0218718209700	1174.0218718209700	0.0000000000000

x（新单位①）	y计算（新单位②）	y实际（新单位②）	偏差	x（新单位①）	y计算（新单位②）	y实际（新单位②）	偏差
0.6	1123.1225929211300	1123.1225929211300	0.0000000000000	0.85	477.1795493819120	477.1795493819120	0.0000000000000000
0.61	1075.4524288711500	1075.4524288711500	0.0000000000000	0.86	464.8787090257090	464.8787090257090	0.0000000000000000
0.62	1030.7566049688200	1030.7566049688200	0.0000000000000	0.87	453.1277724741490	453.1277724741490	0.0000000000000000
0.63	988.8042603374500	988.8042603374500	0.0000000000000	0.88	441.8969283563660	441.8969283563660	0.0000000000000000
0.64	949.3858668800030	949.3858668800030	0.0000000000000	0.89	431.1583506080620	431.1583506080620	0.0000000000000000
0.65	912.3109618702910	912.3109618702910	0.0000000000000	0.9	420.8860461869390	420.8860461869390	0.0000000000000000
0.66	877.4061519537790	877.4061519537790	0.0000000000000	0.91	411.0557160548060	411.0557160548060	0.0000000000000000
0.67	844.5133525530320	844.5133525530320	0.0000000000000	0.92	401.6446281404940	401.6446281404940	0.0000000000000000
0.68	813.4882319016310	813.4882319016310	0.0000000000000	0.93	392.6315011348450	392.6315011348450	0.0000000000000000
0.69	784.1988333361490	784.1988333361490	0.0000000000000	0.94	383.9963980901810	383.9963980901810	0.0000000000000000
0.7	756.5243531976090	756.5243531976090	0.0000000000000	0.95	375.7206289039600	375.7206289039600	0.0000000000000000
0.71	730.3540548461450	730.3540548461450	0.0000000000000	0.96	367.7866608614040	367.7866608614040	0.0000000000000000
0.72	705.5863019689480	705.5863019689480	0.0000000000000	0.97	360.1780364962510	360.1780364962510	0.0000000000000000
0.73	682.1276966393690	682.1276966393690	0.0000000000000	0.98	352.8792981038090	352.8792981038090	0.0000000000000300
0.74	659.8923095281790	659.8923095281790	0.0000000000000	0.99	345.8759183072070	345.8759183072070	0.0000000000003000
0.75	638.8009913292910	638.8009913292910	0.0000000000000	1	339.1542361371820	339.1542361371820	0.0000000000003000
0.76	618.7807558857970	618.7807558857970	0.0000000000000	1.01	332.7013981387860	332.7013981387860	0.0000000000000000
0.77	599.7642267245870	599.7642267245870	0.0000000000000	1.02	326.5053040657270	326.5053040657270	0.0000000000000000
0.78	581.6891397596620	581.6891397596620	0.0000000000000	1.03	320.5545567654280	320.5545567654280	0.0000000000000000
0.79	564.4978958312240	564.4978958312240	0.0000000000000	1.04	314.8384158957510	314.8384158957510	0.0000000000000000
0.8	548.1371575311550	548.1371575311550	0.0000000000000	1.05	309.3467551483130	309.3467551483130	0.0000000000000000
0.81	532.5574854437290	532.5574854437290	0.0000000000000	1.06	304.0700226837670	304.0700226837670	0.0000000000000000
0.82	517.7130095185740	517.7130095185740	0.0000000000000	1.07	298.9992045117840	298.9992045117840	0.0000000000000000
0.83	503.5611318038760	503.5611318038760	0.0000000000000	1.08	294.1257905730610	294.1257905730610	0.0000000000000000
0.84	490.0622572125610	490.0622572125610	0.0000000000000	1.09	289.4417433028020	289.4417433028020	0.0000000000000000

续表

x（新单位①）	y计算（新单位②）	y实际（新单位②）	偏差
1.1	284.9394684750570	284.9394684750570	0.0000000000000
1.11	280.6117881452840	280.6117881452840	0.0000000000000
1.12	276.4519155247020	276.4519155247020	0.0000000000000
1.13	272.4534316346870	272.4534316346870	0.0000000000000
1.14	268.6102636026950	268.6102636026950	0.0000000000000
1.15	264.9166644732050	264.9166644732050	0.0000000000000
1.16	261.3671944180480	261.3671944180480	0.0000000000000
1.17	257.9567032403290	257.9567032403290	0.0000000000000
1.18	254.6803140751210	254.6803140751210	0.0000000000000
1.19	251.5334081982240	251.5334081982240	0.0000000000000
1.2	248.5116108616670	248.5116108616670	0.0000000000000
1.21	245.6107780813820	245.6107780813820	0.0000000000000
1.22	242.8269843085780	242.8269843085780	0.0000000000000
1.23	240.1565109219600	240.1565109219600	0.0000000000000
1.24	237.5958354830040	237.5958354830040	0.0000000000000
1.25	235.1416217011840	235.1416217011840	0.0000000000000
1.26	232.7907100602820	232.7907100602820	0.0000000000000
1.27	230.5401090608270	230.5401090608270	0.0000000000000
1.28	228.3869870372430	228.3869870372430	0.0000000000000
1.29	226.3286645116000	226.3286645116000	0.0000000000000
1.3	224.3626070488060	224.3626070488060	0.0000000000000
1.31	222.4864185808930	222.4864185808930	0.0000000000000
1.32	220.6978351705160	220.6978351705160	0.0000000000000
1.33	218.9947191861710	218.9947191861710	0.0000000000000
1.34	217.3750538637510	217.3750538637510	0.0000000000000
1.35	215.8369382310290	215.8369382310290	0.0000000000000
1.36	214.3785823735260	214.3785823735260	0.0000000000000
1.37	212.9983030218540	212.9983030218540	0.0000000000000
1.38	211.6945194422280	211.6945194422280	0.0000000000000
1.39	210.4657496132730	210.4657496132730	0.0000000000000
1.4	209.3106066735820	209.3106066735820	0.0000000000000
1.41	208.2277956257590	208.2277956257590	0.0000000000000
1.42	207.2161102838130	207.2161102838130	0.0000000000000
1.43	206.2744304518650	206.2744304518650	0.0000000000000
1.44	205.4017193231480	205.4017193231480	0.0000000000000
1.45	204.5970210892260	204.5970210892260	0.0000000000000
1.46	203.8594587502180	203.8594587502180	0.0000000000000
1.47	203.1882321177100	203.1882321177100	0.0000000000000
1.48	202.5826160027700	202.5826160027700	0.0000000000000
1.49	202.0419585822460	202.0419585822460	0.0000000000000
1.5	201.5656799372620	201.5656799372620	0.0000000000000

① x 的新计量单位为原来计量单位（表 4-28 中 x 数据所用单位）的 10^7 倍。

② y 的新计量单位为原来计量单位（表 4-28 中 y 数据所用单位）的 10^{10} 倍。

表 4-30 数据表明，解能通过整体检验，所得求解结果为理论函数。函数为：

$$y = \frac{120}{\sin x} - \frac{76}{\sin^2 x} + \frac{218}{\sin^3 x} - 62$$

从以上例子来看，实验规模（数据的位数）足够大是获得理论函数（隐函数例外）的必要条件，小规模实验（数据位数较少）几乎不可能获得理论函数。当然，实验规模（数据的位数）足够大也未必能获得理论函数，只是为获得理论函数提供了可能。

4.3.2.4 用其它函数求解理论函数

用以上函数求解理论函数，不换元能求解的函数非常有限，而换元（复合函数）虽然可以大幅度增加可求解范围，但实现准确换元非常困难，换元具有盲目性和投机性。若以上尝试都失败，还可以采用其它函数继续尝试。其它函数主要指多元素（基本初等函数）混合高次负高次幂组合函数和多元素（递增负高次幂函数）混合高次负高次幂组合函数。

(1) 多元素（基本初等函数）混合高次负高次幂组合函数

多元素（基本初等函数）混合高次负高次幂组合函数的一般表示如下：

元素： $x, g_1(x), g_2(x), \cdots, g_m(x)$

函数： $y = y_1 + y_2 + \cdots + y_{m+1} + C_0$

$$y_1 = a_1 x + a_2 x^2 + \cdots + a_n x^n + \frac{A_1}{x} + \frac{A_2}{x^2} + \cdots + \frac{A_n}{x^n}$$

$$y_2 = b_1 g_1(x) + b_2 g_1^2(x) + \cdots + b_n g_1^n(x) + \frac{B_1}{g_1(x)} + \frac{B_2}{g_1^2(x)} + \cdots + \frac{B_n}{g_1^n(x)}$$

$$y_3 = c_1 g_2(x) + c_2 g_2^2(x) + \cdots + c_n g_2^n(x) + \frac{C_1}{g_2(x)} + \frac{C_2}{g_2^2(x)} + \cdots + \frac{C_n}{g_2^n(x)}$$

$$\cdots\cdots$$

$$y_{m+1} = w_1 g_m(x) + w_2 g_m^2(x) + \cdots + w_n g_m^n(x) + \frac{W_1}{g_m(x)} + \frac{W_2}{g_m^2(x)} + \cdots + \frac{W_n}{g_m^n(x)}$$

例如，以下函数为一个很不错的两元素混合高次负高次幂组合函数：

元素： $x, \sin x$

函数： $y = y_1 + y_2 + C_0$

$$y_1 = a_1 x + a_2 x^2 + \cdots + a_n x^n + \frac{A_1}{x} + \frac{A_2}{x^2} + \cdots + \frac{A_n}{x^n}$$

$$y_2 = b_1 \sin x + b_2 \sin^2 x + \cdots + b_n \sin^n x + \frac{B_1}{\sin x} + \frac{B_2}{\sin^2 x} + \cdots + \frac{B_n}{\sin^n x}$$

(2) 多元素（递增负高次幂函数）混合高次负高次幂组合函数

多元素（递增负高次幂函数）混合高次负高次幂组合函数的一般表示：

元素： $x, g_1(x), g_2(x), \cdots, g_m(x)$

$$g_1(x) = x + \frac{1}{x}$$

$$g_2(x) = x + \frac{1}{x} + \frac{1}{x^2}$$

$$\cdots\cdots$$

$$g_m(x) = x + \frac{1}{x} + \frac{1}{x^2} + \cdots + \frac{1}{x^m}$$

函数：
$$y = y_1 + y_2 + \cdots + y_{m+1} + C_0$$

$$y_1 = a_1 x + a_2 x^2 + \cdots + a_n x^n + \frac{A_1}{x} + \frac{A_2}{x^2} + \cdots + \frac{A_n}{x^n}$$

$$y_2 = b_1 g_1(x) + b_2 g_1^2(x) + \cdots + b_n g_1^n(x) + \frac{B_1}{g_1(x)} + \frac{B_2}{g_1^2(x)} + \cdots + \frac{B_n}{g_1^n(x)}$$

$$y_3 = c_1 g_2(x) + c_2 g_2^2(x) + \cdots + c_n g_2^n(x) + \frac{C_1}{g_2(x)} + \frac{C_2}{g_2^2(x)} + \cdots + \frac{C_n}{g_2^n(x)}$$

$$\cdots\cdots$$

$$y_{m+1} = w_1 g_m(x) + w_2 g_m^2(x) + \cdots + w_n g_m^n(x) + \frac{W_1}{g_m(x)} + \frac{W_2}{g_m^2(x)} + \cdots + \frac{W_n}{g_m^n(x)}$$

4.3.2.5 构建一般二元函数求解理论函数

通过引入变量 θ，两个变量 x、y 之间可构建二元函数：
$$y = x \tan\theta$$

对于给定的 m 个 x、y 对应关系 (a_i, b_i)，通过 $\theta = \arctan\dfrac{y}{x}$ 计算，可得到 m 个三维对应关系 (a_i, b_i, c_i)。现实中会存在这样的情况：直接求解 x、y 之间的关系不容易（可行），但求解 x 和 θ、y 和 θ，或 θ 与 x、y 的关系容易（可行），此时采用间接求解会是一种好的选择。这种间接求解方式，有以下几种基本途径：

① 先求 $\theta = g(x)$，得到 $y = x\tan[g(x)]$；

② $\theta = \arctan\dfrac{y}{x} = g(x) + h(x)$，或 $\theta = \arctan\dfrac{y}{x} = f(x, y)$；

③ 利用 $\theta = g(x) = h(y)$，得到 $h(y) = g(x)$；

④ 分别求 $x = f(\theta)$ 和 $y = g(\theta)$。

第 1 种途径得到 x、y 的显函数形式，第 2、3 种途径得到 x、y 的隐函数形式，第 4 种途径得到 x、y 函数的参数形式。

4.3.3 给定曲线的理论函数求解

4.3.3.1 一般说明

对于给定的光滑平面曲线 $[y = g(x)]$，建立适当坐标系（包括选择适当的计量单位），置曲线于所建坐标系，按照某种既定方式在曲线上取 m 个点形成 m 个 x、y 对应关系，见表 4-31。

表 4-31　曲线上 m 个 x、y 对应关系

点	P_1	P_2	$\cdots$	P_{m-1}	P_m
x	a_1	a_2	$\cdots$	a_{m-1}	a_m
y	b_1	b_2	$\cdots$	b_{m-1}	b_m

每次从 m 个对应关系中依次（或对称）抽取 5 组（n 组），用完整二次函数（或负高次幂函数、高次幂函数、其它函数）或其复合函数求解。经过若干次求解，若每次求解结果在保留 n（$n=0\sim14$）位小数时均相同且该解能通过整体检验❶，则所得求解结果为反映曲线变化规律的函数（理论函数）。

4.3.3.2 用完整二次函数及其复合函数求解理论函数举例

(1) 用完整二次函数求解举例

【例 4-12】 某平面物体的部分轮廓线如图 4-1 所示，试用完整二次函数求解该曲线的理论函数。

【解】 1）建立坐标系　把曲线导入（复制）到 CAD 软件中，在 CAD 默认坐标系下，把曲线左端点 A 置于点（0，0），见图 4-2。以此作为拟求曲线 $y=g(x)$。

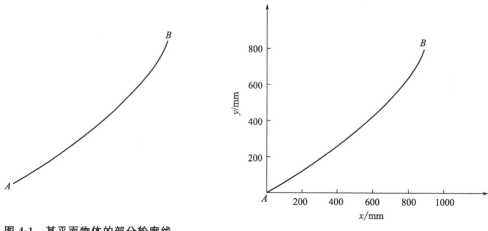

图 4-1　某平面物体的部分轮廓线

图 4-2　建立坐标系

以坐标原点为基点，把曲线放大 10 倍，见图 4-3。

2）移动曲线　在图中画出点 P（10^6，10^6），移动曲线，使点 A 重合于 P，见图 4-4。以图 4-2 为基准，$s=10^6+10x$，$t=10^6+10y$。

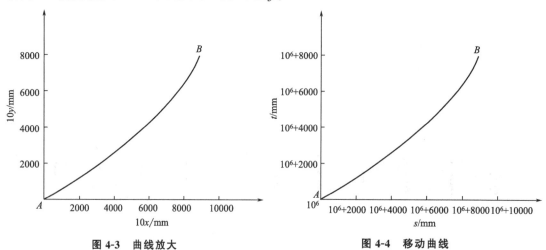

图 4-3　曲线放大

图 4-4　移动曲线

---

❶ 整体检验指用表 4-31 中 m 组对应值逐点检验拟定函数计算值与实际值的偏差情况（当 m 值足够大时）；当 m 不够大时，在曲线上另外再取 k 个点补充检验点数（通常，$k=m$，$k+m>140$），以共计 $m+k$ 个点进行检验。

3）图上取值　在图 4-4 中，把曲线进行 100 等分，提取等分点及端点坐标见表 4-32。

表 4-32　曲线上提取 101 个点的坐标

点	坐标值		点	坐标值	
	s	t		s	t
1	1000000.0000000000	1000000.0000000000	35	1003471.3552915000	1002201.8404663200
2	1000105.7177938800	1000058.8121287200	36	1003569.3133157600	1002272.8288283200
3	1000211.2256606000	1000118.0000621300	37	1003667.0065681200	1002344.1811139400
4	1000316.5232353800	1000177.5613132200	38	1003764.4315895100	1002415.8991684000
5	1000421.6100924300	1000237.4935464300	39	1003861.5847622100	1002487.9849798600
6	1000526.4857442900	1000297.7945736300	40	1003958.4623068600	1002560.4406863200
7	1000631.1496411000	1000358.4623504500	41	1004055.0603604500	1002633.2686448000
8	1000735.6011697700	1000419.4949728600	42	1004151.3748264200	1002706.4713304200
9	1000839.8396581300	1000480.8906770400	43	1004247.4013807000	1002780.0513511200
10	1000943.8644182000	1000542.6478629700	44	1004343.1354977400	1002854.0114792800
11	1001047.6746545700	1000604.7650386100	45	1004438.5724398500	1002928.3546568500
12	1001151.2694897100	1000667.2408325500	46	1004533.7072457500	1003003.0840009800
13	1001254.6479779000	1000730.0740007500	47	1004628.5347193000	1003078.2028106800
14	1001357.8091039000	1000793.2634246900	48	1004723.0495300400	1003153.7146645900
15	1001460.7517814700	1000856.8081095700	49	1004817.2460570900	1003229.6233169700
16	1001563.4748518100	1000920.7071829100	50	1004911.1183260900	1003305.9326652900
17	1001665.9770818900	1000984.9598931600	51	1005004.6600682200	1003382.6468177200
18	1001768.2571626600	1001049.5656087000	52	1005097.8647023700	1003459.7701015700
19	1001870.3137071000	1001114.5238168700	53	1005190.7253230200	1003537.3070784800
20	1001972.1452481900	1001179.8341233000	54	1005283.2348474700	1003615.2626966300
21	1002073.7502627700	1001245.4962682900	55	1005375.3857282400	1003693.6420817200
22	1002175.1271623700	1001311.5101226900	56	1005467.1699440100	1003772.4505581400
23	1002276.2742282100	1001377.8756470600	57	1005558.5790479500	1003851.6937233200
24	1002377.1896513700	1001444.5929190800	58	1005649.6041557500	1003931.3774755600
25	1002477.8715306500	1001511.6621342600	59	1005740.2361311000	1004011.5082214100
26	1002578.3178695800	1001579.0836064000	60	1005830.4651671200	1004092.0925563200
27	1002678.5265731500	1001646.8577681700	61	1005920.2808214400	1004173.1373400100
28	1002778.4954443600	1001714.9851719300	62	1006009.6720558200	1004254.6497841300
29	1002878.2221805400	1001783.4664907400	63	1006098.6274439700	1004336.6377050500
30	1002977.7043694100	1001852.3025195100	64	1006187.1348037900	1004419.1092586000
31	1003076.9394857200	1001921.4941770100	65	1006275.1810397000	1004502.0728608300
32	1003175.9249428400	1001991.0425470000	66	1006362.7522994100	1004585.5374101700
33	1003274.6580120300	1002060.9488276100	67	1006449.8342068900	1004669.5126050100
34	1003373.1358027800	1002131.2143223900	68	1006536.4111573600	1004754.0083706200

点	坐标值		点	坐标值	
	s	t		s	t
69	1006622.4664522900	1004839.0350867500	86	1007982.2206153600	1006379.5759887800
70	1006707.9826738600	1004924.6040822400	87	1008054.0862456400	1006476.8913276300
71	1006792.9410138800	1005010.7271121200	88	1008124.7032245400	1006575.1163195500
72	1006877.3211787900	1005097.4164006300	89	1008193.9866974500	1006674.2863343000
73	1006961.1019021300	1005184.6853379800	90	1008261.8418106500	1006774.4389814300
74	1007044.2600340600	1005272.5477385900	91	1008328.1621606900	1006875.6142467300
75	1007126.7707020800	1005361.0182093000	92	1008392.8279881300	1006977.8546977000
76	1007208.6075150700	1005450.1126193100	93	1008455.7038044900	1007081.2053685400
77	1007289.7415078100	1005539.8472357000	94	1008516.6356137000	1007185.7136600800
78	1007370.1419279100	1005630.2398913300	95	1008575.4475282800	1007291.4290845900
79	1007449.7750547300	1005721.3090357000	96	1008631.9376232600	1007398.4027569900
80	1007528.6046695100	1005813.0746647500	97	1008685.8728433800	1007506.6865037900
81	1007606.5911426400	1005905.5577457500	98	1008736.9827401200	1007616.3314016200
82	1007683.6915393500	1005998.7808756600	99	1008784.9517756300	1007727.3854717200
83	1007759.8587128600	1006092.7678251100	100	1008829.4098862900	1007839.8900965500
84	1007835.0413334000	1006187.5442980000	101	1008869.9208273700	1007953.8740078400
85	1007909.1826840000	1006283.1372841700			

4）函数求解 用完整二次函数求解，设完整二次函数为：

$$Au^2 + v^2 + Cuv + Du + Ev + F = 0, \quad u = \frac{s}{10^6}, \quad v = \frac{t}{10^6}$$

$$Au^2 + Cuv + Du + Ev + F = -v^2$$

表 4-32 中所有数据除以 10^6，采用对称抽取法，从表 4-32 中每次取 5 组数据求解（第 51 组重复使用 25 次），经过 25 次求解，在保留一位小数的情况下，每次求解结果均相同，求解结果如表 4-33 所示。

表 4-33 求解结果 （例 4-12）

A	C	D	E	F
0.5	-1.1	0.2	-0.9	0.4

曲线 AB 的表达式是：

$$\frac{1}{2}u^2 + v^2 - \frac{11}{10}uv + \frac{1}{5}u - \frac{9}{10}v + \frac{2}{5} = 0$$

$$5u^2 + 10v^2 - 11uv + 2u - 9v + 4 = 0$$

该曲线为椭圆局部。

5）解的整体检验 在图 4-4 中，把曲线进行 200 等分，提取曲线上 200 个点（更多点也一样），比较函数计算值与取点实际值，200 个点的平均偏差率为 $1.63 \times 10^{-7}\%$，最大偏差率为 $2.92 \times 10^{-6}\%$。

从严格意义上讲，所得解为近似函数（所有解均为小数）。从一般应用场景的精度要求及整体偏差检验来看，所得函数可以当作理论函数使用。

6）最终整体检验

$$u = \frac{s}{10^6} = 10^{-5}x + 1, \quad v = \frac{t}{10^6} = 10^{-5}y + 1$$

以图 4-2 为拟求曲线，$y = g(x)$ 函数是：

$$5(10^{-5}x + 1)^2 + 10(10^{-5}y + 1)^2 - 11(10^{-5}x + 1)(10^{-5}y + 1)$$
$$+ 2(10^{-5}x + 1) - 9(10^{-5}y + 1) + 4 = 0$$

在图 4-2 中，把曲线进行 200 等分，提取曲线上 200 个点（更多点也一样），比较函数计算值与取点实际值，200 个点的平均偏差率为 $4.01 \times 10^{-5}\%$，最大偏差率为 $1.29 \times 10^{-3}\%$。

（2）用复合完整二次函数求解举例

【例 4-13】 某物体的部分轮廓在 xOy 面的投影如图 4-5 所示，试用复合完整二次函数求解该曲线的理论函数。

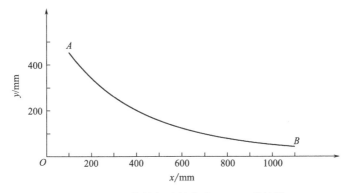

图 4-5　某物体的部分轮廓在 xOy 面的投影

1）曲线放大　把曲线导入（复制）到 CAD 中，在 CAD 默认坐标系下，以坐标原点为基点，把曲线放大 1000 倍，见图 4-6。

2）图上取值　在图 4-6 中，以 10000 为间距，把曲线所在的横坐标区间 $[1 \times 10^5, 11 \times 10^5]$ 进行 100 等分，过所有等分点及端点作直线 $x = 100000$，$x = 110000$，…，$x = 1100000$，所作等分线与曲线 AB 形成 101 个交点，提取这 101 个交点的坐标（将 x、y 调整为计量单位分别为 m、dm 的数值），见表 4-34。

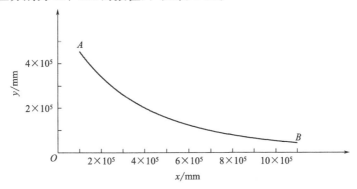

图 4-6　曲线放大 1000 倍

表 4-34　曲线上提取 101 个点的坐标（例 4-13）

点	坐标值		点	坐标值	
	$s=\dfrac{x}{10^3}$	$v=\dfrac{y}{10^2}$		$s=\dfrac{x}{10^3}$	$v=\dfrac{y}{10^2}$
1	0.10	4.5392276278575000	36	0.45	1.7710386392931000
2	0.11	4.4101076386635000	37	0.46	1.7274002887336000
3	0.12	4.2851901747910000	38	0.47	1.6850073488562000
4	0.13	4.1643227129189000	39	0.48	1.6438201251590000
5	0.14	4.0473587607995000	40	0.49	1.6038003373287000
6	0.15	3.9341576047911000	41	0.50	1.5649110640673000
7	0.16	3.8245840683210000	42	0.51	1.5271166902097000
8	0.17	3.7185082807977000	43	0.52	1.4903828560320000
9	0.18	3.6158054565107000	44	0.53	1.4546764086578000
10	0.19	3.5163556830793000	45	0.54	1.4199653554712000
11	0.20	3.4200437190278000	46	0.55	1.3862188194506000
12	0.21	3.3267588000870000	47	0.56	1.3534069963411000
13	0.22	3.2363944538376000	48	0.57	1.3215011135858000
14	0.23	3.1488483223274000	49	0.58	1.2904733909419000
15	0.24	3.0640219923138000	50	0.59	1.2602970027091000
16	0.25	2.9818208327951000	51	0.60	1.2309460414999000
17	0.26	2.9021538395109000	52	0.61	1.2023954834889000
18	0.27	2.8249334861063000	53	0.62	1.1746211550752000
19	0.28	2.7500755816667000	54	0.63	1.1475997008995000
20	0.29	2.6774991343445000	55	0.64	1.1213085531571000
21	0.30	2.6071262208110000	56	0.65	1.0957259021528000
22	0.31	2.5388818612777000	57	0.66	1.0708306680444000
23	0.32	2.4726938998441000	58	0.67	1.0466024737239000
24	0.33	2.4084928899387000	59	0.68	1.0230216187896000
25	0.34	2.3462119846303000	60	0.69	1.0000690545619000
26	0.35	2.2857868315976000	61	0.70	0.9777263600982000
27	0.36	2.2271554725533000	62	0.71	0.9559757191673000
28	0.37	2.1702582469284000	63	0.72	0.9347998981393000
29	0.38	2.1150376996312000	64	0.73	0.9141822247557000
30	0.39	2.0614384927040000	65	0.74	0.8941065677405000
31	0.40	2.0094073207062000	66	0.75	0.8745573172189000
32	0.41	1.9588928296644000	67	0.76	0.8555193659078000
33	0.42	1.9098455394314000	68	0.77	0.8369780910472000
34	0.43	1.8622177693093000	69	0.78	0.8189193370418000
35	0.44	1.8159635667917000	70	0.79	0.8013293987815000

点	坐标值		点	坐标值	
	$s=\dfrac{x}{10^3}$	$v=\dfrac{y}{10^2}$		$s=\dfrac{x}{10^3}$	$v=\dfrac{y}{10^2}$
71	0.80	0.7841950056146000	87	0.96	0.5626365671496000
72	0.81	0.7675033059454000	88	0.97	0.5515707945250000
73	0.82	0.7512418524298000	89	0.98	0.5407809831432000
74	0.83	0.7353985877463000	90	0.99	0.5302597678733000
75	0.84	0.7199618309155000	91	1.00	0.5200000000000000
76	0.85	0.7049202641485000	92	1.01	0.5099947401028000
77	0.86	0.6902629202004000	93	1.02	0.5002372511957000
78	0.87	0.6759791702089000	94	1.03	0.4907209921179000
79	0.88	0.6620587119976000	95	1.04	0.4814396111644000
80	0.89	0.6484915588259990	96	1.05	0.4723869399480000
81	0.90	0.6352680285669000	97	1.06	0.4635569874830000
82	0.91	0.6223787332937000	98	1.07	0.4549439344824000
83	0.92	0.6098145692619000	99	1.08	0.4465421278594000
84	0.93	0.5975667072679000	100	1.09	0.4383460754258000
85	0.94	0.5856265833699000	101	1.10	0.4303504407793000
86	0.95	0.5739858899567000			

3）函数求解　用复合完整二次函数求解，设复合完整二次函数为：

$$Au^2+Bv^2+Cuv+Du+Ev+F=0, \quad s=\frac{x}{1000}, \quad u=0.1^s, \quad v=\frac{y}{100}$$

x、y 的计量单位均为 mm。方程组的形成采用以下表达式（假定 $E\neq0$）：

$$A_1u^2+B_1v^2+C_1uv+D_1u+F_1=-v$$

采用依次抽取法，从表 4-34 中每次取 5 组数据求解，经过 20 次求解，在保留两位小数的情况下，每次求解结果均相同，求解结果如表 4-35 所示。

表 4-35　求解结果

A	B	C	D	E	F
2.00	0.00	0.00	4.00	-1.00	0.10

在给定坐标系及计量单位下，曲线 AB 的函数是：

$$v=2u^2+4u+0.1$$

$$y=200(0.1)^{\frac{x}{500}}+400(0.1)^{\frac{x}{1000}}+10$$

4）解的整体检验　等分曲线 AB，提取曲线上 200 个点（更多点也一样），比较函数计算值与取点实际值，200 个点的平均偏差率为 6.57×10^{-5}％，最大偏差率为 4.58×10^{-3}％。

从偏差结果来看，所得解只能算是近似函数。从解的情况（基本为整数）及整个求解过程（包括曲线的形成及数据的使用）来说，所得解应为理论函数。偏差过大的原因很大程度上是换元中的指数运算及曲线的放大处理。

复合理论函数是一种投机行为的产物，其获得具有偶然性。本例之所以能解出理论函数，是因为实现了准确换元，这一点对于绝大多数现实情况来说几乎是无法做到的。在现实中，类似本例的曲线一般只能求解近似函数。举此例的目的主要在于介绍理论函数的求解方法。此外，还想说明一点——利用复合函数求解理论函数的可能性是存在的。

4.3.3.3 用负高次幂函数及其复合函数求解理论函数举例

(1) 用负高次幂函数求解举例

【例4-14】 某物体做平面运动，其部分运动轨迹如图4-7中曲线 ABC 所示，试用负高次幂函数求解该曲线的理论函数。

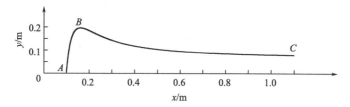

图4-7 某物体的平面运动轨迹

1) 曲线放大 把曲线导入（复制）到 CAD 中，在 CAD 默认坐标系下，以坐标原点为基点，把曲线放大 1×10^6 倍。

2) 图上取值 在放大图中，把曲线所属 x 的区间进行 100 等分，过所有等分点及端点作竖直等分线与曲线 ABC 形成 101 个交点，提取这 101 个交点的坐标（将 x、y 调整为计量单位均为 m 的数值），见表4-36。

表4-36 曲线上提取101个点的坐标（例4-14）

点	坐标值		点	坐标值	
	x	y		x	y
1	0.1	0.0000000000000000	16	0.25	0.1620000000000000
2	0.11	0.0897595792637100	17	0.26	0.1577787892580800
3	0.12	0.1412962962963000	18	0.27	0.1537626378092800
4	0.13	0.1704551661356400	19	0.28	0.1499562682215700
5	0.14	0.1861807580174900	20	0.29	0.1463581942679100
6	0.15	0.1937037037037000	21	0.3	0.1429629629629600
7	0.16	0.1961718750000000	22	0.31	0.1397626800040300
8	0.17	0.1955241196824700	23	0.32	0.1367480468750000
9	0.18	0.1929766803840900	24	0.33	0.1339090630826200
10	0.19	0.1893031054089500	25	0.34	0.1312354976592700
11	0.2	0.1850000000000000	26	0.35	0.1287172011661800
12	0.21	0.1803876471223400	27	0.36	0.1263443072702300
13	0.22	0.1756724267468100	28	0.37	0.1241073579057500
14	0.23	0.1709862743486500	29	0.38	0.1219973757107400
15	0.24	0.1664120370370400	30	0.39	0.1200059003017600

续表

点	坐标值		点	坐标值	
	x	y		x	y
31	0.4	0.1181250000000000	67	0.76	0.0872510570053900
32	0.41	0.1163472671609500	68	0.77	0.0868853073052800
33	0.42	0.1146658028290700	69	0.78	0.0865318026264800
34	0.43	0.1130741947249900	70	0.79	0.0861899971401900
35	0.44	0.1115664913598800	71	0.8	0.0858593750000000
36	0.45	0.1101371742112500	72	0.81	0.0855394484053700
37	0.46	0.1087811292841300	73	0.82	0.0852297558073700
38	0.47	0.1074936189476300	74	0.83	0.0849298602451600
39	0.48	0.1062702546296300	75	0.84	0.0846393478026100
40	0.49	0.1051069707349800	76	0.85	0.0843578261754500
41	0.5	0.1040000000000000	77	0.86	0.0840849233400800
42	0.51	0.1029458503893700	78	0.87	0.0838202863160800
43	0.52	0.1019412835685000	79	0.88	0.0835635800150300
44	0.53	0.1009832949347500	80	0.89	0.0833144861689000
45	0.54	0.1000690951582600	81	0.9	0.0830727023319600
46	0.55	0.0991960931630400	82	0.91	0.0828379409504900
47	0.56	0.0983618804664700	83	0.92	0.0826099284951100
48	0.57	0.0975642167900500	84	0.93	0.0823884046511700
49	0.58	0.0968010168518600	85	0.94	0.0821731215626600
50	0.59	0.0960703382526900	86	0.95	0.0819638431258200
51	0.6	0.0953703703703700	87	0.96	0.0817603443287000
52	0.61	0.0946994241808800	88	0.97	0.0815624106333800
53	0.62	0.0940559229297400	89	0.98	0.0813698373976800
54	0.63	0.0934383935820100	90	0.99	0.0811824293336400
55	0.64	0.0928454589843800	91	1	0.0810000000000000
56	0.65	0.0922758306782000	92	1.01	0.0808223713264400
57	0.66	0.0917283023068100	93	1.02	0.0806493731671800
58	0.67	0.0912017435655300	94	1.03	0.0804808428820700
59	0.68	0.0906950946468600	95	1.04	0.0803166249431000
60	0.69	0.0902073611377500	96	1.05	0.0801565705647300
61	0.7	0.0897376093294500	97	1.06	0.0800005373563400
62	0.71	0.0892849619039400	98	1.07	0.0798483889953200
63	0.72	0.0888485939643300	99	1.08	0.0796999949194700
64	0.73	0.0884277293794400	100	1.09	0.0795552300373200
65	0.74	0.0880216374153600	101	1.1	0.0794139744553000
66	0.75	0.0876296296296300			

3) 函数求解　用负高次幂函数求解，设负高次幂函数为：

$$y = \alpha_0 + \frac{\alpha_1}{x} + \frac{\alpha_2}{x^2} + \frac{\alpha_3}{x^3} + \frac{\alpha_4}{x^4}$$

采用依次抽取法，从表 4-36 中每次取 5 组数据求解，经过 20 次求解，在保留五位小数的情况下，每次求解结果均相同，求解结果如表 4-37 所示。

表 4-37　求解结果（例 4-14）

α_0	α_1	α_2	α_3	α_4
0.07000	0.00300	0.00900	-0.00100	0.00000

4) 解的整体检验　等分曲线 ABC，提取曲线上 200 个点（更多点也一样），比较函数计算值与取点实际值，200 个点的平均偏差率为 $1.43 \times 10^{-6}\%$，最大偏差率为 $1.71 \times 10^{-4}\%$。在图 4-7 给定坐标系及以 m 为计量单位的情况下，曲线 ABC 的函数是：

$$y = 0.07 + \frac{0.003}{x} + \frac{0.009}{x^2} - \frac{0.001}{x^3}$$

(2) 用复合负高次幂函数求解举例

【例 4-15】　某实验获得 x、y 光滑曲线见图 4-8，试用复合负高次幂函数求解该曲线的理论函数。

1) 图上取值　在图 4-8 中，把曲线所属 x 的区间进行 100 等分，过所有等分点及端点作竖直等分线与曲线 ABC 形成 101 个交点，提取这 101 个交点的坐标（将 x、y 调整为计量单位均为 m 的数值），见表 4-38。

x 的计量单位调整为吨（t），y 的计量单位 [毫克（mg）] 不变，见图 4-9。

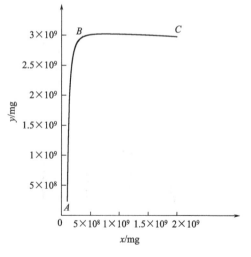

图 4-8　x、y 实验曲线

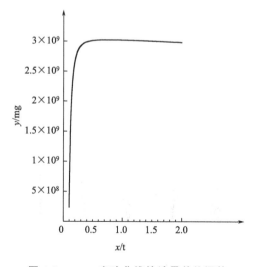

图 4-9　x、y 实验曲线的计量单位调整

表 4-38　曲线上提取 101 个点的坐标（例 4-15）

点	坐标值 x	坐标值 y	点	坐标值 x	坐标值 y
1	0.1000000000000000	230558336.592830	37	0.1307423965622800	1830353768.585320
2	0.1004909720653700	275003586.219960	38	0.1323664431956700	1874772043.412130
3	0.1009930423292600	319448711.853780	39	0.1340801569369000	1919186947.754330
4	0.1015066539237900	363893705.603470	40	0.1358923452323800	1963597941.452410
5	0.1020322754037500	408338558.931780	41	0.1378130827225000	2008004370.709330
6	0.1025704027638100	452783262.589190	42	0.1398539556292900	2052405438.034460
7	0.1031215615296200	497227806.541070	43	0.1420283661611700	2096800162.474170
8	0.1036863090696300	541672179.885630	44	0.1443519150804200	2141187326.369480
9	0.1042652371322300	586116370.761730	45	0.1468428871737200	2185565403.164520
10	0.1048589746352900	630560366.244910	46	0.1495228737834400	2229932458.157320
11	0.1054681907375200	675004152.230020	47	0.1524175802090600	2274286009.974230
12	0.1060935982270400	719447713.298350	48	0.1555578858747500	2318622833.997010
13	0.1067359572656700	763891032.566930	49	0.1589812552018900	2362938678.295540
14	0.1073960795353700	808334091.517100	50	0.1627336428238100	2407227844.798120
15	0.1080748328362900	852776869.799140	51	0.1668721075243400	2451482557.895230
16	0.1087731461995200	897219345.009020	52	0.1714684607286500	2495691988.837600
17	0.1094920155804700	941661492.432500	53	0.1766144538643300	2539840706.404060
18	0.1102325102147600	986103284.751200	54	0.1824292985888700	2583906140.350970
19	0.1109957797296500	1030544691.703720	55	0.1890707866084700	2627854286.216910
20	0.1117830621176300	1074985679.694170	56	0.1967520374039000	2671632159.023800
21	0.1125956927016900	1119426211.338090	57	0.2057670573436400	2715154005.631490
22	0.1134351142382700	1163866244.934400	58	0.2165296983039300	2758275120.913860
23	0.1143028883353500	1208305733.848960	59	0.2296307021474800	2800740580.903140
24	0.1152007083904600	1252744625.792590	60	0.2459087546174700	2842084656.141910
25	0.1161304142963400	1297182861.972180	61	0.2664866728766500	2881449347.402720
26	0.1170940092050100	1341620376.088680	62	0.2925892651152800	2917360440.996030
27	0.1180936786999800	1386057093.149650	63	0.3248475052886900	2947832530.922200
28	0.1191318127978300	1430492928.055750	64	0.3624549596458200	2971398635.516400
29	0.1202110312845200	1474927783.910740	65	0.4035447939369500	2988238285.965300
30	0.1213342130009900	1519361549.990990	66	0.4464514121535800	2999763687.237710
31	0.1225045298278700	1563794099.293970	67	0.4902071064067400	3007524879.994480
32	0.1237254862844500	1608225285.562330	68	0.5343471100005300	3012711883.856410
33	0.1250009658738400	1652654939.651320	69	0.5786609321003400	3016136662.203720
34	0.1263352855725700	1697082865.068210	70	0.6230534122351300	3018337116.987590
35	0.1277332602125400	1741508832.460330	71	0.6674808577473000	3019670887.296280
36	0.1292002789455100	1785932572.758290	72	0.7119229072245600	3020379371.690830

点	坐标值		点	坐标值	
	x	y		x	y
73	0.7563700250587700	3020628442.094220	88	1.4228898748684600	3005518341.095020
74	0.8008178033712200	3020534058.746000	89	1.4673097808444300	3003939447.618930
75	0.8452642942215800	3020178544.190340	90	1.5117273346866100	3002295728.982790
76	0.8897087301710300	3019621095.604980	91	1.5561422383253200	3000581912.555400
77	0.9341508993509000	3018904710.439420	92	1.6005541230352000	2998791594.429280
78	0.9785908368746300	3018060830.110010	93	1.6449625352932500	2996917148.717630
79	1.0230286722946800	3017112511.749270	94	1.6893669180462100	2994949595.149120
80	1.0674645550333000	3016076625.830430	95	1.7337665859916300	2992878420.555340
81	1.1118986190334000	3014965401.033210	96	1.7781606928784600	2990691346.161300
82	1.1563309669765600	3013787521.381820	97	1.8225481880882300	2988374030.523600
83	1.2007616640099400	3012548911.885510	98	1.8669277585566700	2985909692.761720
84	1.2451907357725500	3011253303.497250	99	1.9112977504643500	2983278636.520820
85	1.2896181679859200	3009902638.380410	100	1.9556560624134800	2980457644.588120
86	1.3340439061818900	3008497358.026150	101	1.9999999999999800	2977419229.927380
87	1.3784678547546800	3007036602.488120			

2）函数求解　用复合负高次幂函数求解，设复合负高次幂函数为：

$$y = \alpha_0 + \frac{\alpha_1}{u} + \frac{\alpha_2}{u^2} + \frac{\alpha_3}{u^3} + \frac{\alpha_4}{u^4}, \quad u = \tan x$$

采用对称抽取法，从表 4-38 中每次取 5 组数据求解（第 51 组重复使用 25 次），经过 25 次求解，在保留四位小数的情况下（采用科学计数），每次求解结果均相同，求解结果如表 4-39 所示。

表 4-39　求解结果（例 4-15）

α_0	α_1	α_2	α_3	α_4
3.00×10^9	4.00×10^7	-2.00×10^7	8.00×10^5	-2.00×10^5

3）解的整体检验　等分曲线 ABC，提取曲线上 200 个点（更多点也一样），比较函数计算值与取点实际值，200 个点的平均偏差率为 3.09×10^{-7}%，最大偏差率为 5.50×10^{-5}%。在图 4-9 计量单位下，曲线 ABC 的函数是：

$$y = 3 \times 10^9 + \frac{4 \times 10^7}{\tan x} - \frac{2 \times 10^7}{\tan^2 x} + \frac{8 \times 10^5}{\tan^3 x} - \frac{2 \times 10^5}{\tan^4 x}$$

本例没有采用放大（或平移）图像获取数据，是因为数据已经足够大。从前面几个例子可以看出，采用放大（或平移）图像可以获得位数足够多的数值，从而解决实验规模问题（4.3.2.3 节中，实验规模足够大是获得理论函数的必要条件）。简单来看，采用小规模实验，然后根据曲线求解函数（通过放大或平移图像来获得位数足够多的数据）的求解路径似乎没有问题，但是，这只是逻辑上的可行结论，求解结果是否真的可靠需要实践的检验。

　　对于现实中的实物曲线，比如物体轮廓线、运动轨迹线等采用放大（或平移）图像获取数据后求解函数（包括近似函数）是可行、可靠的，因为曲线的范围是明确的。但对于实验曲线（实验规模决定曲线的范围），其范围是不明确的，采用放大（或平移）图像来求解函数的方法需通过实践做更多证实。

第 5 章

近似函数求解

本章从近似函数的基本概念开始，讨论近似函数求解的一般问题、一般方法和近似程度评价方法。重点讨论影响近似函数求解精度的主要因素及求解过程中的各种需要着重解决的问题。分别详细介绍给定函数、给定曲线、给定数值对应关系等三种基本应用场景的近似函数求解方法和步骤。分别举例演示利用完整二次函数、负高次幂函数、通用函数、多种组合函数求解实物曲线近似函数的详细过程；举例演示利用累计方法（化繁为简）迂回求解复杂数据曲线近似函数的详细过程；举例演示利用累计方法迂回求解折线型数据的近似函数、变化区间、概率（估值）及分析对象最终期望值的详细过程。

5.1 概述

5.1.1 近似函数的基本概念

(1) 一般概念

函数是描述事物之间客观数量关系的系统。现实中，这种描述可能是高度准确的——理论函数，也可能是接近准确的——近似函数。准确性与函数的获得方式有很大关系。与理论函数的绝对性相比，近似函数反映函数的相对性。近似函数，指通过实验或常规实践（或非理论推导）获得的，在一定范围、一定程度上接近准确地描述事物之间数量关系的函数类型。

近似函数概念首先可以从两个函数的近似来展开，其确切定义是：

对于定义在集合 D_f 上的两个函数 $y = f(x)$ 和 $y = g(x)$，若对于 D_f 内的任意一点 x_0，总有

$$f(x_0) \approx g(x_0),$$

则称 $y = g(x)$ 为 $y = f(x)$ 的近似函数，记为 $f(x) \approx g(x)$。

同理，有等价函数概念：若对于 D_f 内的任意一点 x_0，总有

$$f(x_0) = g(x_0),$$

则称 $y = g(x)$ 为 $y = f(x)$ 的等价函数，记为 $f(x) = g(x)$。

$f(x) \cong g(x)$ 表示 $y = g(x)$ 与 $y = f(x)$ 高度近似。

现实中，$x \in D_f$ 通常为 $x \in [a, b]$，有时为 $x \in (a, b)$，或 $x \in [a, b)$，或 $x \in (a, b]$。

近似函数的应用有三种基本情形：① 某个函数与另一个函数近似；② 某个函数近似描述某条特定曲线；③ 某个函数近似描述特定系列变量对应值。

情形①有理论意义，但没有多少现实意义（因为两个变量之间的关系已经被准确描述），下面着重讨论情形②、③。本章只讨论一元近似函数，不涉及多元近似函数。

（2）描述曲线的近似函数

对于给定曲线 L，在自变量 x 的区间 $[a, b]$ 上，假设准确描述该曲线的函数为 $y = f(x)$，若存在函数 $y = g(x)$，对于 $[a, b]$ 内曲线上任意一点 $(x_0, f(x_0))$，总有

$$g(x_0) \approx f(x_0),$$

则称 $y = g(x)$ 为描述曲线 L 的近似函数。

（3）描述数值对应关系的近似函数

给定的数值对应关系见表 5-1，$x \in [a_1, a_n]$（$a_1 < a_2 < \cdots < a_{n-1} < a_n$）。

表 5-1 给定 *x*、*y* 对应关系

x	a_1	a_2	$\cdots$	a_{n-1}	a_n
y	b_1	b_2	$\cdots$	b_{n-1}	b_n

若存在函数 $y = g(x)$，对于 $[a_1, a_n]$ 内的任意一点 (a_i, b_i)，总有

$$g(a_i) \approx b_i,$$

则称 $y = g(x)$ 为描述表 5-1 数值对应关系的近似函数。

在此需要特别说明，以上表述基于一个前提——x、y 之间存在函数关系（满足函数关系成立条件）。具体表现为以下几点：①用表 5-1 中的点能画出一条光滑曲线；②n 足够大；③数据密度足够大，$a_i - a_{i-1}$ 足够小。

5.1.2 近似程度评价

近似程度一般用偏差（率）衡量。偏差（率）越小，近似程度越高；偏差（率）越大，近似程度越低。当偏差（率）超过一定数值时，则不能称作近似函数。偏差（率）按以下方式计算。

$$\delta_i = \left| \frac{g(x_i) - f(x_i)}{f(x_i)} \right| \times 100\%, \quad i = 1, 2, \cdots, n$$

式中 δ_i——某点偏差（率）；

$g(x_i)$——某点用拟定函数计算的函数值；

$f(x_i)$——某点实际函数值。

平均偏差（率）：

$$\bar{\delta} = \frac{1}{n} \sum_{i=1}^{n} \delta_i, \quad i = 1, 2, \cdots, n$$

最大偏差（率）：

$$\delta_M = \max\{\delta_i\}, \quad i = 1, 2, \cdots, n$$

5.1.3 近似函数求解的一般问题

近似函数求解面临的一般问题是：当给定一条曲线 $L[y=f(x)]$ [一组数值对应关系 (a_i,b_i)]，如何找到一个函数 $y=g(x)$，使得该函数能够满足对于曲线上任意一点 $(x_0,f(x_0))$ [数值对应关系中的任何一个关系 (a_0,b_0)]，总有

$$g(x_0) \approx f(x_0) \quad [g(a_0) \approx b_0]$$

恒成立。

解决这个问题可分为两个基本步骤，首先是寻找函数，然后是验证近似关系。利用前面介绍的完整二次函数、负高次幂函数、通用函数、组合函数可以解决函数寻找问题——对于给定的一般曲线，总可以找到某个负高次幂函数（或通用函数、组合函数、完整二次函数）来表示（近似表示或分段近似表示）该曲线。近似关系验证没有捷径，对于曲线，应在曲线上取足够多的点检验，对于给定数值对应关系应逐点检验。

5.1.4 近似函数求解的一般方法

近似函数求解的一般方法是求解多元线性方程组。当给定一条曲线时，欲寻找表示该曲线的函数，首先，在曲线上取点（数目适当），然后设定一个负高次幂函数（或通用函数、组合函数、完整二次函数），把所取点的数值（x、y 对应值）逐个代入函数（用函数值相等形成方程），每个点形成一个以系数（常数）为未知数的线性方程，全部点代入形成一个线性方程组，解方程组即可得到全部系数，函数即告找到。

5.1.5 近似函数求解需着重解决的问题

影响近似程度（求解精度）的因素很多，除求解对象（特定曲线）的具体特性外，主要因素是：增广矩阵的秩、自变量变化区间的综合跨度、因变量变化区间的综合跨度。用两个多元函数概括如下。

① 第一个多元函数：

$$\delta = f(r_B, p, q) \tag{5-1}$$

式中　δ——偏差（率）；

r_B——方程组增广矩阵 $B=(Ab)$ 的秩；

p——自变量 x 区间综合跨度，见式（5-2）；

q——因变量 y 区间综合跨度，见式（5-3）。

$$x \in [a,b], \ p_1=b-a, \ p_2=\frac{b}{a}, \ p=u(p_1,p_2) \tag{5-2}$$

$$y \in [c,d], \ q_1=d-c, \ q_2=\frac{d}{c}, \ q=v(q_1,q_2) \tag{5-3}$$

在 $\delta=f(r_B,p,q)$ 关系中，一般情况下，增广矩阵的秩 r_B 或系数矩阵的秩 r_A 增大，有利于偏差 δ 减小；区间综合跨度 p、q 减小，有利于偏差 δ 减小。

② 第二个多元函数：

$$r_B = g(m,n,p,q) \tag{5-4}$$

式中　r_B——方程组增广矩阵 $\pmb{B}=(\pmb{A}_{m \times n} \quad \pmb{b})$ 的秩；

　　　m——方程组系数矩阵 $\pmb{A}_{m \times n}$ 的行数；

　　　n——系数矩阵 $\pmb{A}_{m \times n}$ 的列数；

　　　p——自变量 x 区间综合跨度，见式（5-2）；

　　　q——因变量 y 区间综合跨度，见式（5-3）。

除求解对象（特定曲线）的具体特性外，影响增广矩阵的秩的主要因素是：方程组系数矩阵 $\pmb{A}_{m \times n}$ 的行数（方程个数、求解取点数）、方程组系数矩阵 $\pmb{A}_{m \times n}$ 的列数（方程组未知数个数、函数中的系数个数）、自变量变化区间综合跨度、因变量变化区间综合跨度。

在 $r_B = g(m, n, p, q)$ 关系中，系数矩阵 $\pmb{A}_{m \times n}$ 的列数 n 增大，则系数矩阵的秩 r_A、增广矩阵的秩 r_B 增大；系数矩阵 $\pmb{A}_{m \times n}$ 的行数 m 增大，系数矩阵的秩 r_A、增广矩阵的秩 r_B 有增大倾向；区间综合跨度 p、q 减小，系数矩阵的秩 r_A、增广矩阵的秩 r_B 有减小倾向。

联立式（5-1）、式（5-2），可得：

$$\delta = h(m, n, p, q)$$

因此，近似函数求解主要解决：函数选择、幂次选择、区间处理、取点、方程组的形成与求解等问题。m、n、p、q 主要与这些问题有关。这些问题并不是独立的，往往是彼此关联、相互影响、互相制约、相互矛盾的。一个理想的求解结果是通过妥善解决以上问题而获得的。

(1) 函数选择问题

函数选择将直接决定 n 的大小。如果选择完整二次函数，则 $n=5$，$r_A \leqslant 5$，$r_B \leqslant 5$；如果选择负高次幂函数（包括通用函数），在采用普通计算机情况下，$n \leqslant 16$，$r_A \leqslant 16$，$r_B \leqslant 16$。利用组合函数可以根据需要灵活增大 n 值。一般情况下，在 m、p、q 保持不变时，n 增大（函数中系数增多、方程组未知数数目增多、系数矩阵的秩增大），δ 减小（近似程度提高）；反之，n 减小，δ 增大（近似程度降低）。

函数选择对求解精度有决定性影响，在整个求解过程中，具有战略性意义。函数选择一般应着重考虑以下几个方面：① 满足近似程度（精度）要求；② 结合应用场景需求；③ 结合曲线的具体特点；④ 尽可能简化函数表达。

(2) 区间问题

在函数求解的实际操作中，一般都需要进行区间处理，否则，很难解出满意的结果。区间处理主要指压缩和拉升区间综合跨度，即调整 $r_B = g(m, n, p, q)$、$\delta = h(m, n, p, q)$ 中的 p、q 值。

在函数求解中的区间问题是：当选定函数后，应该采用什么样的区间（或怎样处理区间）进行求解，能确保求解精度较优？这个问题是一个复杂问题，不能一概而论，通常，需要结合实际求解的具体情况，分析尝试后具体解决。不过，可以从区间调整的方向上、宏观层面上作一些探讨。

1）区间跨度对矩阵秩和求解精度的影响　一般情况下，压缩区间跨度有利于提高求解精度，但可能会导致矩阵秩的减小。拉升区间跨度不利于提高求解精度，但有利于增大系数矩阵的秩。在压缩区间跨度不会导致系数矩阵秩减小的情况下，应该采用压缩区间跨度进行求解。在拉升区间跨度可以显著（大幅度）增大系数矩阵秩的情况下，应该尝试采用拉升区间跨度进行求解。在采用完整二次函数、负高次幂函数（通用函数）求解时，一般只需考虑如何压缩区间跨度，不需考虑拉升问题。在利用组合函数求解时，压缩和拉升都需要考虑。

2）区间跨度的一般调整方法　在函数求解的实际操作中，一般需要通过简单换元（平移和倍除）将 $x \in [a, b]$ 变换为 $u \in [\lambda, \mu]$ 再进行求解。$x \in [a, b] \Rightarrow u \in [\lambda, \mu]$ 的一般换算方法是：

$$u = \frac{x - a}{(b - a) \times \dfrac{1}{\mu - \lambda}} + \lambda$$

压缩因变量区间综合跨度 q 可以提高方程组解的精度，但通常对最终求解精度 δ 值没有显著改善，因此，一般对因变量区间综合跨度不做调整或仅做倍除换算 $\left(v = \dfrac{y}{10^n} \right)$。

3）几种常用的区间　不同函数适宜采用的区间不同，不同曲线（求解对象）的较优求解区间不同。抛开求解对象的具体情况，有一些区间可以作为一般性求解区间（若采用这些区间来求解，则结果一般不会差）加以采用。

① 完整二次函数常用区间：
$$u \in [1, 1.1] \text{ 或 } u \in [1, 2]$$

② 负高次幂函数（通用函数）常用区间：
$$u \in [0.5, 1.5]，\text{ 或 } u \in [1, 2]，\text{ 或 } u \in [1, 3]$$

③ 组合函数常用区间：

前区间：　　　　$u \in [0.5, 1.5]$，或 $u \in [0.6, 1.4]$，或 $u \in [0.2, 1.8]$

后区间：　　　　　　　$s \in [1, 5]$，或 $s \in [1, 9]$

4）数据曲线的区间问题　由于数据曲线应用更侧重于未知区间，因此，数据曲线的函数求解必须考虑函数在未知区间的外推问题。通常，在求解之前，应设置一个明确的应用区间 $x \in [c, d]$，把已知区间扩大为应用区间（$x \in [a, b] \Rightarrow x \in [c, d]$）来考虑问题。相应地，原 $x \in [a, b] \Rightarrow u \in [\lambda, \mu]$ 变换可能有两种情况：

① 压缩求解区间：
$$x \in [c, d] \Rightarrow u \in [\lambda, \mu]$$
实际求解区间变为 $[\lambda_1, \mu_1]$，$[\lambda_1, \mu_1] \subset [\lambda, \mu]$。

② 不压缩求解区间：
$$x \in [c, d] \Rightarrow u \in [\lambda_1, \mu_1]$$
$$[\lambda_1, \mu_1] \subset [\lambda, \mu]$$
$u \in [\lambda_1, \mu_1] \Rightarrow x \in [a, b]$，实际求解区间仍保持不变。

关于这些变换需根据具体求解情况尝试解决。

（3）幂次问题

除完整二次函数外，采用其余几类函数求解均涉及幂次问题。在函数求解中的幂次问题是：当选定函数类型后，应该采用什么样的幂次进行求解，能确保求解精度较优？这个问题也是一个复杂问题，不能一概而论，通常，需要结合实际求解的具体情况，分析尝试后具体解决。

幂次增大有利于增大系数矩阵的秩，从而增加函数的可表示范围（区间跨度和曲线形状）。幂次减小有利于方程组实现满秩（满秩是采用小规模恰定方程组求解的必要条件）。

因此，当采用中大规模方程组求解时，宜采用较高幂次，通常，可取 $n=15$（这是普通计算机条件下的最大幂次）；当采用小规模恰定方程组求解时，不宜采用较高幂次，通常，在采用前述常用区间求解时 $n\leqslant12$，在不采用前述常用区间或求解区间数值较大时 $n\leqslant6$。此外，减小幂次有利于简化函数表达。

（4）取点问题

取点问题主要指取点方式和取点数量。

1）取点方式　常用取点方式有以下几种：

① 按 $x=k,k\in\mathbf{Z}$，在 x 的区间 $[a,b]$ 内插值取点；

② 等分曲线取点；

③ 等分区间 $[a,b]$ 插值取点；

④ 按区间 $[a,b]$ 的等比数列插值取点。

当采用中大规模超定方程组求解时，各种取点方式对求解结果的影响没有多少差异。当采用小规模恰定方程组求解时，对于负高次幂函数（通用函数），等比数列取点优于等分（其它）取点；对于完整二次函数，等分取点更好一些。

2）取点数量

① 求解取点数量。求解取点数量决定方程个数，即 $r_{\mathbf{B}}=g(m,n,p,q)$、$\delta=h(m,n,p,q)$ 中 m 值，m 对系数矩阵的秩及求解精度有一定影响。当采用中等规模超定方程组求解且系数矩阵未达到满秩时，随着取点数的增多，系数矩阵的秩有增大倾向，求解精度的变化不确定（可能增大也可能减小，多数情况是精度稍微降低）。当系数矩阵达到满秩时，随着取点数的增多，求解精度不变或稍有下降。当取点数量达相当大的规模时，再增加取点数，求解精度保持稳定，几乎不变。

当采用小规模恰定方程组求解时，取点数=未知数个数。

当采用中等规模超定方程组求解时，通常，取点数不小于100。

② 偏差检验取点数量。偏差检验取点数量足够多是函数可靠性的保障，因此，不论采用何种求解方式，偏差检验取点数量通常不少于100（不含求解取点的另外取点），若曲线比较复杂或区间跨度很大，取点数还应适当增加。

此外，在取点时，常常采用放大曲线取值，以增大数据位数，从而增加变量对应关系的确切程度，进而有效提高求解精度。欲解出高精度函数，放大曲线取值是一种必不可少的手段。

（5）方程组的形成和求解问题

1）方程组类型　方程组的分类方式很多，与本书内容有关的分类涉及以下三种。

① 按方程组形成规模，分为三类：

a. 小规模方程组：系数矩阵的元素总量不超过 256 个，$(m\times n)\leqslant256$。

b. 中等规模方程组：系数矩阵的元素总量超过 256 个但不超过 10000 个，$256<(m\times n)\leqslant10000$。

c. 大规模方程组：系数矩阵的元素总量超过 10000 个，$(m\times n)>10000$。

② 按系数矩阵的行数 m 和列数 n 的大小比较，分为三类：

a. 恰定方程组：$m=n$；

b. 超定方程组：$m>n$；

c. 欠定方程组：$m < n$。

一般性近似函数求解主要涉及以下类型（按使用频率从高到低排序）：

a. 中等规模超定方程组；

b. 小规模恰定方程组；

c. 小规模超定方程组；

d. 小规模欠定方程组。

③ 按列向量的情况，分为两类：

a. 奇次线性方程组：列向量元素全为 0。

b. 非奇次线性方程组：列向量元素不全为 0。

对于给定曲线的近似函数求解，不论选择哪种函数（二次、负高、通用、组合），都优先采用中等规模超定方程组求解。该路径求解易于实现精度且可靠性较高。在不具备条件的情况下（主要指无法使用相关应用软件），可以采用小规模恰定方程组或小规模超定方程组求解，但必须进行严格的偏差检验。

对于给定数值对应关系的近似函数求解，一般也优先采用中等规模超定方程组求解（针对数据曲线求解）。有时可选择采用小规模恰定方程组或小规模超定方程组求解，但必须进行严格的偏差检验。小规模欠定方程组较少使用，在以累计法求解累计函数或变化指标函数时可能会涉及这类方程组，除此之外几乎不用。

通常，用非奇次线性方程组求解较为直接且方便，有时需要采用奇次线性方程组求解。采用奇次线性方程组求解的情况主要包括两种：

① 完整二次函数中系数 B 可能为 0 时。

通常，完整二次函数形成的方程（假定 $B \neq 0$ 且设定 $B = 1$）是：

$$Au^2 + Cuy + Du + Ey + F = -y^2$$

当系数 B 可能为 0 时，必须采用奇次线性方程组求解，形成的方程（六系数）是：

$$Au^2 + By^2 + Cuy + Du + Ey + F = 0$$

从一般意义和严格意义上讲，所有采用完整二次函数进行求解的情况都应该形成奇次线性方程组来求解。但为降低解方程组的难度（解奇次线性方程组需要采用化阶梯型方法），先用非奇次线性方程组求解，出现问题（$B = 0$ 或 B 接近 0，结果表现是 A、C、D、E、F 等其它系数非常大），再改用奇次方程组求解也是可行的。

② 求解隐函数形式的负高次幂函数。

在利用通用函数求解隐函数形式的负高次幂函数时，需要采用奇次线性方程组求解，形成的方程是：

$$\frac{\alpha_1}{x} + \frac{\alpha_2}{x^2} + \cdots + \frac{\alpha_n}{x^n} - \left(\frac{\beta_1}{y} + \frac{\beta_2}{y^2} + \cdots + \frac{\beta_n}{y^n} \right) + C = 0$$

2）方程组的形成依据　方程组形成的一般依据是"函数值相等"。在没有条件采用中等规模超定方程组求解时，还可以采用"定积分＝图形相应面积"来形成方程，由"函数值相等"和"定积分＝图形相应面积"共同形成方程组。根据少量实际计算的验证情况，"导数值相等"一般不能作为方程组的形成依据。这一点充分体现了近似函数与理论函数的差距。

3）解方程组　在解超定方程组时，应用程序会提示"秩亏"。秩亏说明系数矩阵的秩太小（与未知数的数量相比名不副实），秩亏的主要原因是数据过密、未知数过多、幂次过大。当求解精度及偏差检验均完全没有问题时，"秩亏"不是问题，可以不做任何处理。当求解精度或偏差检验出现问题时，解决"秩亏"的办法是拉伸区间、降低幂次，甚至减少未知数（更换组合函数中的元素，减少元素）。

在解恰定方程组时，应用程序会提示系数矩阵接近"奇异矩阵"。"奇异矩阵"说明系数矩阵的行列式接近 0，出现奇异矩阵的主要原因是：数据过密、幂次过大、函数选择存在问题（所选函数与数据的匹配吻合性太差）。当求解精度及偏差检验均完全没有问题时，可以不对此问题进行处理。当求解精度或偏差检验存在问题时，解决办法是：拉伸区间、降低幂次、更换函数。

5.1.6　提高近似程度的途径

根据以上讨论，提高近似程度的途径有：
① 选择更高级别的函数（级别排序：二次、负高、通用、组合，依次增高）求解；
② 通过区间变换，采用更优区间求解；
③ 采用适宜的方程组规模求解；
④ 采用较优插值（取值）方式形成方程组求解；
⑤ 采用更适宜的幂次求解；
⑥ 换元求解；
⑦ 分段求解。

以上途径中，需要强调的是，尽管求解精度会随函数级别的提升（换元、分段）而提高，但函数表达也随函数级别的提升（换元、分段）而变得越来越复杂，函数使用的方便程度随之逐渐降低。因此，对于函数的选用，需要多方面综合考虑。在确保精度达到要求的情况下尽量采用简单表达是函数选择必须坚持的一项重要原则。对于一些涉及广泛人员使用的函数（比如，由设计单位提出的，供设计、地勘、施工、建设、监理、咨询以及竣工验收等多方人员使用的工程实物曲线），采用简单表达尤为重要，函数表达简单与否是衡量函数能否被采用的首要标准、否决性标准。

5.2　给定函数的近似函数求解

利用完整二次函数、负高次幂函数（通用函数）、组合函数可以不同程度（近似、分段近似）地求解给定函数的近似函数。

5.2.1　利用完整二次函数求解给定函数的近似函数

用一个或多个完整二次函数总可以近似（分段近似）表示定义在 $[a,b]$ 的函数 $y=f(x)$。下面举例说明。

【例 5-1】　用完整二次函数求解指数函数 $y=e^x$ 的近似函数。

【解】　（1）求解近似函数

设与 $y=e^x$，$x \in [0,1]$ 近似的完整二次函数为：

$$Au^2 + y^2 + Cuy + Du + Ey + F = 0, \quad u = \frac{x}{10} + 1$$

在[0,1]内等距插取 100 个数($x_i, i=1,2,\cdots,100$)，以此形成 100 个方程：

$$Au_i{}^2+Cu_iy_i+Du_i+Ey_i+F=-y_i{}^2, \quad i=1,2,\cdots,100$$

解方程组（超定方程组），得到结果如表 5-2 所示。

表 5-2　求解结果（例 5-1）

A	C	D	E	F
−569.3398099434760	−136.8878603087580	910.3561964917880	171.4270217802840	−376.5561721384930

（2）偏差检验

在[0,1]内等距插取 1000 个数($x_j, j=1,2,\cdots,1000$)，计算这 1000 个点的偏差，平均偏差率 3.93×10^{-4}％，最大偏差率 1.71×10^{-3}％。

本例求解有两个关键：①区间的处理——x 缩小＋平移；②采用超定方程组（中等规模）求解。缩小和平移可以压缩区间，限定区间的相对跨度，从而提高精度。采用更多点形成的超定方程组（中等规模）有利于找到近似解。

对于现实应用来说，所有求解均可以只求解[0,1]。因为，一方面，对于 x 的任意非负区间[a,b]，通过调整变量 x 的计量单位，总可以使 x 的变化范围限定在[0,1]内；另一方面，[0,1]区间相对跨度为无穷大。

5.2.2　利用负高次幂函数求解给定函数的近似函数

用一个或多个负高次幂函数总可以近似（分段近似）表示定义在[a,b]的函数 $y=f(x)$。下面举例说明。

【例 5-2】　用负高次幂函数求解反正切函数 $y=\arctan x$ 的近似函数。

【解】　（1）求解近似函数

设与 $y=\arctan x$ 近似的负高次幂函数为：

$$y=\alpha_0+\frac{\alpha_1}{x}+\frac{\alpha_2}{x^2}+\cdots+\frac{\alpha_{12}}{x^{12}}, \quad u=x+1, \quad x\in[0,1], \quad u\in[1,2]$$

在 u 的区间[1,2]内，以 0.01 为间距等距插取 100 个数($u_i, i=1,2,\cdots,100$)，以此形成 100 个方程：

$$\alpha_0+\frac{\alpha_1}{u_i}+\frac{\alpha_2}{u_i{}^2}+\cdots+\frac{\alpha_{12}}{u_i{}^{12}}=y_i, \quad i=1,2,\cdots,100$$

解该线性方程组（超定方程组），得到结果如表 5-3 所示。

表 5-3　求解结果（例 5-2）

α_0	α_1	α_2	α_3	α_4
1.99635046386670	−9.8295205235710	80.9546107521520	−451.0989908272930	1632.2064288595600
α_5	α_6	α_7	α_8	α_9
−4102.1643808300500	7323.9291783958400	−9330.6080498269900	8424.9750947355600	−5274.1086761541700
α_{10}	α_{11}	α_{12}		
2180.7609822933800	−536.6185715296180	59.6055441915540		

（2）偏差检验

在 x 的区间 $[0,1]$ 内等距插取 1000 个数（$x_j,j=1,2,\cdots,1000$），计算这 1000 个点的偏差，平均偏差率 $1.85\times10^{-7}\%$，最大偏差率 $1.23\times10^{-5}\%$。

本例求解也采用了区间处理——x 平移、超定方程组（中等规模）求解。与例 5-1 不同的是：求解区间为 $u\in[1,2]$。这是负高次幂函数比较适宜的求解区间。

本例还有一种比较准确的求解方法值得提及：采用小规模恰定方程组求解。方程组的形成方式为：两个函数值+11 个导数值。具体说明如下：

① $x=0$ 和 $x=1$ 两个点的函数值相等：

$$\alpha_0+\frac{\alpha_1}{1}+\frac{\alpha_2}{1^2}+\cdots+\frac{\alpha_{12}}{1^{12}}=y\,|_{x=0}$$

$$\alpha_0+\frac{\alpha_1}{2}+\frac{\alpha_2}{2^2}+\cdots+\frac{\alpha_{12}}{2^{12}}=y\,|_{x=1}$$

② $x=0$ 处 1 至 11 阶导数值相等：

$$(-1)^i\left[\frac{i!\,\alpha_1}{1}+\frac{(i+1)!\,\alpha_2}{1}+\cdots+\frac{\dfrac{(i+12-1)!}{(12-1)!}\alpha_n}{1}\right]=(\arctan u)^{(i)}\,|_{x=0}\quad(i=1,2,\cdots,11)$$

在现实曲线或数值对应关系的近似函数求解中，无法采用该方法，故不再展开进一步介绍。

5.2.3　利用组合函数求解给定函数的近似函数

通常，可以用一个多元素组合函数近似表示定义在 $[0,1]$ 的基本初等函数及其一般复合函数 $y=f(x)$（振动波形曲线除外），下面举例说明。

5.2.3.1　两元素组合函数求解给定函数的近似函数举例

【例 5-3】 用两元素（x 和 $\sin x$）混合高次负高次幂组合函数求解以下复合函数的近似函数。

$$y=f(x)=2x^2+3\mathrm{e}^x+\ln(x+1)+4\sin5x\quad(x\in[0,1])$$

【解】 （1）函数图像

在 $[0,1]$ 内，函数图像见图 5-1（用 1000 个点绘制）。

（2）求解

设两元素混合高次负高次幂组合函数为：

元素：　　　　　　u 和 $\sin u$，$u=2x+1$，$x\in[0,1]$，$u\in[1,3]$

组合函数：　　　　$g(u)=g_1(u)+g_2(u)+C$

$$g_1(u)=\alpha_1u+\alpha_2u^2+\cdots+\alpha_{10}u^{10}+\frac{\beta_1}{u}+\frac{\beta_2}{u^2}+\cdots+\frac{\beta_{10}}{u^{10}}$$

$$g_2(u)=\gamma_1\sin u+\gamma_2\sin^2u+\cdots+\gamma_{10}\sin^{10}u+\frac{\eta_1}{\sin u}+\frac{\eta_2}{\sin^2u}+\cdots+\frac{\eta_{10}}{\sin^{10}u}$$

在 u 的区间 $[1,3]$（$x\in[0,1]$）内，以 0.02（0.01）为间距等距插取 100 个数 $[u_i(x_i),i=1,2,\cdots,100]$，以此形成 100 个方程：

$$g_1(u_i)+g_2(u_i)+C=f(x_i), \quad i=1,2,\cdots,100$$

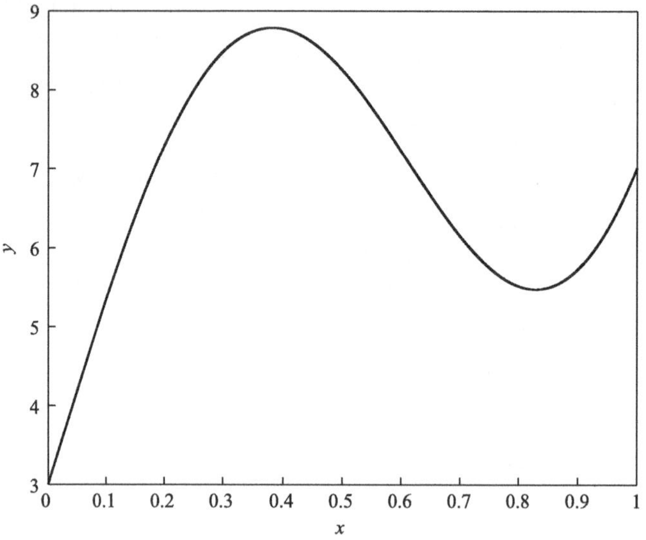

图 5-1　函数图像（例 5-3）

解方程组（超定），得到结果如表 5-4 所示。

表 5-4　求解结果（例 5-3）

α_1	4. 3424869428591700	β_1	0. 0000000000000000	γ_1	0. 0000000000000000	η_1	0. 0000000000000000	
α_2	0. 0000000000000000	β_2	−4. 6458585725719800	γ_2	0. 0000000000000000	η_2	0. 0000000000000000	
α_3	0. 0000000000000000	β_3	0. 0000000000000000	γ_3	0. 0000000000000000	η_3	1. 4801986176536700	
α_4	−0. 9619687792069330	β_4	0. 0000000000000000	γ_4	0. 0000000000000000	η_4	−1. 0284312027893500	
α_5	0. 0000000000000000	β_5	0. 0000000000000000	γ_5	5. 0817268143471300	η_5	0. 3635148122063930	$C=0.\,0000000000000000$
α_6	0. 0000000000000000	β_6	0. 0000000000000000	γ_6	0. 0000000000000000	η_6	−0. 0799885316625870	
α_7	1. 0673786567589200	β_7	2. 4197469548383700	γ_7	0. 0000000000000000	η_7	0. 0114314532133990	
α_8	−0. 9818070096365670	β_8	0. 0000000000000000	γ_8	−0. 9683763926792880	η_8	−0. 0010374669643830	
α_9	0. 3214487323299560	β_9	−2. 9083508394176600	γ_9	0. 0000000000000000	η_9	0. 0000545144977190	
α_{10}	−0. 0365945760788960	β_{10}	1. 3451986195968400	γ_{10}	0. 1914336617986660	η_{10}	−0. 0000012653744180	

（3）偏差检验

在 x 的区间 $[0,1]$ 内等距插取 1000 个数（x_j，$j=1,2,\cdots,1000$），计算这 1000 个点的偏差，平均偏差率 $8.81\times10^{-5}\%$，最大偏差率 $1.32\times10^{-2}\%$。

本例求解采用了区间处理、超定方程组（中等规模）求解。求解区间为 $u\in[1,3]$，这是正弦两元素组合函数比较适宜的求解区间。

5.2.3.2　八元素组合函数求解给定函数的近似函数举例

【例 5-4】　用八元素（x 和 $\sin x$ 递增负高次幂函数）组合函数求解以下复合函数的近似函数。

$$y=f(x)=2\mathrm{e}^{-0.5x}\cos(2\pi x)+5\ln(x+1)\tan\left(\frac{\pi x^2}{3}+\frac{\pi}{8}\right)+2 \quad (x\in[0,1])$$

【解】（1）函数图像

在 $[0,1]$ 内，函数图像见图 5-2（用 1000 个点绘制）。

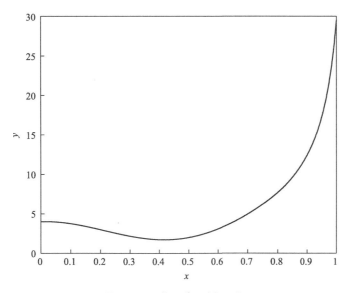

图 5-2　函数图像（例 5-4）

（2）求解

设八元素（两级元素：一级元素为 u 和 $\sin u$，二级元素为四个递增项幂函数）组合函数为：

元素：
$$s_1=u, \quad s_2=u+\frac{1}{u}, \quad s_3=u+\frac{1}{u}+\frac{1}{u^2}$$

$$s_4=u+\frac{1}{u}+\frac{1}{u^2}+\frac{1}{u^3}, \quad s_5=\sin u, \quad s_6=\sin u+\frac{1}{\sin u}$$

$$s_7=\sin u+\frac{1}{\sin u}+\frac{1}{\sin^2 u}, \quad s_8=\sin u+\frac{1}{\sin u}+\frac{1}{\sin^2 u}+\frac{1}{\sin^3 u}$$

$$u=2x+1, \quad x\in[0,1], \quad u\in[1,3]$$

组合函数：
$$g(u)=g_1(s_1)+g_2(s_2)+\cdots+g_8(s_8)+C$$

$$g_1(s_1)=\alpha_1 s_1+\alpha_2 s_1^2+\alpha_3 s_1^3+\frac{\alpha_4}{s_1}+\frac{\alpha_5}{s_1^2}+\frac{\alpha_6}{s_1^3}$$

$$g_2(s_2)=\beta_1 s_2+\beta_2 s_2^2+\beta_3 s_2^3+\frac{\beta_4}{s_2}+\frac{\beta_5}{s_2^2}+\frac{\beta_6}{s_2^3}$$

$$g_3(s_3)=\gamma_1 s_3+\gamma_2 s_3^2+\gamma_3 s_3^3+\frac{\gamma_4}{s_3}+\frac{\gamma_5}{s_3^2}+\frac{\gamma_6}{s_3^3}$$

$$g_4(s_4)=\varepsilon_1 s_4+\varepsilon_2 s_4^2+\varepsilon_3 s_4^3+\frac{\varepsilon_4}{s_4}+\frac{\varepsilon_5}{s_4^2}+\frac{\varepsilon_6}{s_4^3}$$

$$g_5(s_5)=\eta_1 s_5+\eta_2 s_5^2+\eta_3 s_5^3+\frac{\eta_4}{s_5}+\frac{\eta_5}{s_5^2}+\frac{\eta_6}{s_5^3}$$

$$g_6(s_6)=\iota_1 s_6+\iota_2 s_6^2+\iota_3 s_6^3+\frac{\iota_4}{s_6}+\frac{\iota_5}{s_6^2}+\frac{\iota_6}{s_6^3}$$

$$g_7(s_7) = \kappa_1 s_7 + \kappa_2 s_7^2 + \kappa_3 s_7^3 + \frac{\kappa_4}{s_7} + \frac{\kappa_5}{s_7^2} + \frac{\kappa_6}{s_7^3}$$

$$g_8(s_8) = \lambda_1 s_8 + \lambda_2 s_8^2 + \lambda_3 s_8^3 + \frac{\lambda_4}{s_8} + \frac{\lambda_5}{s_8^2} + \frac{\lambda_6}{s_8^3}$$

在 u 的区间 $[1,3]$（$x \in [0,1]$）内，以 0.005 为间距等距插取 200 个数 $u_i(x_i)$，$i = 1,2,\cdots,200$，以此形成 200 个方程：

$$g(u_i) = g_1(s_1(i)) + g_2(s_2(i)) + \cdots + g_8(s_8(i)) + C = f(x_i), \quad i = 1,2,\cdots,200$$

式中，$s_1(i)$、$s_2(i)$、$\cdots$、$s_7(i)$、$s_8(i)$ 分别为第 i 个点按照 $s_1 = u$、$s_2 = u + \frac{1}{u}$、$\cdots$、$s_7 = \sin u + \frac{1}{\sin u} + \frac{1}{\sin^2 u}$、$s_8 = \sin u + \frac{1}{\sin u} + \frac{1}{\sin^2 u} + \frac{1}{\sin^3 u}$ 的计算值。

解方程组（超定），得到结果如表 5-5 所示。

表 5-5　求解结果（例 5-4）

α_1	0.0000000000000000	γ_1	0.0000000000000000	η_1	0.0000000000000000	κ_1	-2.2721236111172600	
α_2	-23.8415488213158000	γ_2	2.5876106925970900	η_2	0.0000000000000000	κ_2	0.0852637451408321	
α_3	4.6717349475638700	γ_3	-1.1196908348232300	η_3	11.1325355785903000	κ_3	-0.0052435961386015	
α_4	0.0000000000000000	γ_4	0.0000000000000000	η_4	0.0000000000000000	κ_4	0.0000000000000000	
α_5	0.0000000000000000	γ_5	0.0000000000000000	η_5	0.0000000000000000	κ_5	0.0000000000000000	
α_6	0.0000000000000000	γ_6	0.0000000000000000	η_6	0.0000000000000000	κ_6	0.0000000000000000	$C = 0.0000000000000000$
β_1	0.0000000000000000	ε_1	0.0000000000000000	ι_1	0.0000000000000000	λ_1	7.8606191678037000	
β_2	0.0000000000000000	ε_2	0.0000000000000000	ι_2	0.0000000000000000	λ_2	0.0053746360113999	
β_3	4.1514728868795900	ε_3	0.0756285265625403	ι_3	-8.8822896575591100	λ_3	-0.0000000013081906	
β_4	0.0000000000000000	ε_4	0.0000000000000000	ι_4	0.0000000000000000	λ_4	46.5944207002591000	
β_5	0.0000000000000000	ε_5	57.3716396658909000	ι_5	51.2155723217074000	λ_5	32.3972341271587000	
β_6	0.0000000000000000	ε_6	0.0000000000000000	ι_6	0.0000000000000000	λ_6	0.0000000000000000	

（3）偏差检验

在 u 的区间 $[1,3]$（$x \in [0,1]$）内等距插取 1000 个数 $u_i(x_j)$，$j = 1,2,\cdots,1000$，计算这 1000 个点的偏差，平均偏差率 $3.81 \times 10^{-4}\%$，最大偏差率 $1.17 \times 10^{-3}\%$。

5.3　给定曲线的近似函数求解

对于给定平面曲线 $L[y = f(x)]$，通过建立适当坐标，确定曲线变化范围 $x \in [a,b]$，采用多种不同取值方式和求解方法，利用完整二次函数（或负高次幂函数、通用函数、多元素组合函数）总可以不同程度（近似、分段近似）地解出表示 L 曲线的近似函数 $L[y \approx g(x)]$。

5.3.1　用完整二次函数求解给定曲线的近似函数

用一个完整二次函数 $g(x,y) = Ax^2 + By^2 + Cxy + Dx + Ey + F = 0$ 或分段完整二次

函数 $g_i(x,y)=A_ix^2+B_iy^2+C_ixy+D_ix+E_iy+F_i=0(i=1,2,\cdots,n)$，总可近似求解给定平面曲线 L 的近似函数 $g(x,y)=0$ 或 $g_i(x,y)=0$。

（1）用一个完整二次函数表示曲线

当给定曲线为圆、椭圆、抛物线、双曲线等曲线时，用一个完整二次函数可以准确表示。因此，仅用一个完整二次函数表示（或近似表示）曲线的适用条件是：拟表示曲线必须接近圆、椭圆、抛物线、双曲线等曲线。面对给定曲线，除了圆可以通过作图判定外，其它曲线——椭圆、抛物线、双曲线几乎不能够被准确判定，现实中只有通过求解结果来验证。

由于完整二次函数为含有 5 个系数（常数）的函数，用完整二次函数形成的方程组系数矩阵的最大秩仅为 5，每 5 个系数（系数矩阵的秩为 5）最多能表示一次单调性变化。因此，用一个完整二次函数表示（或近似表示）曲线的更广泛的适用条件是：没有单调性变化或仅有一次单调性变化的曲线。当然，没有单调性变化或仅有一次单调性变化的曲线并不一定就可以用一个完整二次函数表示，能否表示由求解结果决定。下面举例说明。

【例 5-5】 某实验获得 x、y 关系曲线见图 5-3，A 点位于（10，10），求表示该曲线的近似函数。

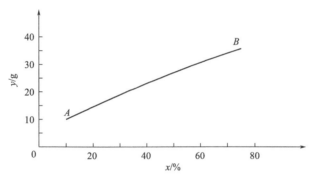

图 5-3　给定实验数据曲线 AB

【解】 1）放大取值

以原点为基准，把曲线放大 1×10^5（10 万）倍。曲线进行 10 等分，提取 9 个等分点及两个端点的坐标值，见表 5-6。

表 5-6　求解取值点坐标

序号	放大图中提取的坐标值		返回至图 5-3 对应坐标值	
	x	y	x	y
1	1636456.87987388	1292218.47926614	16.3645687987388000	12.9221847926614000
2	2275252.09784549	1579287.19927191	22.7525209784549000	15.7928719927191000
3	2916866.99469407	1859994.48810543	29.1686699469407000	18.5999448810543000
4	3561755.23517578	2133094.42008395	35.6175523517578000	21.3309442008395000
5	4210334.96958043	2397303.75826848	42.1033496958043000	23.9730375826848000
6	4862844.77810766	2651650.92312578	48.6284477810766000	26.5165092312578000
7	5519149.40839556	2896039.88213300	55.1914940839556000	28.9603988213300000
8	6179057.44693932	3130525.12116126	61.7905744693932000	31.3052512116126000
9	6842378.58369530	3355174.28188145	68.4237858369530000	33.5517428188145000
10	1000000.00000000	1000000.00000000	10.0000000000000000	10.0000000000000000
11	7508012.22256424	3572895.59353336	75.0801222256424000	35.7289559353336000

141

放大取值数据应返回至图 5-3 计量单位下数据。

2）求解

用完整二次函数求解，设完整二次函数为：

$$Ax^2+y^2+Cxy+Dx+Ey+F=0$$

用表 5-6 中的 11 个坐标值 (x_i, y_i)，$i=1,2,\cdots,11$，形成 11 个方程：

$$Ax_i^2+Cx_iy_i+Dx_i+Ey_i+F=-y_i^2, \ i=1,2,\cdots,11$$

解小规模线性方程组（超定方程组），得到结果如表 5-7 所示。

表 5-7　求解结果（例 5-5）

A	C	D	E	F
0.13452484353510	-0.77165527635200	11.35280106475770	-25.94184214095890	109.60784739891800

3）偏差检验

在图 5-3 中，以 $x=1$ 为间距，等距插取曲线上 65 个点，另加两个端点的坐标值，计算这 67 个点的偏差，平均偏差率 $4.60\times10^{-3}\%$，最大偏差率为 $2.74\times10^{-2}\%$。

本例求解特点：①小规模方程组求解；②变量不做任何换元；③等分曲线取值。求解要点：放大曲线取值。

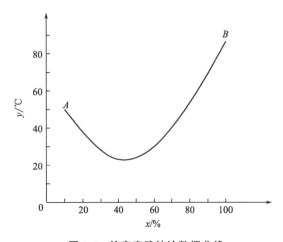

图 5-4　给定实践统计数据曲线

（2）用分段完整二次函数表示曲线

【例 5-6】　根据长期实践和充分的数据统计，变量 x、y 的关系如图 5-4 中曲线 AB 所示，A 点位于（10，50），求该曲线的近似函数（要求用完整二次函数）。

【解】　1）放大曲线取值

以原点为基准，把曲线放大 1×10^5（10 万）倍。分别按等分区间和等分曲线各提取 100 个点的坐标值（共 200 组 x、y 对应值）。

2）求解

设表示该曲线的近似完整二次函数为：

$$Au^2+y^2+Cuy+Du+Ey+F=0$$

用等分区间的 101 组对应值形成方程组：

$$Ax_i^2+Cx_iy_i+Dx_i+Ey_i+F=-y_i^2, \ i=1,2,\cdots,101$$

解方程组，得到解后，用等分曲线的 100 组数据检验解的偏差，偏差过大，达不到近似函数要求，因此，采用完整二次函数表示该曲线需要分段。

按 x 的区间分为 3 段（两段的近似程度仍然不够）：$x\in[10,40]$；$x\in(40,60]$；$x\in(60,100]$。

① 第 1 段求解：

用等分区间的 100 组数据中的前 30 组（$x\in[10,40]$），形成方程组：

$$A_1 x_i^2 + C_1 x_i y_i + D_1 x_i + E_1 y_i + F_1 = -y_i^2, \quad i=1,2,\cdots,30$$

解方程组（超定），得到结果如表 5-8 所示。

表 5-8　求解结果 1

A_1	C_1	D_1	E_1	F_1
0.1013538676031840	41.4764543511435000	−0.0879331693183130	−0.7525482448732860	−0.0184972331784770

偏差检验：用等分区间的前 31 个点及等分曲线处于 $x \in [10,40]$ 的 30 个点共 61 个点计算偏差，平均偏差率 3.26×10^{-2} ％，最大偏差率 1.15×10^{-1} ％。

② 第 2、3 段求解：

用与第 1 段完全相同的求解方法和步骤，分别得到第 2、3 段的解及偏差检验结果，见表 5-9、表 5-10。

表 5-9　求解结果 2

A_2	C_2	D_2	E_2	F_2
0.1013538676031840	41.4764543511435000	−0.0879331693183130	−0.7525482448732860	−0.0184972331784770

偏差检验：用等分区间的 21 个点及等分曲线处于 $x \in (40,60]$ 的 42 个点共 63 个点计算偏差，平均偏差率 1.86×10^{-4} ％，最大偏差率 3.87×10^{-4} ％。

表 5-10　求解结果 3

A_3	C_3	D_3	E_3	F_3
0.1068191458210000	−2.0143167293150000	3.8837209568430000	112.7286533792870000	−1275.5165394612800000

偏差检验：用等分区间的 42 个点及等分曲线处于 $x \in (60,100]$ 的 52 个点共 94 个点计算偏差，平均偏差率 1.45×10^{-2} ％，最大偏差率 7.78×10^{-2} ％。

本例求解特点：①分段求解；②变量不做任何换元；③等分 x 求解。求解要点：放大曲线取值。

除非曲线存在明确分段点，否则尽量不用分段法求解。本例仅考虑介绍分段求解法而为之。若实际求解遇到本例情况，宁可更换函数，也不采用分段法求解。

（3）用复合完整二次函数（换元法）表示曲线

【例 5-7】　采用换元法求解例 5-6 曲线的近似完整二次函数（要求不分段）。

【解】　设表示该曲线的近似函数为：

$$Au^2 + v^2 + Cuv + Du + Ev + F = 0$$

$$s = \frac{x-10}{900} + 1, \quad t = \frac{y-50}{366} + 1, \quad u = \frac{s}{\sqrt{1+s^2}}, \quad v = \frac{t}{\sqrt{1+t^2}}$$

第 1 次换元是区间调整，使 $s \in [1, 1.1]$，$t \in [1, 1.1]$；第 2 次换元是固定通用换元（一种广泛适用的换元）。用等分区间的 101 组 x、y 值形成方程组：

$$Au_i^2 + Cu_i v_i + Du_i + Ev_i + F = -v_i^2, \quad i=1,2,\cdots,101$$

解方程组得到结果如表 5-11 所示。

表 5-11 求解结果（例 5-7）

A	C	D	E	F
0.3406942752774350	0.3860551168839340	22.2080876321288000	−32.0168336997379000	11.5417502356014000

偏差检验：用等分曲线的 100 个点计算偏差，平均偏差率 $3.23×10^{-1}$%，最大偏差率 $9.77×10^{-1}$%。

方程组解的偏差率为：平均 $3.13×10^{-3}$%，最大 $1.01×10^{-2}$%。v 值具有相当的精度，这说明隐函数形式下函数的近似程度是足够的。但 y 值偏差过大，过大偏差主要来自隐函数向显函数的转化过程。本例求解结果不尽如人意，但从此例可以发现一个需要注意的细节——显函数与隐函数的差别，偏差计算须以 y 值为准。

本例求解特点：① 两次换元求解；② 不分段；③ 等分 x 求解。

5.3.2 用负高次幂函数求解给定曲线的近似函数

通常，负高次幂函数的幂次 $n \leqslant 15$，这意味着一个负高次幂函数包含的系数（常数）最多可达 16 个，因此，它可表示的曲线比完整二次函数广泛得多。仅从曲线的单调性变化来说，一个负高次幂函数可以表示少于 3 次单调性变化的曲线，当然，能否表示需根据具体情况和实际求解结果确定。下面举例说明。

【例 5-8】 在某房屋标准层平面图中，南向（y 轴指向正北）外墙外侧轮廓线如图 5-5 中曲线 AB 所示，A 点位于点 $(1, 1)$，求曲线 AB 的近似函数（要求用负高次幂函数）。

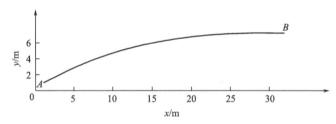

图 5-5 给定建筑曲线

【解】 （1）放大曲线取值

以坐标原点为基点，把曲线放大 10^5（10 万）倍。以等分 x 的方式（间距 0.2）提取 155 个点，以等分曲线方式提取 101 个点。

（2）求解

用负高次幂函数求解，设负高次幂函数为：

$$v = \alpha_0 + \frac{\alpha_1}{u} + \frac{\alpha_2}{u^2} + \cdots + \frac{\alpha_{12}}{u^{12}}$$

$$u = \frac{x}{32} + 1, \ x \in [1, 32], \ u \in \left[1\frac{1}{32}, 2\frac{1}{32}\right], \ v = \frac{y}{100000}$$

用等分 x 提取的 155 个点坐标值，代入函数，形成 155 个方程：

$$\alpha_0 + \frac{\alpha_1}{u_i} + \frac{\alpha_2}{u_i^2} + \cdots + \frac{\alpha_{12}}{u_i^{12}} = v_i, \ i = 1, 2, \cdots, 155$$

解方程组（超定方程组），得到结果如表 5-12 所示。

表 5-12　求解结果（例 5-8）

α_0	α_1	α_2	α_3	α_4
0.4844157653180	-8.8627359578560	73.8888986384510	-371.1961487198470	1251.5285391523800
α_5	α_6	α_7	α_8	α_9
-2983.3798789513100	5155.5280130222200	-6507.1803773442500	5953.4730370433700	-3850.3721409799700
α_{10}	α_{11}	α_{12}		
1670.8835457552500	-436.8245345036880	52.0293727885960		

（3）偏差检验

用等分 x 提取的 155 个点及等分曲线提取的 101 个点（共计 256 点）计算偏差，平均偏差率 $2.19\times10^{-3}\%$，最大偏差率 $2.64\times10^{-2}\%$。

本例求解特点：①求解区间换至 $u\in[1,2]$；②等分 x 求解；③方程组列向量缩小至原值的 $1/10^5$。

5.3.3　用通用函数求解给定曲线的近似函数

通用函数引入变量 θ，使得函数的应用拥有更多变换而变得更加丰富。鉴于目前研究的有限，通用函数仅作为一个复合负高次幂函数加以应用。尽管如此，但利用通用函数不仅可以覆盖一般负高次幂函数能够求解的曲线范围，还可以解决某些负高次幂函数不能解决的问题。

【例 5-9】 根据长期实践数据统计，x、y 变量间的关系如图 5-6 中曲线 AB 所示，A 点位于（1，1），试用通用函数求解表示该曲线的近似函数。

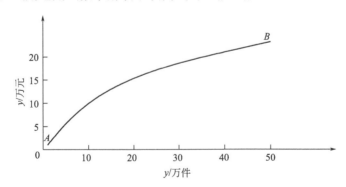

图 5-6　给定实践数据曲线

【解】 （1）显函数求解

1）放大曲线取值

以坐标原点为基点，把曲线放大 10^5（10 万）倍。以等分 x 方式（0.5 为间距）提取 99 个点的坐标值，以等分曲线方式提取 101 个点的坐标值。

2）求解

根据通用函数 $y=x\tan\theta$，设表示曲线的函数为：

$$v=u\tan\theta=u\tan\left(\alpha_0+\frac{\alpha_1}{u}+\frac{\alpha_2}{u^2}+\cdots+\frac{\alpha_{12}}{u^{12}}\right)$$

$$u=\frac{x-1}{49}+1, \quad v=\frac{y}{10^5}$$

用等分 x 提取的 99 个点的坐标值（x，y），按照以下等式，形成 99 个方程：

$$\alpha_0+\frac{\alpha_1}{u_i}+\frac{\alpha_2}{u_i^2}+\cdots+\frac{\alpha_{12}}{u_i^{12}}=\arctan\frac{v_i}{u_i}, \quad i=1,2,\cdots,99$$

解方程组（超定），得到结果如表 5-13 所示。

表 5-13　求解结果（例 5-9）

α_0	α_1	α_2	α_3	α_4
−0.4105557725100	7.0330862524960	−55.7307962637350	270.0488433696910	−890.0961772626890
α_5	α_6	α_7	α_8	α_9
2098.7425514900700	−3622.7178706897700	4603.2432554183700	−4265.2379389845900	2805.7751078021200
α_{10}	α_{11}	α_{12}		
−1242.0519997316000	331.8247362976440	−40.4222319311730		

3）偏差检验

用等分 x 提取的 99 个点和等分曲线提取的 101 个点（共计 200 个点）计算偏差，平均偏差率 $5.88\times10^{-3}\%$，最大偏差率 $1.13\times10^{-1}\%$。

本例求解要点与例 5-8 相同。

（2）隐函数求解

根据通用函数 $y=x\tan\theta$，$\theta=g(x)=h(y)$，可以求解以下隐函数：

$$\alpha_0+\frac{\alpha_1}{x}+\frac{\alpha_2}{x^2}+\cdots+\frac{\alpha_n}{x^n}-\left(\frac{\beta_1}{y}+\frac{\beta_2}{y^2}+\cdots+\frac{\beta_n}{y^n}\right)=0$$

实际操作时，x 需换成 u，y 需换成 v。隐函数近似程度（精度）会明显高于显函数，但隐函数的使用极不方便。

隐函数通常采用恰定方程组求解，所以需要另外取值。曲线放大后对曲线进行 24 等分，提取 25 个点的坐标值。

设表示曲线的函数为：

$$\alpha_0+\frac{\alpha_1}{u}+\frac{\alpha_2}{u^2}+\cdots+\frac{\alpha_{12}}{u^{12}}-\left(\frac{\beta_1}{v}+\frac{\beta_2}{v^2}+\cdots+\frac{\beta_{12}}{v^{12}}\right)=0 \tag{5-5}$$

$$u=\frac{x-a}{b-a}+1, \quad v=\frac{y-c}{d-c}+1, \quad x\in[a,b], \quad y\in[c,d], \quad u\in[1,2], \quad v\in[1,2]$$

相关变量取值见表 5-14。

表 5-14　变量取值

a	b	c	d
1	50	1	23.21189111408570

25 个点的坐标值代入式（5-5），得到 25 个方程：

$$\alpha_0+\frac{\alpha_1}{u_i}+\frac{\alpha_2}{u_i^2}+\cdots+\frac{\alpha_{12}}{u_i^{12}}-\left(\frac{\beta_1}{v_i}+\frac{\beta_2}{v_i^2}+\cdots+\frac{\beta_{12}}{v_i^{12}}\right)=0, \quad i=1,2,\cdots,25$$

解方程组（恰定），得到结果如表 5-15 所示。

表 5-15　求解结果（例 5-9）

α_1	0.12169277324500	β_1	0.11768195073010
α_2	-1.06391927739120	β_2	-0.97507375376490
α_3	5.62227379009830	β_3	4.78436683115080
α_4	-20.00864237425550	β_4	-15.46487287721100
α_5	50.53520497816770	β_5	34.60259262818330
α_6	-92.90734492227150	β_6	-54.70937286922380
α_7	125.30640856058000	β_7	61.13538818612440
α_8	-123.07883854667900	β_8	-47.32249841238270
α_9	85.87830347750880	β_9	24.16711238699580
α_{10}	-40.41349047172980	β_{10}	-7.32896795147360
α_{11}	11.51873485713140	β_{11}	1.00000000000000
α_{12}	-1.50402655560830	β_{12}	0.00000000000000
α_0	0.00000000000000		

偏差检验：用等分 x 提取的 99 个点和等分曲线提取的 99 个点（共计 198 个点）计算绝对偏差，平均绝对偏差率 $2.13\times10^{-8}\%$，最大绝对偏差率 $2.01\times10^{-7}\%$。

本例求解特点：①小规模恰定方程组求解；②奇次线性方程组求解。

利用通用函数还可求解参数形式的函数以及极坐标函数。鉴于以下两方面原因，这些内容暂不讨论：①目前研究结论不够成熟；②本书应用需求有限。

5.3.4　用多元素组合函数求解给定曲线的近似函数

多元素组合函数表示复杂曲线采用图像叠加原理：一条复杂曲线是由若干条简单曲线叠加形成的。简单曲线一般均可用负高次幂函数表示，因此复杂曲线可以采用若干负高次幂（甚至高次幂）函数组合表示。

【例 5-10】 图 5-7 中曲线 $ABCD$ 为某公路平面中心线，点 A 位于（10，1），求表示该曲线的近似函数。

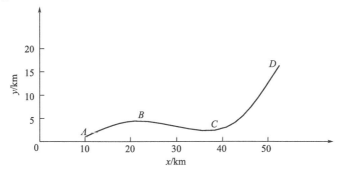

图 5-7　给定公路曲线

【解】 （1）放大曲线取值

以坐标原点为基点，把曲线放大 10^5（10 万）倍。以等分 x 方式（0.5 为间距）提取 86 个点的坐标值，以等分曲线方式提取 101 个点的坐标值。

（2）求解

该曲线单调性变化是：增—减—增。欲达到一定近似程度，至少需 10 个常数的函数表示。经尝试负高次幂函数求解，近似程度不足，故用组合函数求解。组合函数设定如下（当然，也可以采用其它组合函数，只要求解结果令人满意即可）。

① 元素：两个发散型函数 e^x、$\tan x$。

② 函数：两个负高次幂函数组合。

设组合函数为：

$$y = \frac{\alpha_1}{s_1} + \frac{\alpha_2}{s_1^2} + \cdots + \frac{\alpha_{12}}{s_1^{12}} + \frac{\beta_1}{s_2} + \frac{\beta_2}{s_2^2} + \cdots + \frac{\beta_{12}}{s_2^{12}} + C = 0$$

$$s_1 = \frac{v_1 - c}{\dfrac{d-c}{4}} + 1, \ s_1 \in [1,5]; \ s_2 = \frac{v_2 - g}{\dfrac{h-g}{4}} + 1, \ s_2 \in [1,5]$$

$$v_1 = e^u, \ v_1 \in [c,d]; \ v_2 = \tan u, \ v_2 \in [g,h]$$

$$u = \frac{x-a}{b-a} + 0.5, \ x \in [a,b], \ u \in [0.5, 1.5]$$

区间换算取值见表 5-16。

表 5-16　区间换算取值（例 5-10）

a	b	c	d	g	h
10	52.5	1.648721270700130	4.481689070338060	0.546302489843790	14.10141994717170

实际操作中需要多次区间变换。首先，x 换至 u，因为正切函数定义域采用 $[0, \frac{\pi}{2})$，经测试，本例 $u \in [0.5, 1.5]$ 比较适宜，正切元素一般选择这个区间较好。然后，通常情况下，$s_1 \in [1,2]$、$s_2 \in [1,2]$，经测试，本例 $s_1 \in [1,5]$、$s_2 \in [1,5]$ 比较适宜。

用等分 x 提取的 86 个点的坐标值 (x, y)，代入组合函数，形成 86 个方程：

$$\frac{\alpha_1}{s_1(i)} + \frac{\alpha_2}{[s_1(i)]^2} + \cdots + \frac{\alpha_{12}}{[s_1(i)]^{12}} + \frac{\beta_1}{s_2(i)} + \frac{\beta_2}{[s_2(i)]^2} + \cdots + \frac{\beta_{12}}{[s_2(i)]^{12}} + C = y_i,$$
$$i = 1, 2, \cdots, 86$$

解方程组（超定），得到结果如表 5-17 所示。

表 5-17　求解结果（例 5-10）

α_1	−554644042.21989300	β_1	28169101.67637580
α_2	515038129.06999500	β_2	28103380.48326990
α_3	−690815389.85831700	β_3	32147109.09245670
α_4	792185893.71568700	β_4	3805269.00318680
α_5	−555494460.96263500	β_5	113307929.11185200
α_6	0.00000000	β_6	−220642936.34071400
α_7	526805988.36646500	β_7	487314193.10020700
α_8	−687705970.65532500	β_8	−600422699.06135900
α_9	495064324.66157300	β_9	524184004.72935800
α_{10}	−219610481.87011000	β_{10}	−189420467.19560800
α_{11}	56548462.56403590	β_{11}	−26409433.60517220
α_{12}	−6517753.68558790	β_{12}	61299289.56749140
C	87710561.31273420		

（3）偏差检验

用等分 x 提取的 86 个点和等分曲线提取的 99 个点（共计 185 个点）计算偏差，平均偏差率 $1.58\times10^{-2}\%$，最大偏差率 $6.37\times10^{-2}\%$。

本例求解特点：①基本初等函数为元素；②两个负高次幂函数组合；③两次区间变换；④超定方程组求解。

【例 5-11】 图 5-8 中曲线 $ABCDE$ 为某工业产品轮廓线（局部），A 点位于（100，500），求该曲线的近似函数。

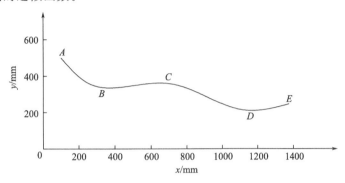

图 5-8　给定产品曲线

【解】 （1）放大取值

以坐标原点为基点，把曲线放大 1000 倍。以等分 x 方式（10 为间距）提取 129 个点的坐标值，以等分曲线方式提取 101 个点的坐标值。

（2）求解

采用四元素组合函数求解。组合函数如下。

1）元素　递增项幂函数：

$$v_1=u,\ v_2=u+\frac{1}{u},\ v_3=u+\frac{1}{u}+\frac{1}{u^2},\ v_4=u+\frac{1}{u}+\frac{1}{u^2}+\frac{1}{u^3}$$

$$u=\frac{x-a}{b-a}+0.5,\ x\in[a,b],\ u\in[0.5,1.5]$$

$$a=100,\ b=1374.610706155370$$

2）函数　四个负高次幂函数组合：

$$y=g_1+g_2+g_3+g_4+C$$

$$g_1=\frac{\alpha_1}{s_1}+\frac{\alpha_2}{s_1^2}+\cdots+\frac{\alpha_{12}}{s_1^{12}},\ s_1=\frac{v_1-a_1}{\dfrac{b_1-a_1}{4}}+1,\ v_1\in[a_1,b_1],\ s_1\in[1,5]$$

$$g_2=\frac{\beta_1}{s_2}+\frac{\beta_2}{s_2^2}+\cdots+\frac{\beta_{12}}{s_2^{12}},\ s_2=\frac{v_2-a_2}{\dfrac{b_2-a_2}{4}}+1,\ v_2\in[a_2,b_2],\ s_2\in[1,5]$$

$$g_3=\frac{\gamma_1}{s_3}+\frac{\gamma_2}{s_3^2}+\cdots+\frac{\gamma_{12}}{s_3^{12}},\ s_3=\frac{v_3-a_3}{\dfrac{b_3-a_3}{4}}+1,\ v_3\in[a_3,b_3],\ s_3\in[1,5]$$

$$g_4=\frac{\varepsilon_1}{s_4}+\frac{\varepsilon_2}{s_4^2}+\cdots+\frac{\varepsilon_{12}}{s_4^{12}},\ s_4=\frac{v_4-a_4}{\dfrac{b_4-a_4}{4}}+1,\ v_4\in[a_4,b_4],\ s_4\in[1,5]$$

区间换算取值见表 5-18。

表 5-18　区间换算取值（例 5-11）

j	1	2	3	4
a_j	1.0000000000000000	2.0000044599649100	2.6111111111111100	2.9074074074074100
b_j	1.5000000000000000	2.5000000000000000	6.5000000000000000	14.5000000000000000

将等分 x 提取的 129 个点的坐标值代入函数，形成 129 个方程：

$$g_1(i) + g_2(i) + g_3(i) + g_4(i) + C = y_i, \quad i = 1, 2, \cdots, 129$$

式中　$g_1(i)$——第 i 点按照 $g_1 = \dfrac{\alpha_1}{s_1} + \dfrac{\alpha_2}{s_1^2} + \cdots + \dfrac{\alpha_{12}}{s_1^{12}}$ 的计算式（一个多项式）；

$g_2(i)$——第 i 点按照 $g_2 = \dfrac{\beta_1}{s_2} + \dfrac{\beta_2}{s_2^2} + \cdots + \dfrac{\beta_{12}}{s_2^{12}}$ 的计算式（一个多项式）；

$g_3(i)$——第 i 点按照 $g_3 = \dfrac{\gamma_1}{s_3} + \dfrac{\gamma_2}{s_3^2} + \cdots + \dfrac{\gamma_{12}}{s_3^{12}}$ 的计算式（一个多项式）；

$g_4(i)$——第 i 点按照 $g_4 = \dfrac{\varepsilon_1}{s_4} + \dfrac{\varepsilon_2}{s_4^2} + \cdots + \dfrac{\varepsilon_{12}}{s_4^{12}}$ 的计算式（一个多项式）。

解方程组（超定），得到结果如表 5-19 所示。

表 5-19　求解结果（例 5-11）

α_1	42295456310.729400	β_1	38611954017.650000	γ_1	-73560594156.902200	ε_1	75256782535.263700
α_2	-32208988248.424600	β_2	-52669946232.747200	γ_2	0.000000	ε_2	-56307626371.277600
α_3	0.000000	β_3	54653116380.601700	γ_3	0.000000	ε_3	56758570858.927100
α_4	13266706700.364400	β_4	-35843932279.382200	γ_4	21805562347.968000	ε_4	0.000000
α_5	0.000000	β_5	0.000000	γ_5	0.000000	ε_5	0.000000
α_6	-7826905159.396990	β_6	34744905168.857900	γ_6	-12562807710.030700	ε_6	0.000000
α_7	0.000000	β_7	-49526225380.667000	γ_7	0.000000	ε_7	0.000000
α_8	4470780508.386010	β_8	41275763819.389200	γ_8	4030686982.709680	ε_8	-24738807957.404100
α_9	0.000000	β_9	-22919484085.534000	γ_9	0.000000	ε_9	0.000000
α_{10}	-3049871305.386540	β_{10}	8398592270.329060	γ_{10}	-731886311.819780	ε_{10}	21793049081.716700
α_{11}	1800878026.940800	β_{11}	-1851924219.178820	γ_{11}	-118353280.294550	ε_{11}	0.000000
α_{12}	-334844745.253280	β_{12}	186978222.511660	γ_{12}	127901173.985060	ε_{12}	-6046592904.816260
$C = -22985398858.819200$							

（3）偏差检验

用等分 x 提取的 129 个点和等分曲线提取的 101 个点（共计 230 个点）计算偏差，平均偏差率 $1.72 \times 10^{-3}\%$，最大偏差率 $9.62 \times 10^{-3}\%$。

本例求解特点：①四个递增项幂函数为元素；②四个负高次幂函数组合；③两次区间变换；④超定方程组求解。

【例 5-12】　图 5-9 中曲线 $ABCDEF$ 为某做平面运动物体的运动轨迹（局部），A 点位于（100，100），求该曲线的近似函数。

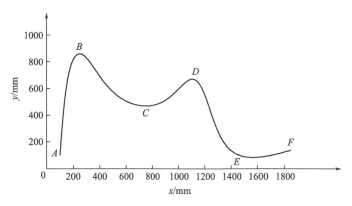

图 5-9　给定运动轨迹曲线

【解】　（1）放大取值

以坐标原点为基点，把曲线放大 1000 倍。以等分 x 方式（10 为间距）提取 178 个点的坐标值，以等分曲线方式提取 101 个点的坐标值。

（2）求解

采用 8 元素组合函数求解。组合函数如下。

1）元素　递增项幂函数：

$$v_1 = u, \ v_2 = u + \frac{1}{u}, \ v_3 = u + \frac{1}{u} + \frac{1}{u^2}, \ \cdots, \ v_8 = u + \frac{1}{u} + \frac{1}{u^2} + \cdots + \frac{1}{u^6} + \frac{1}{u^7}$$

$$u = \frac{x-a}{b-a} + 0.5, \ x \in [a, b], \ u \in [0.5, 1.5]$$

$$a = 100, \ b = 1851.519617042640$$

2）函数　8 个负高次幂函数组合：

$$y = g_1 + g_2 + \cdots + g_8$$

$$g_1 = \frac{\alpha_1}{s_1} + \frac{\alpha_2}{s_1^2} + \cdots + \frac{\alpha_{12}}{s_1^{12}}, \ s_1 = \frac{v_1 - a_1}{\dfrac{b_1 - a_1}{4}} + 1, \ v_1 \in [a_1, b_1], \ s_1 \in [1, 5]$$

$$g_2 = \frac{\beta_1}{s_2} + \frac{\beta_2}{s_2^2} + \cdots + \frac{\beta_{12}}{s_2^{12}}, \ s_2 = \frac{v_2 - a_2}{\dfrac{b_2 - a_2}{4}} + 1, \ v_2 \in [a_2, b_2], \ s_2 \in [1, 5]$$

$$\cdots\cdots$$

$$g_8 = \frac{\tau_1}{s_8} + \frac{\tau_2}{s_8^2} + \cdots + \frac{\tau_{12}}{s_8^{12}}, \ s_8 = \frac{v_8 - a_8}{\dfrac{b_8 - a_8}{4}} + 1, \ v_8 \in [a_8, b_8], \ s_8 \in [1, 5]$$

第 3 至第 7 负高次幂函数的常数分别表示为：γ_1、γ_2、$\cdots$、γ_{12}，ε_1、ε_2、$\cdots$、ε_{12}，η_1、η_2、$\cdots$、η_{12}，κ_1、κ_2、$\cdots$、κ_{12}，ζ_1、ζ_2、$\cdots$、ζ_{12}。区间换算取值如表 5-20 所示。

表 5-20　区间换算取值（例 5-12）

i	1	2	3	4
a_i	1.0000000000000000	0.4999941535689960	3.8888888888888900	11.5925925925926000
b_i	1.5000000000000000	2.5000000000000000	6.5000000000000000	14.5000000000000000
i	5	6	7	8
a_i	27.3950617283951000	59.2633744855967000	123.1755829903980000	379.1365645480870000
b_i	30.5000000000000000	62.5000000000000000	126.5000000000000000	382.5000000000000000

以等分曲线提取的 101 个点的坐标值代入函数，形成 101 个方程：

$$g_1(i)+g_2(i)+\cdots+g_8(i)=y_i,\ i=1,2,\cdots,101$$

式中　$g_1(i)$——第 i 点按照 $g_1=\dfrac{\alpha_1}{s_1}+\dfrac{\alpha_2}{s_1^2}+\cdots+\dfrac{\alpha_{12}}{s_1^{12}}$ 的计算式（一个多项式）；

$g_2(i)$——第 i 点按照 $g_2=\dfrac{\beta_1}{s_2}+\dfrac{\beta_2}{s_2^2}+\cdots+\dfrac{\beta_{12}}{s_2^{12}}$ 的计算式（一个多项式）；

……

$g_8(i)$——第 i 点按照 $g_8=\dfrac{\tau_1}{s_8}+\dfrac{\tau_2}{s_8^2}+\cdots+\dfrac{\tau_{12}}{s_8^{12}}$ 的计算式（一个多项式）。

解方程组（超定），得到结果如表 5-21 所示。

表 5-21　求解结果（例 5-12）

α_1	0.0000	γ_1	0.0000	η_1	0.0000	ζ_1	0.0000
α_2	0.0000	γ_2	−1784743318841.5900	η_2	0.0000	ζ_2	0.0000
α_3	−1031009501822.3500	γ_3	0.0000	η_3	0.0000	ζ_3	0.0000
α_4	0.0000	γ_4	2661194892327.2100	η_4	0.0000	ζ_4	0.0000
α_5	1300586095266.6600	γ_5	0.0000	η_5	0.0000	ζ_5	0.0000
α_6	0.0000	γ_6	0.0000	η_6	0.0000	ζ_6	−2366338871944.4200
α_7	−821737781040.5530	γ_7	−2162166019718.7700	η_7	0.0000	ζ_7	0.0000
α_8	0.0000	γ_8	0.0000	η_8	0.0000	ζ_8	0.0000
α_9	0.0000	γ_9	0.0000	η_9	0.0000	ζ_9	0.0000
α_{10}	570512649942.3160	γ_{10}	2025216515281.2400	η_{10}	0.0000	ζ_{10}	1781860797029.4800
α_{11}	−446642090976.9010	γ_{11}	−1348908010192.7300	η_{11}	0.0000	ζ_{11}	0.0000
α_{12}	99864749978.9770	γ_{12}	202926125994.8930	η_{12}	−1243261778402.4300	ζ_{12}	−2959433323112.6200
β_1	0.0000	ε_1	0.0000	κ_1	0.0000	τ_1	−1053589262409.8500
β_2	1128560287471.2100	ε_2	0.0000	κ_2	0.0000	τ_2	1902256875333.6700
β_3	0.0000	ε_3	0.0000	κ_3	0.0000	τ_3	−3278980386140.3600
β_4	−685265522825.2480	ε_4	0.0000	κ_4	0.0000	τ_4	3908157341193.5200
β_5	0.0000	ε_5	0.0000	κ_5	0.0000	τ_5	−2691988704794.8500
β_6	537480155151.4490	ε_6	0.0000	κ_6	0.0000	τ_6	0.0000
β_7	0.0000	ε_7	0.0000	κ_7	0.0000	τ_7	1913291167734.6400
β_8	−741877842835.1850	ε_8	0.0000	κ_8	0.0000	τ_8	0.0000
β_9	810316054166.1020	ε_9	0.0000	κ_9	0.0000	τ_9	−3744443669080.9800
β_{10}	−424539600248.3120	ε_{10}	−266651442105.9390	κ_{10}	4510918816637.0600	τ_{10}	5490900002620.5800
β_{11}	116648827724.9870	ε_{11}	0.0000	κ_{11}	0.0000	τ_{11}	−3534894848542.1900
β_{12}	−13593492442.2260	ε_{12}	313205960543.2730	κ_{12}	0.0000	τ_{12}	1039222131099.3800
			$C=507101917527.0140$				

（3）偏差检验

用等分 x 提取的 178 个点和等分曲线提取的 101 个点（共计 278 个点）计算偏差，平均偏差率 $9.09 \times 10^{-2}\%$，最大偏差率 $5.77 \times 10^{-1}\%$。

本例求解特点：①八个递增项幂函数为元素；②八个负高次幂函数组合；③两次区间变换；④超定方程组求解。

在本节最后，需要补充一项说明。按曲线来源，给定曲线分为两类，一类是实物曲线，另一类是数据曲线。实物曲线是客观存在的曲线，比如物体轮廓线（还可扩展至中心线、轴线、对称轴等）、运动轨迹线。数据曲线是根据数值对应关系作图获得的曲线，比如实验曲线、常规实践曲线等。两类曲线有着本质的差别：实物曲线是确定性曲线；数据曲线具有很大的不确定性，可能是确定性曲线，也可能是不确定性曲线（仅部分可确定性曲线）。实物曲线均可建立函数。当通过求解能得到理论函数时，数据曲线是确定性曲线，否则是不确定性曲线。从严格意义上讲，除非求解能得到理论函数，否则，所建数据曲线函数不具有充分性。任何利用拟建近似函数对数据范围之外的数据演绎均需加以质疑。以上未作区分地介绍了两类曲线的近似函数求解，旨在介绍方法并解决现实问题（抛开了方法是否完善、问题解决是否彻底等问题，这些内容属于更深层次的问题）。

5.4　给定变量对应值的近似函数求解

对于给定变量对应值，欲建立变量间的函数，首先需作变量对应关系图；然后，根据对应关系图的具体情况，判断是否可以建立函数、是否适合建立函数、适合建立哪种函数（近似函数还是经验函数）；最后，在判定可以（适宜）建立函数的基础上进行函数求解。变量对应关系图有很多情况，归纳起来，可以分为两大类六种基本情况（类型）：

（1）变量对应关系图为光滑连续曲线或直线

① 直线；

② 简单光滑曲线；

③ 复杂光滑曲线。

（2）变量对应关系图不能形成光滑连续曲线

④ 折线图；

⑤ 散布图；

⑥ 其它图。

五种对应关系图的典型图例见图 5-10。

① 无须讨论，⑥不作讨论。本章讨论②、③和部分④，⑤和另一部分④将在第 6 章讨论。关于给定变量对应值的函数建立问题有以下结论。

a. 当给定 x、y 数值对应关系为简单光滑曲线 $L[y = f(x)]$ 时，可以且适合建立 x、y 之间的近似函数 $L[y \approx g(x)]$。

b. 当给定 x、y 数值对应关系为复杂光滑曲线 $L[y = f(x)]$ 时，一般均可以采用组合函数求解近似函数，即能够建立 x、y 之间的近似函数关系。但是，是否适合在 x、y 之

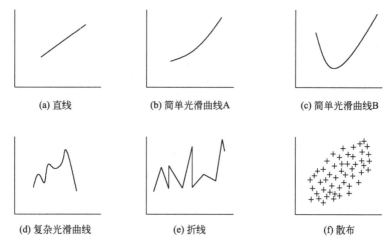

图 5-10　五种对应关系图典型图例

间建立函数关系需要进一步考察给定区间之外的情况。通常，除非能解出理论函数，否则不适宜在 x、y 之间建立近似函数（应考虑更改分析研究对象，选择其它变量建立函数）。

c. 当给定 x、y 数值对应关系为折线，对于部分少数情况（可以采用累计方法解决的）可以建立 x、y 之间的近似函数。

d. 当给定 x、y 数值对应关系为折线，对于部分少数情况，可以建立 x、y 之间的经验函数。

e. 当给定 x、y 数值对应关系为散布，对于部分少数情况，可以建立 x、y 之间的经验函数。

5.4.1　简单光滑曲线的近似函数建立及求解

在实际应用中，对于 x、y 数值对应关系，人们除了想知道已知（给定）区间的确切变化情况外，更想知道未知（给定之外）区间的变化情况。按 5.3 节的方法求解，存在一个问题：函数应用区间＞函数求解区间。从总体求解思路和方法来说，给定数值对应关系的函数求解与 5.3 节给定曲线的函数求解稍有不同——如何对待（处理或解决）函数应用区间＞函数求解区间这个问题（前者需要考虑这个问题，后者不考虑这个问题），除此之外，两者求解方法完全相同。从具体操作步骤来说，给定数值对应关系的函数求解需增加三个步骤：① 作对应关系图；② 设置应用区间；③ 考察整个应用区间尤其是未知区间的情况。

函数应用区间＞函数求解区间问题是近似函数应用中的一个根本性问题。这个问题是函数建立的一个基本矛盾，这个矛盾表明近似函数与理论函数相比存在明显的差异和不足。当然，想通过调整（变换）求解方法就能解决这个问题是不太实际的。解决这个问题的可靠方法只有尽可能获得宽广的已知区间，从而实实在在地扩大函数求解区间。

【例 5-13】 某实验获得 x、y 对应值见表 5-22，试求 x、y 之间的近似函数。

表 5-22　x、y 对应值

变量	x	y	变量	x	y	变量	x	y	变量	x	y	变量	x	y
计量单位	L	kg	计量单位	L	kg	计量单位	L	kg	计量单位	L	kg	计量单位	L	kg
数值	100	250.1692	数值	280	492.9188	数值	460	703.8809	数值	640	865.1741	数值	820	968.5678
	110	264.0706		290	505.6819		470	714.2621		650	872.4719		830	972.5725
	120	277.9486		300	518.3406		480	724.4852		660	879.5884		840	976.3952
	130	291.7983		310	530.8913		490	734.5483		670	886.5233		850	980.0368
	140	305.6147		320	543.3302		500	744.4493		680	893.2759		860	983.5004
	150	319.393		330	555.6536		510	754.1864		690	899.8459		870	986.7897
	160	333.1284		340	567.8581		520	763.7578		700	906.233		880	989.9083
	170	346.816		350	579.9402		530	773.1619		710	912.4368		890	992.8598
	180	360.4513		360	591.8966		540	782.397		720	918.4573		900	995.6476
	190	374.0294		370	603.724		550	791.4618		730	924.2942		910	998.2751
	200	387.5457		380	615.4193		560	800.3547		740	929.9474		920	1000.7455
	210	400.9957		390	626.9794		570	809.0746		750	935.417		930	1003.062
	220	414.3749		400	638.4014		580	817.6201		760	940.7028		940	1005.2277
	230	427.6789		410	649.6824		590	825.9901		770	945.8051		950	1007.2455
	240	440.9031		420	660.8198		600	834.1836		780	950.7238		960	1009.1183
	250	454.0434		430	671.8108		610	842.1996		790	955.4593		970	1010.8491
	260	467.0956		440	682.6529		620	850.0372		800	960.0116		980	1012.4404
	270	480.0554		450	693.3437		630	857.6956		810	964.381		990	1013.8951

曲线分析与非线性函数的建立及应用

续表

变量	计量单位	x L	y kg	变量	计量单位	x L	y kg	变量	计量单位	x L	y kg	变量	计量单位	x L	y kg
数值		1000	1015.2157	数值		1170	1019.4034	数值		1340	995.5164	数值		1510	950.7903
		1010	1016.4048			1180	1018.6932			1350	993.4026			1520	947.6323
		1020	1017.4649			1190	1017.8884			1360	991.2185			1530	944.422
		1030	1018.3984			1200	1016.9906			1370	988.9653			1540	941.1606
		1040	1019.2076			1210	1016.0015			1380	986.6441			1550	937.8487
		1050	1019.895			1220	1014.9227			1390	984.256			1560	934.4875
		1060	1020.4626			1230	1013.7557			1400	981.8024			1570	931.0777
		1070	1020.9128			1240	1012.5021			1410	979.2842			1580	927.6203
		1080	1021.2476			1250	1011.1633			1420	976.7025			1590	924.1161
		1090	1021.4693			1260	1009.7409			1430	974.0586			1600	920.5659
		1100	1021.5797			1270	1008.2362			1440	971.3535			1610	916.9708
		1110	1021.581			1280	1006.6506			1450	968.5881			1620	913.3314
		1120	1021.4751			1290	1004.9857			1460	965.7637			1630	909.6487
		1130	1021.264			1300	1003.2427			1470	962.8812			1640	905.9234
		1140	1020.9494			1310	1001.4229			1480	959.9416			1650	902.1563
		1150	1020.5332			1320	999.5278			1490	956.9459			1660	898.3483
		1160	1020.0173			1330	997.5585			1500	953.8951			1670	894.5002

变量	计量单位	x L	y kg
数值		1680	890.6128
		1690	886.6868
		1700	882.7229
		1710	878.7221
		1720	874.685
		1730	870.6123
		1740	866.5048
		1750	862.3633
		1760	858.1884
		1770	853.9809
		1780	849.7415
		1790	845.4709
		1800	841.1698

【解】　（1）作变量对应关系图

根据表 5-22 数据，作变量对应关系图，见图 5-11。

作图结果表明，x、y 对应关系图为一条简单光滑曲线，可以且适合建立 x、y 之间的函数。

（2）放大曲线取值

以坐标原点为基点，把曲线放大 1000 倍。以等分曲线方式提取 101 个点的坐标值。

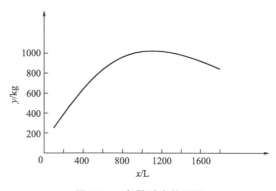

图 5-11　变量对应关系图

（3）设置函数应用区间

已知区间为 $x \in [100, 1800]$，设置应用区间为 $x \in [100, 3600]$（扩大至 2 倍）。

设置明确的应用区间，一方面可以为求解区间的确定提供一定参考；另一方面，可以检查求解结果是否存在明显异常。当应用区间与已知区间相差较大时，则应适当增大求解区间（可能会导致函数近似程度降低）；反之，若应用区间与已知区间相差不大，则可以在确保系数矩阵满秩的情况下尽量压缩求解区间（能提高函数近似程度）。

（4）函数求解

采用负高次幂函数求解，设函数为：

$$y = \alpha_0 + \frac{\alpha_1}{u} + \frac{\alpha_2}{u^2} + \cdots + \frac{\alpha_{12}}{u^{12}}$$

$$u = \frac{x - 100}{1700} + 0.5, \quad x \in [100, 1800], \quad u \in [0.5, 1.5]$$

用等分曲线提取的 101 个点的坐标值，代入函数，形成 101 个方程：

$$\alpha_0 + \frac{\alpha_1}{u_i} + \frac{\alpha_2}{u_i^2} + \cdots + \frac{\alpha_{12}}{u_i^{12}} = y_i, \quad i = 1, 2, \cdots, 101$$

解方程组（超定方程组），得到结果如表 5-23 所示。

表 5-23　求解结果（例 5-13）

α_0	α_1	α_2	α_3	α_4
188228.786170610	−1862844.726307310	8209801.945271820	−21328442.438062200	36468402.823725000
α_5	α_6	α_7	α_8	α_9
−43259577.733492900	36495662.253514200	−22049480.773843200	9458158.960519650	−2804180.371530180
α_{10}	α_{11}	α_{12}		
543873.804212540	−61660.261783940	3065.023584220		

（5）偏差检验

用表 5-22 中 171 组数据计算偏差，平均偏差率 $6.32 \times 10^{-3} \%$，最大偏差率 $2.40 \times 10^{-2} \%$。

（6）函数图与变量对应关系图比较

作 $x \in [100, 3600]$ 函数图并与变量对应关系图同图比较，比较情况见图 5-12。

从图 5-12 来看，求解结果无明显异常，可以建立 x、y 之间的近似函数。所建函数是否客观有待实践和进一步实验检验。

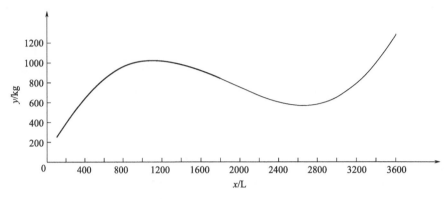

图 5-12 函数图与变量对应关系图比较

5.4.2 复杂光滑曲线的近似函数建立及求解

对于复杂光滑曲线，尽管可以采用 5.3.4 节中例 5-12 的方法求解函数，但是由于随着曲线复杂程度的增加，曲线在未知区间变化的不确定性也在增加，求解结果一般也只能作为参考。试图用确定性方法去解决不确定性问题是不可取的，往往可能是事倍功半甚至是徒劳的。为此，建议结合概率方法（本书仅作粗浅讨论）或其它方法（比如，化繁为简途径）对待复杂曲线问题。第 3 章介绍了时间累计函数以解决变量随时间的变化问题，其中用到的累计法可以对时间变量进行广义替换。累计法的基本思路是把复杂曲线变为简单曲线再进行求解。下面举例介绍用累计法对待（谈不上解决）复杂曲线问题。

【例 5-14】 根据长期数据统计，得到 x、y 之间的对应值见表 5-24，试根据表中数据，完成以下工作：

① 绘制 x、y 对应关系图并判断可否直接建立 x、y 之间的函数。

② 采用累计方法建立累计函数。

③ 进行未知区间 y 值外推。

【解】 （1）作 x、y 对应关系图并判断可否直接建立 x、y 之间的函数

根据表 5-24 数据，作 x、y 对应关系图，见图 5-13。

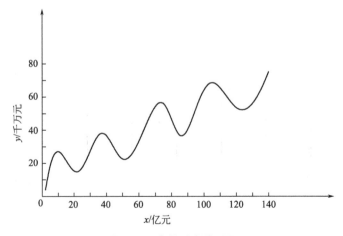

图 5-13 变量对应关系图

表 5-24　x、y 对应值（例 5-14）

变量 单位		变量 单位		变量 单位		变量 单位		变量 单位	
变量值 x 亿元	y 千万元	变量值 x 亿元	y 千万元	变量值 x 亿元	y 千万元	变量值 x 亿元	y 千万元	变量值 x 亿元	y 千万元
2.0000	3.8236	27.9521	22.5981	59.2923	31.8420	85.7594	36.5489	115.0854	58.8052
2.4478	6.3252	29.0008	24.9129	60.3768	34.1402	87.9789	37.4746	116.6473	56.8008
2.9036	8.8253	30.0208	27.2406	61.4183	36.4583	89.4363	39.5500	118.3291	54.8967
3.3760	11.3223	31.0463	29.5658	62.4343	38.7877	90.5934	41.8118	120.2582	53.2494
3.8759	13.8139	32.1143	31.8717	63.4398	41.1216	91.6146	44.1387	122.5746	52.2441
4.4172	16.2969	33.2787	34.1301	64.4487	43.4541	92.5647	46.4957	125.0874	52.3651
5.0211	18.7653	34.6449	36.2707	65.4759	45.7785	93.4780	48.8672	127.3381	53.5187
5.7225	21.2076	36.4971	37.9783	66.5404	48.0861	94.3771	51.2442	129.2245	55.2159
6.5905	23.5951	38.8782	37.6646	67.6690	50.3629	95.2798	53.6197	130.8423	57.1740
7.8019	25.8226	40.6413	35.8466	68.9068	52.5819	96.2032	55.9874	132.2752	59.2721
9.8839	27.0834	42.0789	33.7521	70.3459	54.6742	97.1658	58.3393	133.5773	61.4541
11.9961	25.7808	43.3930	31.5770	72.2258	56.3587	98.1917	60.6642	134.7834	63.6909
13.5576	23.7782	44.6739	29.3821	74.6143	56.1827	99.3163	62.9428	135.9168	65.9654
14.9715	21.6666	45.9889	27.2076	76.2708	54.2731	100.6000	65.1350	136.9941	68.2670
16.3736	19.5471	47.4214	25.1094	77.5162	52.0593	102.1627	67.1342	138.0278	70.5885
17.8630	17.4887	49.1366	23.2418	78.5961	49.7591	104.2505	68.5369	139.0272	72.9250
19.5998	15.6398	51.4556	22.3700	79.6011	47.4250	106.7075	68.2428	140.0000	75.2728
21.9124	14.7902	53.7288	23.4114	80.5823	45.0807	108.7403	66.7322		
24.0460	16.0851	55.4589	25.2657	81.5830	42.7447	110.4687	64.8710		
25.5774	18.1081	56.8847	27.3679	82.6587	40.4426	112.0513	62.8829		
26.8332	20.3166	58.1407	29.5768	83.9212	38.2392	113.5713	60.8463		

作图结果表明，x、y 对应关系图为一条比较复杂的光滑曲线，不适宜直接建立 x、y 之间的函数。

（2）建立累计函数

1）为累计取值

在图 5-13 中，以 $x=10$ 为间距提取曲线上 14 个点的坐标值。

2）累计表

用以上所提取数据，以 x 整数系列累计 y 值，得到一次累计值 z；以 x 整数系列累计 z 值，得到二次累计值 V。累计表见表 5-25。

表 5-25　累计表

x 序列编号	原始变量值		一次累计值 （按 y 的计量单位为 千万元进行累计）	二次累计值 （按 y 的计量单位为 千万元进行累计）
i	x/亿元	y/千万元	z	V
1	10.0000	27.0772	27.0772	—
2	20.0000	15.3610	42.4381	42.4381
3	30.0000	27.1930	69.6311	112.0692
4	40.0000	36.6891	106.3202	218.3894
5	50.0000	22.7081	129.0283	347.4177
6	60.0000	33.3261	162.3544	509.7720
7	70.0000	54.2087	216.5631	726.3352
8	80.0000	46.4738	263.0370	989.3722
9	90.0000	40.6182	303.6552	1293.0274
10	100.0000	64.1689	367.8241	1660.8515
11	110.0000	65.4107	433.2348	2094.0863
12	120.0000	53.4283	486.6631	2580.7494
13	130.0000	56.0981	542.7612	3123.5106
14	140.0000	75.2728	618.0340	3741.5445

关于累计方法的实际应用，有一个细节问题需要说明：表 5-25 中的累计是以 y 的计量单位为千万元进行的，根据需要，累计可以采用以 y 的其它计量单位（比如，亿元、十亿元、百亿元……）进行。计量单位不同会导致不同形状的 z 曲线、V 曲线、Q 曲线，具体采用哪种计量单位进行累计取决于曲线情况（最适宜求解的形状）。就本例而言，如果通过一次累计解决问题，则累计采用 y 的计量单位为亿元最佳；如果需要二次累计才能解决问题，则最适合采用的计量单位是十亿元。

3）累计图

根据累计表作 x-z 图，见图 5-14。

图 5-14 表明，x-z 曲线仍然较为复杂（光滑程度欠佳），为此需进行二次累计，作 x-V 图，见图 5-15。

图 5-15 表明，x-V 曲线为简单光滑曲线，可以且适合建立 x-V 函数。

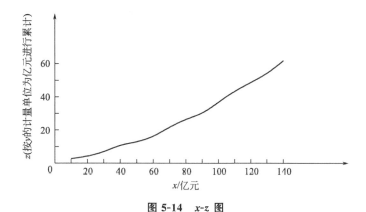

图 5-14　*x-z* 图

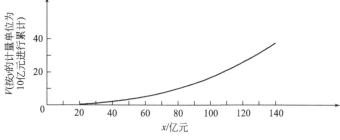

图 5-15　*x-V* 图

4）*x-V* 函数求解

函数求解有两种基本途径：① 针对曲线求解；② 针对点（累计表中）求解。本例采用针对点求解，针对曲线求解在例 5-15 介绍。

① 函数求解。用负高次幂函数求解，设负高次幂函数为：

$$y = \alpha_0 + \frac{\alpha_1}{u} + \frac{\alpha_2}{u^2} + \cdots + \frac{\alpha_{15}}{u^{15}}$$

$$u = \frac{x-20}{(200-20)} + 0.5, \ x \in \mathbf{N} \text{ 且 } x = 10k, \ k = 2,3,4,\cdots; \ u \in [0.5, 1.5]$$

用累计表中 13 组 x、V 对应值代入函数，得到 13 个方程的线性方程组（未知数 16 个），解方程组（欠定）得到结果如表 5-26 所示。

表 5-26　求解结果（一）

α_0	α_1	α_2	α_3
-13728359.4430870	81933029.6602600	-158833866.5704720	0.0000000
α_4	α_5	α_6	α_7
433148551.5190080	-557137577.8068660	0.0000000	467113644.0169650
α_8	α_9	α_{10}	α_{11}
0.0000000	-915384556.7579480	1255660618.0821100	-887686608.4525440
α_{12}	α_{13}	α_{14}	α_{15}
381673790.8843680	-100934442.7856260	15173713.5051150	-995841.7643840

② 偏差检验。由于在函数中定义了变量 x 的属性（$x \in \mathbf{N}$ 且 $x=10k$），不再对函数进行中间插值检验，只进行 13 个点的偏差检验（详见表 5-27）。

③ V 与 y 的关系表达：

$$V_i = z_i + V_{i-1}, \quad i=3,4,5,\cdots$$
$$z_i = y_i + z_{i-1}, \quad i=2,3,4,\cdots$$
$$y_i = V_i - 2V_{i-1} + V_{i-2}, \quad i=4,5,6,\cdots$$

④ 已知区间的 V、z、y 偏差计算。

已知区间的 V、z、y 偏差计算见表 5-27。

表 5-27　已知区间的 V、z、y 偏差计算

i	x/亿元	V			z			y/千万元		
		计算值	实际值	偏差率/%	计算值	实际值	偏差率/%	计算值	实际值	偏差率/%
2	20	42.4385	42.4382	0.0007	—	—	—	—	—	—
3	30	112.0695	112.0694	0.0001	69.6310	69.6312	0.0003	—	—	—
4	40	218.3897	218.3897	0.0000	106.3202	106.3203	0.0001	36.6892	36.6891	0.0003
5	50	347.4181	347.4181	0.0000	129.0284	129.0284	0.0000	22.7082	22.7081	0.0004
6	60	509.7726	509.7726	0.0000	162.3545	162.3545	0.0000	33.3261	33.3261	0.0000
7	70	726.3358	726.3358	0.0000	216.5632	216.5632	0.0000	54.2087	54.2087	0.0000
8	80	989.3728	989.3728	0.0000	263.0370	263.037	0.0000	46.4738	46.4738	0.0000
9	90	1293.028	1293.028	0.0000	303.6552	303.6552	0.0000	40.6182	40.6182	0.0000
10	100	1660.8521	1660.852	0.0000	367.8241	367.8241	0.0000	64.1689	64.1689	0.0000
11	110	2094.0869	2094.087	0.0000	433.2348	433.2348	0.0000	65.4107	65.4107	0.0000
12	120	2580.75	2580.75	0.0000	486.6631	486.6631	0.0000	53.4283	53.4283	0.0000
13	130	3123.5112	3123.511	0.0000	542.7612	542.7612	0.0000	56.0981	56.0981	0.0000
14	140	3741.5452	3741.545	0.0000	618.0340	618.034	0.0000	75.2728	75.2728	0.0000
平均			0.0001			0.0000			0.0001	
最大			0.0007			0.0003			0.0004	

（3）未知区间 y 值外推

1）第 1 次外推

根据拟定函数，计算 $x=150,160,\cdots,200$ 时 V 值，然后计算 y 值，计算结果见表 5-28。

表 5-28　第 1 次外推结果

i	x/亿元	V	z	y/千万元	备注
15	150	4446.8204	705.2752	87.2412	有效
16	160	5213.7184	766.898	61.6228	有效
17	170	5957.136	743.4176	−23.4804	
18	180	6524.8035	567.6675	−175.7501	舍去
19	190	6702.6054	177.8019	−389.8656	
20	200	6228.6188	−473.9866	−651.7885	

表中数据表明，第一次外推仅得到 $x=150$ 和 $x=160$ 两个有效数据。

2）第 2 次外推

函数做细微调整，设负高次幂函数为：

$$y = \alpha_0 + \frac{\alpha_1}{u} + \frac{\alpha_2}{u^2} + \cdots + \frac{\alpha_{15}}{u^{15}}$$

$$u = \frac{x - 40}{(220 - 40)} + 0.5,\ x \in \mathbf{N} \ \text{且}\ x = 10k,\ k = 4, 5, 6, \cdots;\ u \in [0.5, 1.5]$$

用 $x = 40, 50, \cdots, 150, 160$ 共 13 组对应值（舍去已知区间中最前端两组数值，增加第 1 次外推得到的两组数值）代入函数，得到 13 个方程的线性方程组（未知数 16 个），解方程组（欠定）得到结果如表 5-29 所示。

表 5-29　求解结果（二）

α_0	α_1	α_2	α_3
−10422064.64979380	57782428.72910960	−104428478.51529000	0.00000000
α_4	α_5	α_6	α_7
250999369.24954100	−305648201.90660800	0.00000000	234338090.34161600
α_8	α_9	α_{10}	α_{11}
0.00000000	−433148340.24277400	584676622.29052200	−410632421.29934200
α_{12}	α_{13}	α_{14}	α_{15}
177184069.83717600	−47528481.04356460	7330024.89430400	−499494.17369620

计算 $x = 170, 180, \cdots, 220$ 时 V 值，然后计算 y 值，计算结果见表 5-30。

表 5-30　第 2 次外推结果

i	x/亿元	V	z	y/千万元	备注
17	170	5957.589	743.8706	−23.0274	
18	180	6528.1792	570.5902	−173.2804	
19	190	6716.4611	188.2819	−382.3084	
20	200	6270.0991	−446.362	−634.6439	无效
21	210	4912.5254	−1357.5737	−911.2117	
22	220	2361.7517	−2550.7738	−1193.2001	

表中数据表明，第 2 次外推全部无效，应停止外推。本例数据只能进行极小范围外推（在给定 x 区间上向增大 x 方向外推 20）。关于外推，采用先构建二元函数，然后建立变化指标函数进行外推会顺利一些，该路径的具体实施参见第 3 章相关内容。

5.4.3　折线图的近似函数建立及求解

【例 5-15】　根据长期数据统计，得到近三年变量 y 随时间 t 的变化值，见表 5-31。试根据表中数据，完成以下工作：

① 绘制 t、y 对应关系图。

② 用累计方法建立累计函数。

③ 规划 2022 年 y 变量值。

表 5-31　变量 y 近三年统计值　　　　　　　单位：亿元

	2019 年				2020 年				2021 年		
一季度	二季度	三季度	四季度	一季度	二季度	三季度	四季度	一季度	二季度	三季度	四季度
6.2664	7.7361	8.1445	7.9064	6.6402	7.1328	8.3157	5.697	8.4265	8.7571	9.4949	14.2753

【解】　（1）绘制 t、y 对应关系图

t、y 对应关系图见图 5-16。

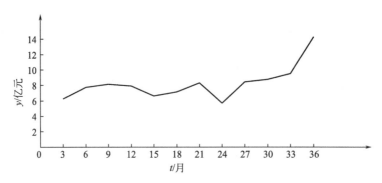

图 5-16　t、y 对应关系图

（2）建立累计函数

1）累计表　累计表见表 5-32。

表 5-32　变量 y 累计表

名称	单位	数值					
时间序列编号 i	—	1	2	3	4	5	6
时间 t	月	3	6	9	12	15	18
变量 y	亿元	6.2664	7.7361	8.1445	7.9064	6.6402	7.1328
一次累计 z	亿元	6.2664	14.0025	22.147	30.0534	36.6936	43.8264
二次累计 V	—	—	14.0025	36.1495	66.2029	102.8965	146.7229
名称	单位	数值					
时间序列编号 i	—	7	8	9	10	11	12
时间 t	月	21	24	27	30	33	36
变量 y	亿元	8.3157	5.697	8.4265	8.7571	9.4949	14.2753
一次累计 z	亿元	52.1421	57.8391	66.2656	75.0227	84.5176	98.7929
二次累计 V	—	198.865	256.7041	322.9697	397.9924	482.51	581.3029

2）一次累计图　一次累计值 z 与时间 t 的关系见图 5-17。

图示表明，t-z 为非光滑曲线，不具备求解函数的条件，需进行二次累计。

3）二次累计图　二次累计值 V 与时间 t 的关系见图 5-18。

图示表明，t-V 为简单光滑曲线，可以且适合建立函数。

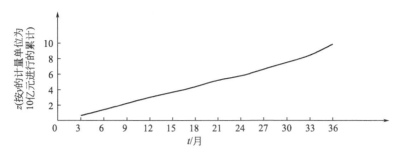

图 5-17　一次累计值 z 与时间 t 的关系

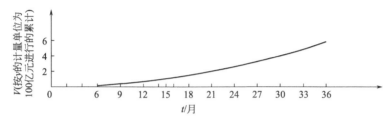

图 5-18　二次累计值 V 与时间 t 的关系

4）t-V 函数求解　以坐标原点为基准，放大 t-V 曲线 10^5 倍，分别以等分 x（0.03间距）和等分曲线方式各提取 101 组 t、V 对应值。

用负高次幂函数求解，设负高次幂函数为：

$$y = \alpha_0 + \frac{\alpha_1}{u} + \frac{\alpha_2}{u^2} + \cdots + \frac{\alpha_{15}}{u^{15}}$$

$$u = 10\left(\frac{t-6}{30} + 0.5\right), \ t \in [6,36], \ u \in [5,15]$$

把等分 x 提取的 101 组数据代入函数形成方程组，解方程组（超定），得到结果如表 5-33 所示。

表 5-33　求解结果（例 5-15）

α_0	α_1	α_2	α_3	α_4
30473.69170	−1829133.99570	50197249.59140	−805936776.55490	8236339864.11580
α_5	α_6	α_7	α_8	α_9
−55022166011.23190	237108013108.35400	−616477396445.18700	780658952802.71800	0.00000
α_{10}	α_{11}	α_{12}	α_{13}	α_{14}
−767269786435.68600	0.00000	0.00000	0.00000	0.00000
α_{15}				
0.00000				

V 偏差检验：用等分曲线提取的 101 组数据计算偏差，平均偏差率 $8.49 \times 10^{-2}\%$，最大偏差率 $2.01 \times 10^{-1}\%$。

5）V、y 关系表达　当 $t \in \mathbf{N}^+$ 且 $t = 3k$，$k = 3,4,5,\cdots$ 时，通过计算 V 值可得到 y 值，y、V 具体关系表达如下：

$$V_i = z_i + V_{i-1}, \quad i = 3, 4, 5 \cdots$$
$$z_i = y_i + z_{i-1}, \quad i = 2, 3, 4 \cdots$$
$$y_i = V_i - 2V_{i-1} + V_{i-2}, \quad i = 4, 5, 6 \cdots$$

（3）2022 年 y 值规划

根据所建函数，计算 $t = 39$、42、45、48 时 V 值，见表 5-34。

表 5-34　V 值计算结果

i	13	14	15	16
t/月	39	42	45	48
V	694.5061	823.2527	968.025	1128.6047

根据 y、V 关系，得到 2022 年 y 计算值如表 5-35 所示。

表 5-35　y 值计算结果

i	13	14	15	16
y/亿元	14.6524	15.67	16.0257	15.8074

2022 年 y 规划值如表 5-36 所示。

表 5-36　确定性分析的 y 值规划　　　　　　　　单位：亿元

2022 年 y 规划值			
一季度	二季度	三季度	四季度
14.6524	15.67	16.0257	15.8074

作为确定性分析，至此已完成 y 值规划。

（4）结合概率分析的 y 值规划

1）已知区间的 V、z、y 偏差计算　已知区间偏差计算见表 5-37。

表 5-37　已知区间的 V、z、y 偏差计算

i	t/月	V			z/亿元			y/亿元		
		计算值	实际值	偏差率/%	计算值	实际值	偏差率/%	计算值	实际值	偏差率/%
2	6	13.9802	14.0025	0.1593	—	—	—	—	—	—
3	9	36.1691	36.1495	0.0542	22.1889	22.147	0.1892	—	—	—
4	12	66.1616	66.2029	0.0624	29.9925	30.0534	0.2026	7.8036	7.9064	1.3002
5	15	102.896	102.8965	0.0005	36.7344	36.6936	0.1112	6.7419	6.6402	1.5316
6	18	146.8849	146.7229	0.1104	43.9889	43.8264	0.3708	7.2545	7.1328	1.7062
7	21	198.4738	198.865	0.1967	51.5889	52.1421	1.0609	7.6000	8.3157	8.6066
8	24	257.0944	256.7041	0.1520	58.6206	57.8391	1.3512	7.0317	5.697	23.4281
9	27	322.9719	322.9697	0.0007	65.8775	66.2656	0.5857	7.2569	8.4265	13.8800
10	30	397.5632	397.9924	0.1078	74.5913	75.0227	0.5750	8.7138	8.7571	0.4945
11	33	483.0053	482.51	0.1027	85.4421	84.5176	1.0939	10.8508	9.4949	14.2803
12	36	581.4295	581.3029	0.0218	98.4242	98.7929	0.3732	12.9821	14.2753	9.0590
平均				0.0880			0.5914			8.2541
最大				0.1967			1.3512			23.4281

2）概率分析　根据表中数据，可以估计，y 偏差率（δ）小于平均偏差率（$\pm$8.2541%）的概率为 4/9，大于平均偏差率的概率为 5/9，取定 y 偏差率大于最大偏差率（$\pm$23.4281%）的概率为 30%（假定函数计算的可靠性为 70%）。设定三个 y 的可能范围，取定概率如下：

① $\delta < 8.2541\%$ 的概率为：$4/9 - 15\% = 29\%$。

② $8.2541\% < \delta < 23.4281\%$ 概率为：$5/9 - 15\% = 41\%$。

③ $\delta > 14.9387\%$ 概率为 30%。

3）2022 年 y 值区间划分及其概率估计　根据已知区间 y 值偏差，2022 年 y 值区间划分见表 5-38。

表 5-38　y 值区间划分　　　　　　　　　　　　　　　　单位：亿元

2022 年各季度	y	$(1-8.25\%)y$	$(1+8.25\%)y$	$(1-23.43\%)y$	$(1+23.43\%)y$
一季度	14.6524	13.4436	15.8612	11.2193	18.0855
二季度	15.67	14.3772	16.9628	11.9985	19.3415
三季度	16.0257	14.7036	17.3478	12.2709	19.7805
四季度	15.8074	14.5033	17.1115	12.1037	19.5111

根据表 5-38 区间划分，结合前述概率分析，得到 y 值区间划分及概率估计，见表 5-39。

表 5-39　y 值区间划分及概率估计

	函数值	y 值区间		
		区间 1	区间 2	区间 3
一季度	14.6524	[13.4436,15.8612]	[11.2193,13.4436]∪[15.8612,18.0855]	[0,11.2193]∪[18.0855,$+\infty$]
二季度	15.67	[14.3772,16.9628]	[11.9985,14.3772]∪[16.9628,19.3415]	[0,11.9985]∪[19.3415,$+\infty$]
三季度	16.0257	[14.7036,17.3478]	[12.2709,14.7036]∪[17.3478,19.7805]	[0,12.2709]∪[19.7805,$+\infty$]
四季度	15.8074	[14.5033,17.1115]	[12.1037,14.5033]∪[17.1115,19.5111]	[0,12.1037]∪[19.5111,$+\infty$]
概率		29%	41%	30%

为便于下一步工作，y 值区间需进一步细分并分配概率（设定 y 大于三倍极大值的概率为 0），见表 5-40。

表 5-40　y 值区间细分及概率分配

	函数值	y 值区间				
		区间 1	区间 2	区间 3	区间 4	区间 5
一季度	14.6524	[0,11.2193]	(11.2193,13.4436]	(13.4436,15.8612]	(15.8612,18.0855]	(18.0855,3×18.0855]
二季度	15.67	[0,11.9985]	(11.9985,14.3722]	(14.3722,16.9628]	(16.9628,19.3415]	(19.3415,3×19.3415]
三季度	16.0257	[0,12.2709]	(12.2709,14.7036]	(14.7036,17.3478]	(17.3478,19.7805]	(19.7805,3×19.7805]
四季度	15.8074	[0,12.1037]	(12.1037,14.5033]	(14.5033,17.1115]	(17.1115,19.5111]	(19.5111,3×19.7805]
概率		25%	20.5%	29%	20.5%	5%

4）通过随机试验计算期望值　按表 5-40 区间划分，进行一季度数据第一次随机试验：

① 在 $[0,11.2193]$ 区间随机生成一个数（保留 4 位小数），随机生成结果：a_1。

② 在 $(11.2193,13.4436]$ 区间随机生成一个数（保留 4 位小数），随机生成结果：b_1。

③ 在 $(13.4436,15.8612]$ 区间随机生成一个数（保留 4 位小数），随机生成结果：c_1。

④ 在 $(15.8612,18.0855]$ 区间随机生成一个数（保留 4 位小数），随机生成结果：d_1。

⑤ 在 $(18.0855,3\times18.0855]$ 区间随机生成一个数（保留 4 位小数），随机生成结果：e_1。

根据实验数据和概率值，第一次随机试验得到单次 y 期望值：

$$\mu_A(1)=0.25a_1+0.205(b_1+d_1)+0.29c_1+0.05e_1$$

重复试验 n 次，得到一季度 y 的期望值：

$$\mu_A=\frac{1}{n}\sum_{i=1}^{n}\mu_A(i)$$

分别对二、三、四季度数据进行与一季度完全相似的随机试验，得到二、三、四季度 y 的期望值依次为：

$$\mu_B=\frac{1}{n}\sum_{i=1}^{n}\mu_B(i)$$

$$\mu_C=\frac{1}{n}\sum_{i=1}^{n}\mu_C(i)$$

$$\mu_D=\frac{1}{n}\sum_{i=1}^{n}\mu_D(i)$$

最后，作出 2022 年 y 值规划如表 5-41 所示。

表 5-41　结合不确定性分析的 y 值规划　　　　　　　单位：亿元

2022 年 y 规划值			
一季度	二季度	三季度	四季度
μ_A	μ_B	μ_C	μ_D

第6章

经验函数求解

本章主要介绍经验函数的求解方法。讨论经验函数的基本概念、经验函数求解面临的一般问题及利用负高次幂函数求解经验函数的一般方法。分别举例演示两种适合建立经验函数的基本对应关系情形——折线图和散布图的经验函数求解过程。

6.1 概述

6.1.1 经验函数的基本概念

经验函数是相对于理论函数而产生的一个概念。经验函数的产生源于两方面原因。一方面是根据人们掌握的实践数据，变量之间的数量关系不能被准确或近似描述，但很多时候人们需要描述这种关系。另一方面是基于一定假设和推断，人们认为，在很多时候这种关系可以被描述，理由是人们在判定变量间的相互变化存在一定规律性的基础上做出了一种假设和推断：理论函数是事物（过程）处于某种理想状态下的变量关系，而现实（条件、环境）与这种理想状态总存在差异，因而，现实数据总是和理论函数的变化规律存在一些差异。若现实条件完全达到该理想状态（当然，这是很不可能的），则变量关系将会与理论函数的描述保持一致。

经验函数，指通过实践（非理论推导）获得的，对于不能被准确或近似描述但具有某种可描述特性的事物数量关系采用尽可能小的误差进行描述的函数类型。

对于对应关系存在（呈现）一定变化规律（具有一定可描述特性）的两个变量 x、y，假设在某种理想状态下，x、y 的变化遵循函数 $y = f(x)$，根据 n 组 x、y 实践数据 $(x_i, y_i) = (a_i, b_i)$，$i = 1, 2, \cdots, n$，采用一定方法（误差尽可能小）求解 $y = f(x)$，所得函数 $y = f(x)$ 称为反映 x、y 相互变化关系的经验函数。

6.1.2 可以（适合）建立经验函数的情形

函数是事物变化规律的一种反映。对应关系是否存在（呈现）一定变化规律是判断两个变量 x、y 有无可描述特性的依据。存在规律则可描述，无任何规律则不可描述。这里的"描述"仅指函数方式描述——定量描述,不包括定性描述。两个变量 x、y 具有一定可描述特性(变化规律)是在它们之间建立函数的基本前提。与可建立近似函数的光滑曲线(一种容易识别、判定和描述的变化规律)相比,当建立经验函数时,对应关系应该具有(表现出)什么样的变化规律不易简洁说明,需要进行具体的识别、判定。

当 x、y 对应关系为图 6-1 所示几种情形时,可以考虑在 x、y 之间建立经验函数。

1)围绕直线的折线图　当用折线连接所有点时,形成围绕一条直线的折线图。

2)围绕曲线的折线图　当用折线连接所有点时,形成围绕一条曲线的折线图。

3)围绕直线的散布图　当在坐标系中画出所有点时,形成围绕一条直线的散布图。

4)围绕曲线的散布图　当在坐标系中画出所有点时,形成围绕一条曲线的散布图。

围绕直线的折线图和散布图［图 6-1(a)、(c)情况］的经验函数求解问题采用人们熟悉且常用的线性回归分析方法解决,该方法无须讨论。下面仅讨论围绕曲线的折线图和散布图［图 6-1(b)、(d)情况］的经验函数求解。其实,图 6-1(b) 和图 6-1(d) 并没有什么本质区别,只是图 6-1(b)用折线依次连接所有点,而图 6-1(d)只画出了点;再者,散布图的点可能更多、更密一些。

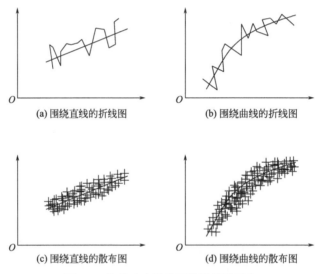

(a) 围绕直线的折线图　　　　(b) 围绕曲线的折线图

(c) 围绕直线的散布图　　　　(d) 围绕曲线的散布图

图 6-1　几种建立经验函数的情形示意

6.1.3　经验函数求解的一般问题

经验函数求解的一般问题是:已知(实践获得)两个变量 x、y 的 n 组对应值$(x_i, y_i) = (a_i, b_i)$,$i = 1, 2, \cdots, n$,当在坐标系中画出这 n 个点时,图像呈现图 6-1 (d) 散布图［或图 6-1 (b) 折线图］,求全部点所围绕的这条曲线的函数(用全部点检验该函数时,偏差最小)。

6.1.4　经验函数求解的一般方法

设 n 个点围绕的曲线为一个负高次幂函数［一般采用 5 次幂即可。当然,还可以采用其它(更低或更高)幂次。当采用其它幂次时,需要另外推导方程组的形成依据］:

$$y = \frac{A}{x} + \frac{B}{x^2} + \frac{C}{x^3} + \frac{D}{x^4} + \frac{E}{x^5} + F$$

每个点的偏差（绝对值）为：

$$\left| \frac{A}{a_i} + \frac{B}{a_i^2} + \frac{C}{a_i^3} + \frac{D}{a_i^4} + \frac{E}{a_i^5} + F - b_i \right|, \quad i = 1, 2, \cdots, n$$

n 个点方差和为：

$$M = \sum_{i=1}^{n} \left(\frac{A}{a_i} + \frac{B}{a_i^2} + \frac{C}{a_i^3} + \frac{D}{a_i^4} + \frac{E}{a_i^5} + F - b_i \right)^2, \quad i = 1, 2, \cdots, n$$

该式可看成是以 M 为因变量，A、B、C、D、E、F 为自变量的多元函数。六个偏导数分别是：

$$\frac{\partial M}{\partial A} = \sum_{i=1}^{n} \left[\frac{2}{a_i} \left(\frac{A}{a_i} + \frac{B}{a_i^2} + \frac{C}{a_i^3} + \frac{D}{a_i^4} + \frac{E}{a_i^5} + F - b_i \right) \right]$$

$$\frac{\partial M}{\partial B} = \sum_{i=1}^{n} \left[\frac{2}{a_i^2} \left(\frac{A}{a_i} + \frac{B}{a_i^2} + \frac{C}{a_i^3} + \frac{D}{a_i^4} + \frac{E}{a_i^5} + F - b_i \right) \right]$$

$$\frac{\partial M}{\partial C} = \sum_{i=1}^{n} \left[\frac{2}{a_i^3} \left(\frac{A}{a_i} + \frac{B}{a_i^2} + \frac{C}{a_i^3} + \frac{D}{a_i^4} + \frac{E}{a_i^5} + F - b_i \right) \right]$$

$$\frac{\partial M}{\partial D} = \sum_{i=1}^{n} \left[\frac{2}{a_i^4} \left(\frac{A}{a_i} + \frac{B}{a_i^2} + \frac{C}{a_i^3} + \frac{D}{a_i^4} + \frac{E}{a_i^5} + F - b_i \right) \right]$$

$$\frac{\partial M}{\partial E} = \sum_{i=1}^{n} \left[\frac{2}{a_i^5} \left(\frac{A}{a_i} + \frac{B}{a_i^2} + \frac{C}{a_i^3} + \frac{D}{a_i^4} + \frac{E}{a_i^5} + F - b_i \right) \right]$$

$$\frac{\partial M}{\partial F} = \sum_{i=1}^{n} \left(\frac{A}{a_i} + \frac{B}{a_i^2} + \frac{C}{a_i^3} + \frac{D}{a_i^4} + \frac{E}{a_i^5} + F - b_i \right)$$

在所有偏导数为零时，M 取得极值。M 最小，则每个点的方差最小（非负实数之和最小，则每个实数都最小）；每个点的方差都达到最小，则经验函数计算值与实际值偏差最小。因此，所求经验函数应满足以下条件：

$$\frac{\partial M}{\partial A} = 0, \quad \frac{\partial M}{\partial B} = 0, \quad \frac{\partial M}{\partial C} = 0, \quad \frac{\partial M}{\partial D} = 0, \quad \frac{\partial M}{\partial E} = 0, \quad \frac{\partial M}{\partial F} = 0$$

根据上述条件，化简后得到以下六个方程：

$$\sum_{i=1}^{n} \left(\frac{A}{a_i^2} + \frac{B}{a_i^3} + \frac{C}{a_i^4} + \frac{D}{a_i^5} + \frac{E}{a_i^6} + \frac{F}{a_i} - \frac{b_i}{a_i} \right) = 0$$

$$\sum_{i=1}^{n} \left(\frac{A}{a_i^3} + \frac{B}{a_i^4} + \frac{C}{a_i^5} + \frac{D}{a_i^6} + \frac{E}{a_i^7} + \frac{F}{a_i^2} - \frac{b_i}{a_i^2} \right) = 0$$

$$\sum_{i=1}^{n} \left(\frac{A}{a_i^4} + \frac{B}{a_i^5} + \frac{C}{a_i^6} + \frac{D}{a_i^7} + \frac{E}{a_i^8} + \frac{F}{a_i^3} - \frac{b_i}{a_i^3} \right) = 0$$

$$\sum_{i=1}^{n} \left(\frac{A}{a_i^5} + \frac{B}{a_i^6} + \frac{C}{a_i^7} + \frac{D}{a_i^8} + \frac{E}{a_i^9} + \frac{F}{a_i^4} - \frac{b_i}{a_i^4} \right) = 0$$

$$\sum_{i=1}^{n}\left(\frac{A}{a_i^6}+\frac{B}{a_i^7}+\frac{C}{a_i^8}+\frac{D}{a_i^9}+\frac{E}{a_i^{10}}+\frac{F}{a_i^5}-\frac{b_i}{a_i^5}\right)=0$$

$$\sum_{i=1}^{n}\left(\frac{A}{a_i}+\frac{B}{a_i^2}+\frac{C}{a_i^3}+\frac{D}{a_i^4}+\frac{E}{a_i^5}+F-b_i\right)=0$$

进一步化简得到以下六个方程：

$$A\sum_{i=1}^{n}\frac{1}{a_i^2}+B\sum_{i=1}^{n}\frac{1}{a_i^3}+C\sum_{i=1}^{n}\frac{1}{a_i^4}+D\sum_{i=1}^{n}\frac{1}{a_i^5}+E\sum_{i=1}^{n}\frac{1}{a_i^6}+F\sum_{i=1}^{n}\frac{1}{a_i}=\sum_{i=1}^{n}\frac{b_i}{a_i} \quad (6\text{-}1)$$

$$A\sum_{i=1}^{n}\frac{1}{a_i^3}+B\sum_{i=1}^{n}\frac{1}{a_i^4}+C\sum_{i=1}^{n}\frac{1}{a_i^5}+D\sum_{i=1}^{n}\frac{1}{a_i^6}+E\sum_{i=1}^{n}\frac{1}{a_i^7}+F\sum_{i=1}^{n}\frac{1}{a_i^2}=\sum_{i=1}^{n}\frac{b_i}{a_i^2} \quad (6\text{-}2)$$

$$A\sum_{i=1}^{n}\frac{1}{a_i^4}+B\sum_{i=1}^{n}\frac{1}{a_i^5}+C\sum_{i=1}^{n}\frac{1}{a_i^6}+D\sum_{i=1}^{n}\frac{1}{a_i^7}+E\sum_{i=1}^{n}\frac{1}{a_i^8}+F\sum_{i=1}^{n}\frac{1}{a_i^3}=\sum_{i=1}^{n}\frac{b_i}{a_i^3} \quad (6\text{-}3)$$

$$A\sum_{i=1}^{n}\frac{1}{a_i^5}+B\sum_{i=1}^{n}\frac{1}{a_i^6}+C\sum_{i=1}^{n}\frac{1}{a_i^7}+D\sum_{i=1}^{n}\frac{1}{a_i^8}+E\sum_{i=1}^{n}\frac{1}{a_i^9}+F\sum_{i=1}^{n}\frac{1}{a_i^4}=\sum_{i=1}^{n}\frac{b_i}{a_i^4} \quad (6\text{-}4)$$

$$A\sum_{i=1}^{n}\frac{1}{a_i^6}+B\sum_{i=1}^{n}\frac{1}{a_i^7}+C\sum_{i=1}^{n}\frac{1}{a_i^8}+D\sum_{i=1}^{n}\frac{1}{a_i^9}+E\sum_{i=1}^{n}\frac{1}{a_i^{10}}+F\sum_{i=1}^{n}\frac{1}{a_i^5}=\sum_{i=1}^{n}\frac{b_i}{a_i^5} \quad (6\text{-}5)$$

$$A\sum_{i=1}^{n}\frac{1}{a_i}+B\sum_{i=1}^{n}\frac{1}{a_i^2}+C\sum_{i=1}^{n}\frac{1}{a_i^3}+D\sum_{i=1}^{n}\frac{1}{a_i^4}+E\sum_{i=1}^{n}\frac{1}{a_i^5}+F=\sum_{i=1}^{n}b_i \quad (6\text{-}6)$$

将 n 组数据（计算相应求和值后）代入式（6-1）～式（6-6）六个等式，形成以 A、B、C、D、E、F 为未知数的线性方程组：

$$Px=q$$

$$P=\begin{pmatrix}
\sum_{i=1}^{n}\frac{1}{a_i^2} & \sum_{i=1}^{n}\frac{1}{a_i^3} & \sum_{i=1}^{n}\frac{1}{a_i^4} & \sum_{i=1}^{n}\frac{1}{a_i^5} & \sum_{i=1}^{n}\frac{1}{a_i^6} & \sum_{i=1}^{n}\frac{1}{a_i} \\[2mm]
\sum_{i=1}^{n}\frac{1}{a_i^3} & \sum_{i=1}^{n}\frac{1}{a_i^4} & \sum_{i=1}^{n}\frac{1}{a_i^5} & \sum_{i=1}^{n}\frac{1}{a_i^6} & \sum_{i=1}^{n}\frac{1}{a_i^7} & \sum_{i=1}^{n}\frac{1}{a_i^2} \\[2mm]
\sum_{i=1}^{n}\frac{1}{a_i^4} & \sum_{i=1}^{n}\frac{1}{a_i^5} & \sum_{i=1}^{n}\frac{1}{a_i^6} & \sum_{i=1}^{n}\frac{1}{a_i^7} & \sum_{i=1}^{n}\frac{1}{a_i^8} & \sum_{i=1}^{n}\frac{1}{a_i^3} \\[2mm]
\sum_{i=1}^{n}\frac{1}{a_i^5} & \sum_{i=1}^{n}\frac{1}{a_i^6} & \sum_{i=1}^{n}\frac{1}{a_i^7} & \sum_{i=1}^{n}\frac{1}{a_i^8} & \sum_{i=1}^{n}\frac{1}{a_i^9} & \sum_{i=1}^{n}\frac{1}{a_i^4} \\[2mm]
\sum_{i=1}^{n}\frac{1}{a_i^6} & \sum_{i=1}^{n}\frac{1}{a_i^7} & \sum_{i=1}^{n}\frac{1}{a_i^8} & \sum_{i=1}^{n}\frac{1}{a_i^9} & \sum_{i=1}^{n}\frac{1}{a_i^{10}} & \sum_{i=1}^{n}\frac{1}{a_i^5} \\[2mm]
\sum_{i=1}^{n}\frac{1}{a_i} & \sum_{i=1}^{n}\frac{1}{a_i^2} & \sum_{i=1}^{n}\frac{1}{a_i^3} & \sum_{i=1}^{n}\frac{1}{a_i^4} & \sum_{i=1}^{n}\frac{1}{a_i^5} & 1
\end{pmatrix}$$

$$x = \begin{pmatrix} A \\ B \\ C \\ D \\ E \\ F \end{pmatrix}, \quad q = \begin{pmatrix} \sum_{i=1}^{n} \dfrac{b_i}{a_i} \\[2mm] \sum_{i=1}^{n} \dfrac{b_i}{a_i^2} \\[2mm] \sum_{i=1}^{n} \dfrac{b_i}{a_i^3} \\[2mm] \sum_{i=1}^{n} \dfrac{b_i}{a_i^4} \\[2mm] \sum_{i=1}^{n} \dfrac{b_i}{a_i^5} \\[2mm] \sum_{i=1}^{n} b_i \end{pmatrix}$$

解方程组（恰定），解出 A、B、C、D、E、F，于是得到负高次幂经验函数。以上负高次幂函数采用 6 个系数，实际操作中，可根据情况增加（一般不宜再减少）至最多 8 个系数（7 次幂）。

6.2　折线图的经验函数求解举例

【例 6-1】　根据实践统计，x、y 两个变量的对应关系见表 6-1 及图 6-2，求 x、y 之间的经验函数。

表 6-1　x、y 对应值（例 6-1）

x/mL	y/g	x/mL	y/g	x/mL	y/g	x/mL	y/g
172.8828	178.7133	524.197	511.0375	866.0162	805.3818	1150.8655	919.3216
258.3376	202.4507	538.4394	582.2498	889.7536	767.4019	1207.8354	871.8467
353.2874	183.4608	566.9244	568.0074	927.7335	848.1092	1226.8253	933.564
320.0549	321.138	609.6518	558.5124	984.7034	810.1293	1245.8153	943.059
362.7823	359.1179	595.4093	681.9471	989.4509	862.3517	1283.7952	928.8165
400.7622	340.1279	647.6317	620.2298	1027.4308	871.8467	1293.2902	900.3316
400.7622	435.0777	676.1166	710.432	1074.9057	814.8768	1326.5226	871.8467
452.9846	401.8453	709.349	648.7147	1098.6431	890.8366	1350.26	943.059
490.9645	430.3302	733.0865	734.1695	1136.623	857.6042	1407.2299	971.5439
467.2271	501.5425	775.8139	696.1896	1098.6431	890.8366	1459.4523	909.8266
486.217	525.28	837.5312	814.8768	1136.623	857.6042		

【解】　（1）初步判断是否可以建立经验函数

折线图表明，所有点形成围绕一条曲线的状况，可以考虑建立 x、y 之间的经验函数。设全部点所围绕的这条曲线为：

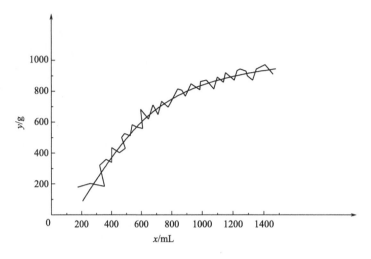

图 6-2 x、y 对应关系折线图

$$y = \frac{A}{x} + \frac{B}{x^2} + \frac{C}{x^3} + \frac{D}{x^4} + \frac{E}{x^5} + F$$

（2）选择适宜的 x、y 计量单位

x 计量单位调整为：L。y 的计量单位调整为：kg。相当于以原点为基准，把图 6-2 整体缩小至原先的 $1/1000$。

（3）计算各种求和值

计算系数矩阵及列向量中的各种求和值，见表 6-2。

表 6-2 求和计算（例 6-1）

$\sum\limits_{i=1}^{43}\frac{1}{a_i}$	$\sum\limits_{i=1}^{43}\frac{1}{a_i^2}$	$\sum\limits_{i=1}^{43}\frac{1}{a_i^3}$	$\sum\limits_{i=1}^{43}\frac{1}{a_i^4}$
67.55044512982260	148.1915411444950	454.1476178956310	1805.994939844180
$\sum\limits_{i=1}^{43}\frac{1}{a_i^5}$	$\sum\limits_{i=1}^{43}\frac{1}{a_i^6}$	$\sum\limits_{i=1}^{43}\frac{1}{a_i^7}$	$\sum\limits_{i=1}^{43}\frac{1}{a_i^8}$
8481.422988373990	43763.48350493670	237571.0007820220	1325305.62044690
$\sum\limits_{i=1}^{43}\frac{1}{a_i^9}$	$\sum\limits_{i=1}^{43}\frac{1}{a_i^{10}}$	$\sum\limits_{i=1}^{43}\frac{b_i}{a_i}$	$\sum\limits_{i=1}^{43}\frac{b_i}{a_i^2}$
7504671.750735230	42856201.8520180	37.36208090026840	61.13611241625680
$\sum\limits_{i=1}^{43}\frac{b_i}{a_i^3}$	$\sum\limits_{i=1}^{43}\frac{b_i}{a_i^4}$	$\sum\limits_{i=1}^{43}\frac{b_i}{a_i^5}$	$\sum\limits_{i=1}^{43}b_1$
137.9737515299250	432.4395704097550	1757.540782670850	29.47564550

（4）形成方程组，解方程组

根据以上求和值，方程组形成如表 6-3 所示。

解方程组，得到结果如表 6-4 所示。

174

表 6-3　方程组系数矩阵元素及列向量元素（例 6-1）

A	B	C	D
148.1915411444950	454.1476178956310	1805.9949398441800	8481.4229883739900
454.1476178956310	1805.9949398441800	8481.4229883739900	43763.4835049367000
1805.9949398441800	8481.4229883739900	43763.4835049367000	237571.0007820220000
8481.4229883739900	43763.4835049367000	237571.0007820220000	1325305.6204469000000
43763.4835049367000	237571.0007820220000	1325305.6204469000000	7504671.7507352300000
67.5504451298226	148.1915411444950	454.1476178956310	1805.9949398441800

E	F	列向量元素
43763.4835049367000	67.5504451298226	37.3620809002684
237571.0007820220000	148.1915411444950	61.1361124162568
1325305.6204469000000	454.1476178956310	137.9737515299250
7504671.7507352300000	1805.9949398441800	432.4395704097550
42856201.8520180000000	8481.4229883739900	1757.5407826708500
8481.4229883739900	1.0000000000000	29.4756455000000

表 6-4　求解结果（例 6-1）

A	B	C
2.8120221290250200	−2.9611126166347400	1.2293940990881700
D	E	F
−0.2268043540039150	0.0152823177880590	−0.0005461624607230

（5）偏差计算

43 个点的偏差计算见表 6-5。

表 6-5　所有点的偏差计算（例 6-1）

序号	x	y 计算值	y 实际值	偏差	偏差绝对值	偏差率
	L	kg	kg	kg	kg	%
1	0.1728828	0.1795714	0.1787133	0.0008581	0.0008581	0.48
2	0.2583376	0.1820312	0.2024507	−0.0204195	0.0204195	10.09
3	0.3532874	0.3329314	0.1834608	0.1494706	0.1494706	81.47
4	0.3200549	0.3128159	0.3211380	−0.0083221	0.0083221	2.59
5	0.3627823	0.3384321	0.3591179	−0.0206858	0.0206858	5.76
6	0.4007622	0.3653417	0.3401279	0.0252138	0.0252138	7.41
7	0.4007622	0.3653417	0.4350777	−0.0697360	0.0697360	16.03
8	0.4529846	0.4174933	0.4018453	0.0156480	0.0156480	3.89
9	0.4909645	0.4630408	0.4303302	0.0327106	0.0327106	7.60
10	0.4672271	0.4340683	0.5015425	−0.0674742	0.0674742	13.45

序号	x	y 计算值	y 实际值	偏差	偏差绝对值	偏差率
	L	kg	kg	kg	kg	%
11	0.4862170	0.4571437	0.5252800	−0.0681363	0.0681363	12.97
12	0.5241970	0.5050641	0.5110375	−0.0059734	0.0059734	1.17
13	0.5384394	0.5231776	0.5822498	−0.0590722	0.0590722	10.15
14	0.5669244	0.5589576	0.5680074	−0.0090498	0.0090498	1.59
15	0.6096518	0.6102431	0.5585124	0.0517307	0.0517307	9.26
16	0.5954093	0.5935541	0.6819471	−0.0883930	0.0883930	12.96
17	0.6476317	0.6523602	0.6202298	0.0321304	0.0321304	5.18
18	0.6761166	0.6814418	0.7104320	−0.0289902	0.0289902	4.08
19	0.7093490	0.7125111	0.6487147	0.0637964	0.0637964	9.83
20	0.7330865	0.7328086	0.7341695	−0.0013609	0.0013609	0.19
21	0.7758139	0.7654608	0.6961896	0.0692712	0.0692712	9.95
22	0.8375312	0.8043517	0.8148768	−0.0105251	0.0105251	1.29
23	0.8660162	0.8192825	0.8053818	0.0139007	0.0139007	1.73
24	0.8897536	0.8303934	0.7674019	0.0629915	0.0629915	8.21
25	0.9277335	0.8458421	0.8481092	−0.0022671	0.0022671	0.27
26	0.9847034	0.8641937	0.8101293	0.0540644	0.0540644	6.67
27	0.9894509	0.8654858	0.8623517	0.0031341	0.0031341	0.36
28	1.0274308	0.8746336	0.8718467	0.0027869	0.0027869	0.32
29	1.0749057	0.8833541	0.8148768	0.0684773	0.0684773	8.40
30	1.0986431	0.8867050	0.8908366	−0.0041316	0.0041316	0.46
31	1.1366230	0.8908200	0.8576042	0.0332158	0.0332158	3.87
32	1.0986431	0.8867050	0.8908366	−0.0041316	0.0041316	0.46
33	1.1366230	0.8908200	0.8576042	0.0332158	0.0332158	3.87
34	1.1508655	0.8919986	0.9193216	−0.0273230	0.0273230	2.97
35	1.2078354	0.8949458	0.8718467	0.0230991	0.0230991	2.65
36	1.2268253	0.8953589	0.9335640	−0.0382051	0.0382051	4.09
37	1.2458153	0.8955161	0.9430590	−0.0475429	0.0475429	5.04
38	1.2837952	0.8951248	0.9288165	−0.0336917	0.0336917	3.63
39	1.2932902	0.8948906	0.9003316	−0.0054410	0.0054410	0.60
40	1.3265226	0.8936789	0.8718467	0.0218322	0.0218322	2.50
41	1.3502600	0.8924674	0.9430590	−0.0505916	0.0505916	5.36
42	1.4072299	0.8885277	0.9715439	−0.0830162	0.0830162	8.54
43	1.4594523	0.8838203	0.9098266	−0.0260063	0.0260063	2.86
平均						6.98
最大						81.47

其中，第3个点的偏差极其异常（偏差率高达81%，除此点外，偏差率均没有超过17%），如果剔除该点，42个点的平均偏差率为5.21%，最大偏差率为16.03%。作为严格要求，应考虑剔除此点数据，重新确定函数。

（6）在折线图中作函数曲线

以0.01为间距，用拟定经验函数计算200组x、y对应值，作$x \in [0.24, 2.24]$函数图（舍去$x < 0.24$区域数据，因为该区域数据明显异常——出现负数）及在折线图中的函数曲线，见图6-3。

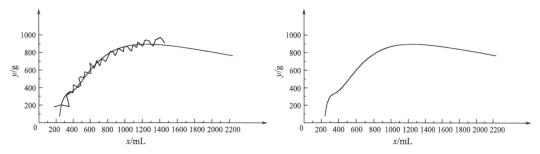

图6-3 经验函数图及在折线图中的经验函数曲线

（7）剔除明显异常点数据，重新求解

1）求解结果 剔除上述明显异常的第3点数据，重新求解结果如表6-6所示。

表6-6 剔除异常点后求解结果

A	B	C
2.8963723198775600	−3.1369060647675400	1.3442304479930800
D	E	F
−0.2549588734732090	0.0175504273237190	−0.0004382161688460

2）偏差计算 剔除明显异常的第3点数据，42个点的偏差计算见表6-7。

表6-7 剔除异常点求解结果的偏差计算

序号	x	y 计算值	y 实际值	偏差	偏差绝对值	偏差率
	L	kg	kg	kg	kg	%
1	0.1728828	0.179361518	0.1787133	0.0006482	0.0006482	0.36
2	0.2583376	0.18523426	0.2024507	−0.0172164	0.0172164	8.50
3	0.3200549	0.355240493	0.3211380	0.0341025	0.0341025	10.62
4	0.3627823	0.376014096	0.3591179	0.0168962	0.0168962	4.70
5	0.4007622	0.393443648	0.3401279	0.0533157	0.0533157	15.68
6	0.4007622	0.393443648	0.4350777	−0.0416341	0.0416341	9.57
7	0.4529846	0.432802112	0.4018453	0.0309568	0.0309568	7.70
8	0.4909645	0.470959888	0.4303302	0.0406297	0.0406297	9.44
9	0.4672271	0.446389506	0.5015425	−0.0551530	0.0551530	11.00
10	0.4862170	0.46588527	0.5252800	−0.0593947	0.0593947	11.31
11	0.5241970	0.508006687	0.5110375	−0.0030308	0.0030308	0.59

序号	x	y 计算值	y 实际值	偏差	偏差绝对值	偏差率
	L	kg	kg	kg	kg	%
12	0.5384394	0.524380865	0.5822498	−0.0578689	0.0578689	9.94
13	0.5669244	0.557310531	0.5680074	−0.0106969	0.0106969	1.88
14	0.6096518	0.605653337	0.5585124	0.0471409	0.0471409	8.44
15	0.5954093	0.58978822	0.6819471	−0.0921589	0.0921589	13.51
16	0.6476317	0.646210708	0.6202298	0.0259809	0.0259809	4.19
17	0.6761166	0.674622181	0.7104320	−0.0358098	0.0358098	5.04
18	0.7093490	0.705327321	0.6487147	0.0566126	0.0566126	8.73
19	0.7330865	0.725582595	0.7341695	−0.0085869	0.0085869	1.17
20	0.7758139	0.75850307	0.6961896	0.0623135	0.0623135	8.95
21	0.8375312	0.79831376	0.8148768	−0.0165630	0.0165630	2.03
22	0.8660162	0.813803791	0.8053818	0.0084220	0.0084220	1.05
23	0.8897536	0.825422073	0.7674019	0.0580202	0.0580202	7.56
24	0.9277335	0.841734348	0.8481092	−0.0063749	0.0063749	0.75
25	0.9847034	0.861440906	0.8101293	0.0513116	0.0513116	6.33
26	0.9894509	0.862847069	0.8623517	0.0004954	0.0004954	0.06
27	1.0274308	0.872904624	0.8718467	0.0010579	0.0010579	0.12
28	1.0749057	0.882741806	0.8148768	0.0678650	0.0678650	8.33
29	1.0986431	0.886636999	0.8908366	−0.0041996	0.0041996	0.47
30	1.1366230	0.891597944	0.8576042	0.0339937	0.0339937	3.96
31	1.0986431	0.886636999	0.8908366	−0.0041996	0.0041996	0.47
32	1.1366230	0.891597944	0.8576042	0.0339937	0.0339937	3.96
33	1.1508655	0.893085057	0.9193216	−0.0262365	0.0262365	2.85
34	1.2078354	0.897214402	0.8718467	0.0253677	0.0253677	2.91
35	1.2268253	0.898002392	0.9335640	−0.0355616	0.0355616	3.81
36	1.2458153	0.898524599	0.9430590	−0.0445344	0.0445344	4.72
37	1.2837952	0.898833702	0.9288165	−0.0299828	0.0299828	3.23
38	1.2932902	0.898768422	0.9003316	−0.0015632	0.0015632	0.17
39	1.3265226	0.89812871	0.8718467	0.0262820	0.0262820	3.01
40	1.3502600	0.897307586	0.9430590	−0.0457514	0.0457514	4.85
41	1.4072299	0.894244826	0.9715439	−0.0772991	0.0772991	7.96
42	1.4594523	0.890269924	0.9098266	−0.0195567	0.0195567	2.15
平均						5.29
最大						15.68

　　3）函数曲线　两次拟定的函数图及在折线图中的函数曲线见图 6-4。其中图（b）是图（a）删除折线后的图像。

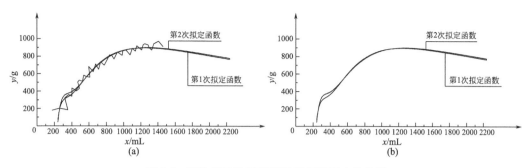

图 6-4 两次拟定的函数图及在折线图中的曲线

6.3 散布图的经验函数求解举例

【例 6-2】 根据实践统计，x、y 两个变量的对应关系如表 6-8 和图 6-5 所示，求 x、y 之间的经验函数。

表 6-8 x、y 对应值（例 6-2）

序号	x /%	y 千万个	序号	x /%	y 千万个	序号	x /%	y 千万个	序号	x /%	y 千万个	序号	x /%	y 千万个
1	2.29	117.4666	21	6.05	105.9192	41	14.12	85.6217	61	32.53	60.178	81	63.41	35.4498
2	2.93	117.2998	22	7.15	104.9853	42	15.74	85.024	62	29.25	58.9484	82	67.37	38.0456
3	2.7	116.7328	23	6.68	104.1514	43	14.73	81.8568	63	34.17	55.3963	83	67.23	34.7667
4	3.3	116.1658	24	8.05	103.8179	44	15.57	80.9254	64	37.57	57.9511	84	71.45	32.3759
5	3	115.7989	25	7.42	102.5224	45	17.81	83.57	65	37.45	55.3963	85	74.95	36.0919
6	3.63	115.4653	26	8.35	101.9554	46	17.44	80.3653	66	38	52.5273	86	75.83	33.4688
7	3.73	114.3313	27	7.98	100.9881	47	17.1	77.7182	67	42.5	52.8005	87	78.45	29.097
8	3.53	113.6976	28	9.18	99.854	48	19.75	76.0959	68	42.09	48.8385	88	80.42	31.9387
9	4.4	113.6642	29	8.42	99.0869	49	18.04	73.911	69	44.83	50.2047	89	80.2	32.8131
10	4.1	113.0972	30	9.15	98.7867	50	19.92	72.7658	70	46.88	45.2864	90	82.04	30.7688
11	4.53	112.6636	31	9.58	97.6193	51	22.49	74.3454	71	49.96	44.9278	91	84.35	26.2553
12	4.26	111.8964	32	10.42	97.219	52	21.37	71.3996	72	50.7	46.7892	92	88.03	28.1325
13	4.9	111.763	33	9.45	96.3518	53	22.05	68.5818	73	52.37	45.893	93	88.29	29.7528
14	4.96	110.9291	34	11.04	95.5188	54	24.27	68.5818	74	51.25	42.9639	94	91.26	30.8894
15	4.85	110.3186	35	8.63	93.8438	55	25.64	68.9234	75	54.29	42.2043	95	91.35	25.5995
16	5.52	109.9929	36	10.79	93.0504	56	24.7	67.0448	76	55.21	43.7836	96	93.53	28.2226
17	5.39	109.0808	37	13.18	91.5134	57	28.02	65.916	77	57.53	39.4118	97	95.94	24.9438
18	5.92	108.8333	38	11.45	90.3272	58	26.93	63.8667	78	61.22	40.9146	98	97.47	28.6598
19	5.75	107.8538	39	12.32	88.1833	59	27.43	62.3666	79	61.9	39.0019	99	99.21	26.4739
20	7.32	105.9526	40	13.35	85.3655	60	30.07	62.3639	80	61.66	37.4226	100	100	25.3992

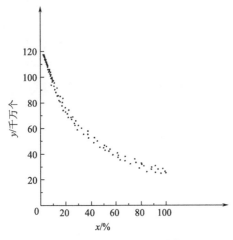

图 6-5　x、y 对应关系散布图

【解】（1）初步判断是否可以建立经验函数

散布图表明，所有点形成围绕一条曲线的状况，可以考虑建立 x、y 之间的经验函数。设全部点所围绕的这条曲线为（本例计量单位调整需反映在函数表达式中）：

$$v = \frac{A}{u} + \frac{B}{u^2} + \frac{C}{u^3} + \frac{D}{u^4} + \frac{E}{u^5} + F$$

$$u = 10x, \quad v = \frac{y}{1000}$$

相应地，表 6-5 中的数值做如下转换：

$$(x_i y_i) = (a_i, b_i) \Rightarrow (u_i, v_i) = (c_i, d_i)$$

（2）计算各种求和值

计算系数矩阵及列向量中的各种求和值，见表 6-9。

表 6-9　求和计算（例 6-2）

$\sum\limits_{i=1}^{100}\dfrac{1}{c_i}$	$\sum\limits_{i=1}^{100}\dfrac{1}{c_i^2}$	$\sum\limits_{i=1}^{100}\dfrac{1}{c_i^3}$	$\sum\limits_{i=1}^{100}\dfrac{1}{c_i^4}$
89.0076671805947000	168.3176663149530000	436.3961446065650000	1321.6262741848400000
$\sum\limits_{i=1}^{100}\dfrac{1}{c_i^5}$	$\sum\limits_{i=1}^{100}\dfrac{1}{c_i^6}$	$\sum\limits_{i=1}^{100}\dfrac{1}{c_i^7}$	$\sum\limits_{i=1}^{100}\dfrac{1}{c_i^8}$
4399.7955277698400000	15618.7237671150000000	58066.2694868615000000	223436.9437727830000000
$\sum\limits_{i=1}^{100}\dfrac{1}{c_i^9}$	$\sum\limits_{i=1}^{100}\dfrac{1}{c_i^{10}}$	$\sum\limits_{i=1}^{100}\dfrac{d_i}{c_i}$	$\sum\limits_{i=1}^{100}\dfrac{d_i}{c_i^2}$
882637.4490578110000000	3558183.7369675600000000	8.9067620180978100	18.5856234823773000
$\sum\limits_{i=1}^{100}\dfrac{d_i}{c_i^3}$	$\sum\limits_{i=1}^{100}\dfrac{d_i}{c_i^4}$	$\sum\limits_{i=1}^{100}\dfrac{d_i}{c_i^5}$	$\sum\limits_{i=1}^{100}d_i$
49.6565162213608000	152.2973175551550000	510.3546264771040000	7.2452928000000000

（3）形成方程组，解方程组

根据以上求和值，方程组形成如表 6-10 所示。

表 6-10　方程组系数矩阵元素及列向量元素（例 6-2）

A	B	C	D
168.3176663149530	436.3961446065650	1321.6262741848400	4399.7955277698400
436.3961446065650	1321.6262741848400	4399.7955277698400	15618.7237671150000
1321.6262741848400	4399.7955277698400	15618.7237671150000	58066.2694868615000
4399.7955277698400	15618.7237671150000	58066.2694868615000	223436.9437727830000
15618.7237671150000	58066.2694868615000	223436.9437727830000	882637.4490578110000
89.0076671805947	168.3176663149530	436.3961446065650	1321.6262741848400

续表

E	F	列向量元素
15618. 7237671150000	89. 0076671805947	8. 90676201809781
58066. 2694868615000	168. 3176663149530	18. 58562348237730
223436. 9437727830000	436. 3961446065650	49. 65651622136080
882637. 4490578110000	1321. 6262741848400	152. 29731755515500
3558183. 7369675600000	4399. 7955277698400	510. 35462647710400
4399. 7955277698400	1. 0000000000000	7. 24529280000000

解方程组，得到结果如表 6-11 所示。

表 6-11　求解结果（例 6-2）

A	B	C
0. 2625826630247920	−0. 2722901426128550	0. 1366703303096100
D	E	F
−0. 0316698222529670	0. 0027088992507530	−0. 0006749623214940

（4）偏差计算

100 个点的偏差计算见表 6-12。

（5）在散布图中作函数曲线

以 0.5 为间距，用拟定经验函数计算 197 组 x、y 对应值，作 $x \in [0.023, 1]$ 函数图及在散布图中的函数曲线，见图 6-6。

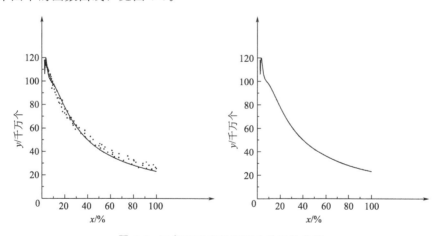

图 6-6　函数图及在散布图中的函数曲线

表6-12 所有点的偏差计算（例6-2）

序号	x	y计算值	y实际值	偏差	偏差绝对值	偏差率
	%	千万个	千万个	千万个	千万个	%
1	2.29	119.7307	117.4666	2.2641	2.2641	1.93
2	2.93	114.5316	117.2998	-2.7682	2.7682	2.36
3	2.70	108.9497	116.7328	-7.7831	7.7831	6.67
4	3.30	119.4181	116.1658	3.2523	3.2523	2.80
5	3.00	115.9374	115.7989	0.1385	0.1385	0.12
6	3.63	119.3806	115.4653	3.9153	3.9153	3.39
7	3.73	118.868	114.3313	4.5367	4.5367	3.97
8	3.53	119.7029	113.6976	6.0053	6.0053	5.28
9	4.40	113.3611	113.6642	-0.3031	0.3031	0.27
10	4.10	116.0218	113.0972	2.9246	2.9246	2.59
11	4.53	112.2406	112.6636	-0.4230	0.4230	0.38
12	4.26	114.6019	111.8964	2.7055	2.7055	2.42
13	4.90	109.3502	111.763	-2.4128	2.4128	2.16
14	4.96	108.9312	110.9291	-1.9979	1.9979	1.80
15	4.85	109.7104	110.3186	-0.6082	0.6082	0.55
16	5.52	105.7098	109.9929	-4.2831	4.2831	3.89
17	5.39	106.3516	109.0808	-2.7292	2.7292	2.50
18	5.92	104.0775	108.8333	-4.7558	4.7558	4.37
19	5.75	104.7128	107.8538	-3.1410	3.1410	2.91
20	7.32	100.9071	105.9526	-5.0455	5.0455	4.76
21	6.05	103.6428	105.9192	-2.2764	2.2764	2.15
22	7.15	101.1703	104.9853	-3.8150	3.8150	3.63
23	6.68	102.0231	104.1514	-2.1283	2.1283	2.04
24	8.05	99.9188	103.8179	-3.8991	3.8991	3.76
25	7.42	100.7602	102.5224	-1.7622	1.7622	1.72
26	8.35	99.542	101.9554	-2.4134	2.4134	2.37
27	7.98	100.0077	100.9881	-0.9804	0.9804	0.97
28	9.18	98.4801	99.854	-1.3739	1.3739	1.38
29	8.42	99.4544	99.0869	0.3675	0.3675	0.37
30	9.15	98.52	98.7867	-0.2667	0.2667	0.27
31	9.58	97.9339	97.6193	0.3146	0.3146	0.32
32	10.42	96.6838	97.219	-0.5352	0.5352	0.55
33	9.45	98.1146	96.3518	1.7628	1.7628	1.83
34	11.04	95.6692	95.5188	0.1504	0.1504	0.16
35	8.63	99.1907	93.8438	5.3469	5.3469	5.70
36	10.79	96.0874	93.0504	3.0370	3.0370	3.26
37	13.18	91.6852	91.5134	0.1718	0.1718	0.19
38	11.45	94.9584	90.3272	4.6312	4.6312	5.13
39	12.32	93.3602	88.1833	5.1769	5.1769	5.87
40	13.35	91.3455	85.3655	5.9800	5.9800	7.01
41	14.12	89.7811	85.6217	4.1594	4.1594	4.86
42	15.74	86.4123	85.024	1.3883	1.3883	1.63
43	14.73	88.5201	81.8568	6.6633	6.6633	8.14
44	15.57	86.7678	80.9254	5.8424	5.8424	7.22
45	17.81	82.1138	83.57	-1.4562	1.4562	1.74
46	17.44	82.8744	80.3653	2.5091	2.5091	3.12
47	17.10	83.5771	77.7182	5.8589	5.8589	7.54
48	19.75	78.2209	76.0959	2.1250	2.1250	2.79
49	18.04	81.6435	73.911	7.7325	7.7325	10.46
50	19.92	77.8887	72.7658	5.1229	5.1229	7.04
51	22.49	73.0705	74.3454	-1.2749	1.2749	1.71
52	21.37	75.1217	71.3996	3.7221	3.7221	5.21

续表

序号	x /%	y计算值 千万个	y实际值 千万个	偏差 千万个	偏差绝对值 千万个	偏差率 /%
53	22.05	73.8671	68.5818	5.2853	5.2853	7.71
54	24.27	69.9702	68.5818	1.3884	1.3884	2.02
55	25.64	67.7175	68.9234	-1.2059	1.2059	1.75
56	24.70	69.2508	67.0448	2.206	2.206	3.29
57	28.02	64.0708	65.916	-1.8452	1.8452	2.80
58	26.93	65.6999	63.8667	1.8332	1.8332	2.87
59	27.43	64.9441	62.3666	2.5775	2.5775	4.13
60	30.07	61.1853	62.3639	-1.1786	1.1786	1.89
61	32.53	58.0087	60.178	-2.1693	2.1693	3.60
62	29.25	62.3123	58.9484	3.3639	3.3639	5.71
63	34.17	56.0494	55.3963	0.6531	0.6531	1.18
64	37.57	52.3477	57.9511	-5.6034	5.6034	9.67
65	37.45	52.4707	55.3963	-2.9256	2.9256	5.28
66	38.00	51.9113	52.5273	-0.616	0.616	1.17
67	42.50	47.7195	52.8005	-5.081	5.081	9.62
68	42.09	48.0751	48.8385	-0.7634	0.7634	1.56
69	44.83	45.7894	50.2047	-4.4153	4.4153	8.79
70	46.88	44.2093	45.2864	-1.0771	1.0771	2.38
71	49.96	42.0206	44.9278	-2.9072	2.9072	6.47
72	50.70	41.5251	46.7892	-5.2641	5.2641	11.25
73	52.37	40.4469	45.893	-5.4461	5.4461	11.87
74	51.25	41.164	42.9639	-1.7999	1.7999	4.19
75	54.29	39.2716	42.2043	-2.9327	2.9327	6.95
76	55.21	38.7313	43.7836	-5.0523	5.0523	11.54
77	57.53	37.43	39.4118	-1.9818	1.9818	5.03
78	61.22	35.5249	40.9146	-5.3897	5.3897	13.17
79	61.90	35.194	39.0019	-3.8079	3.8079	9.76
80	61.66	35.3102	37.4226	-2.1124	2.1124	5.64
81	63.41	34.4801	35.4498	-0.9697	0.9697	2.74
82	67.37	32.7338	38.0456	-5.3118	5.3118	13.96
83	67.23	32.7926	34.7667	-1.9741	1.9741	5.68
84	71.45	31.1046	32.3759	-1.2713	1.2713	3.93
85	74.95	29.8269	36.0919	-6.265	6.265	17.36
86	75.83	29.5215	33.4688	-3.9473	3.9473	11.79
87	78.45	28.6469	29.097	-0.4501	0.4501	1.55
88	80.42	28.0215	31.9387	-3.9172	3.9172	12.26
89	80.20	28.09	32.8131	-4.7231	4.7231	14.39
90	82.04	27.5267	30.7688	-3.2421	3.2421	10.54
91	84.35	26.8497	26.2553	0.5944	0.5944	2.26
92	88.03	25.8352	28.1325	-2.2973	2.2973	8.17
93	88.29	25.7663	29.7528	-3.9865	3.9865	13.40
94	91.26	25.0039	30.8894	-5.8855	5.8855	19.05
95	91.35	24.9815	25.5995	-0.618	0.618	2.41
96	93.53	24.45	28.2226	-3.7726	3.7726	13.37
97	95.94	23.8873	24.9438	-1.0565	1.0565	4.24
98	97.47	23.5429	28.6598	-5.1169	5.1169	17.85
99	99.21	23.1627	26.4739	-3.3112	3.3112	12.51
100	100.00	22.9939	25.3992	-2.4053	2.4053	9.47
平均						5.23
最大						19.05

参 考 文 献

［1］同济大学数学系.高等数学 ［M］.7 版.北京：高等教育出版社，2014.

［2］同济大学数学系.工程数学　线性代数 ［M］.6 版.北京：高等教育出版社，2014.